AF547417

Brian Clegg

WAS DIE WELT ZUSAMMENHÄLT

Haupt
NATUR

1. Auflage: 2022

ISBN 978-3-258-08263-9

Aus dem Englischen übersetzt von Monika Niehaus (D-Düsseldorf) und Bernd Schuh (D-Köln)
Satz der deutschsprachigen Ausgabe: Die Werkstatt Medienproduktion GmbH, D-Göttingen
Fachlektorat: Monika Niehaus (D-Düsseldorf) und Bernd Schuh (D-Köln)

Die englischsprachige Originalausgabe erschien 2021 unter dem Titel *Ten Patterns That Explain the Universe* bei UniPress Books, London, UK.

Gedruckt in Deutschland

Diese Publikation ist in der Deutschen Nationalbibliografie verzeichnet. Mehr Informationen dazu finden Sie unter http://dnb.dnb.de

Der Haupt Verlag wird vom Bundesamt für Kultur für die Jahre 2021–2024 unterstützt.

Wir verlegen mit Freude und großem Engagement unsere Bücher. Daher freuen wir uns immer über Anregungen zum Programm und schätzen Hinweise auf Fehler im Buch, sollten uns welche unterlaufen sein. Falls Sie regelmäßig Informationen über die aktuellen Titel im Bereich Natur erhalten möchten, folgen Sie uns über Social Media oder bleiben Sie via Newsletter auf dem neuesten Stand!

www.haupt.ch

Brian Clegg

WAS DIE WELT ZUSAMMENHÄLT

MUSTER IN DER NATUR – VOM SCHNECKENHAUS BIS ZUR DOPPELHELIX

Aus dem Englischen übersetzt von
Monika Niehaus und Bernd Schuh

HAUPT VERLAG

INHALTSVERZEICHNIS

EINLEITUNG

Wir verstehen die Welt um uns herum anhand von Mustern. Dabei sind nicht unbedingt Muster im visuellen Sinn gemeint, sondern vielmehr Abläufe und Phänomene, die regelmäßig auftreten und deren Auftreten einer gewissen Logik folgt. Es wäre unmöglich, sich in der Welt zurechtzufinden, wenn es keine Muster gäbe. Denn das würde bedeuten, dass wir jedes Mal, wenn wir auf ein Objekt treffen, neu lernen müssten, wie man damit umgeht. Stattdessen konstruieren wir mentale Modelle der Wirklichkeit, die uns sagen, wie wir zum Beispiel mit einem Apfel oder einem Lichtschalter umgehen, sodass wir nicht jedes Mal wieder ganz von vorn beginnen müssen.

Manchmal führt uns das Bedürfnis, Muster zu finden, in die Irre. Wenn wir beispielsweise wegen eines Schattens erschreckt zur Seite springen, reagieren wir auf das Muster «Raubtier», und es ist besser, sich beim Deuten von Mustern zu irren, als die Präsenz eines gefährlichen Raubtiers zu übersehen. In ähnlicher Weise basiert Aberglauben auf der Annahme, es existiere ein Zusammenhang, den es in Wirklichkeit gar nicht gibt. Wir sind übrigens nicht die einzigen Lebewesen, die einer Form von Aberglauben anhängen; vergleichbare Verhaltensweisen sind zum Beispiel bei Tauben nachgewiesen worden: Wenn sie zufällig ein paarmal, bevor sie gefüttert werden, dieselbe Bewegung machen, gehen sie manchmal dazu über, diese Bewegung zu wiederholen, wenn sie hungrig sind – in der Erwartung, dann gefüttert zu werden. Auch Vorurteile sind das Ergebnis fehlerhafter Erwartungen: Man zieht von einem einzelnen Beispiel Rückschlüsse auf eine größere Gruppe. Wenn beispielsweise ein Mitglied einer bestimmten Gruppe einen Terrorakt begeht, kann es geschehen, dass alle Mitglieder dieser Gruppe als Terroristen verdächtigt werden.

Die Tatsache, dass Muster uns manchmal in die Irre führen, sollte nicht darüber hinwegtäuschen, welche fundamentale Rolle sie dabei spielen, das Universum zu verstehen. Und in den Naturwissenschaften – die zweifellos zu den größten Errungenschaften der Menschheit gehören – geht es stets darum, Regelmäßigkeiten zu finden. Wenn wir beispielsweise von Naturgesetzen, wie Newtons Bewegungsgesetzen, sprechen, beschreiben wir beobachtete Regeln dafür, wie bestimmte Phänomene im Universum ablaufen. Gäbe es solche Muster nicht, bliebe uns unsere Umwelt unverständlich. Jedes Mal, wenn wir etwas beobachteten, würde es sich anders verhalten. Es gäbe keine Gesetze, keine Wissenschaften, keine Technologie. Das Universum wäre ein Reich des Chaos. Aber aus Gründen, die wir nicht völlig verstehen, basiert das Universum zum Glück auf Regelhaftigkeit und liefert uns einige Schlüssel zum Verständnis.

Die kosmische Hintergrundstrahlung

In diesem Buch wollen wir zehn der wichtigsten Hilfen zum Verständnis des Universums diskutieren. Die erste ist das Muster der kosmischen Mikrowellen-Hintergrundstrahlung, die den gesamten Raum erfüllt und entstand, als das Universum noch jünger als eine Million Jahre war. Diese Strahlung weist subtile Intensitätsschwankungen auf, die darauf hinweisen, wie sich die allerersten Strukturen im Universum bildeten.

Minkowski-Diagramme
Als Nächstes beschäftigen wir uns mit Diagrammen, die illustrieren, dass zwei der uns am besten vertrauten Aspekte der Realität – Raum und Zeit – keine wirklich getrennten Einheiten darstellen, sondern miteinander verflochten sind. Die von Minkowski entwickelten Diagramme, die auf Albert Einsteins Spezieller Relativitätstheorie basieren, beschreiben das Muster der Wechselbeziehung zwischen Raum und Zeit, das zu seltsamen Effekten führt, wenn sich die Geschwindigkeit eines bewegten Objekts der Lichtgeschwindigkeit nähert.

Teilchenschauer
Einen dritten Mustertyp bilden die Kaskaden neuer Teilchen, die in Teilchenbeschleunigern wie dem Large Hadron Collider im Schweizerischen CERN erzeugt werden. Teilchenbeschleuniger sind Vorschlaghämmer, die dazu dienen, sehr kleine Nüsse zu knacken. Sie beschleunigen elektrisch geladene Teilchen – im Fall des Large Hadron Collider sind das Protonen – immer stärker, bis diese fast Lichtgeschwindigkeit erreichen, und lassen dann Strahlen dieser superschnellen Teilchen aufeinanderprallen. Ein Großteil der bei diesem Zusammenprall frei werdenden Energie wird entsprechend Einsteins berühmter Formel $E = mc^2$ in Materie umgewandelt. Den Schnappschüssen der dabei entstehenden neuen Teilchen verdanken wir Entdeckungen wie dem des Higgs-Bosons.

Feynman-Diagramme
Als Nächstes diskutieren wir ein Hilfsmittel, das sich ebenfalls mit den Wechselbeziehungen zwischen kleinsten Teilchen beschäftigt, in diesem Fall Elektronen und Photonen. Doch im Gegensatz zu den unübersichtlichen Kaskaden, die von einem Teilchenbeschleuniger erzeugt werden, handelt es sich um klare, informative Muster, die als Feynman-Diagramme bezeichnet werden. Diese eleganten Darstellungen, entwickelt von einem der größten Physiker des 20. Jahrhunderts, illustrieren, wie Licht und Materieteilchen miteinander wechselwirken, und werden zur Vereinfachung der komplexen Berechnungen verwendet, die alle möglichen Resultate einer solchen Wechselwirkung berücksichtigen.

Das Periodensystem
Besser bekannt ist vielen Menschen das Ordnungssystem, das die Chemie dominiert – das Periodensystem der Elemente. Ob es das Auftreten der klassischen Kacheln in der Filmreihe *Breaking Bad* oder die Allgegenwart des Systems an den Wänden von Chemielaboren ist – dieses Muster ist ein wohlvertrauter Anblick. Unter dieser Struktur von Rechtecken verbirgt sich eine weitaus wichtigere Konfiguration: Es ist die regelmäßige Anordnung der Elektronen in der Atomhülle; sie entscheidet über den Ablauf von chemischen Reaktionen, angefangen bei den unzähligen Reaktionen, die für das Funktionieren unserer Körpervorgänge sorgen, bis zu vertrauten Reaktionen wie dem Rosten von Eisen.

Wettermuster
Häufig helfen uns Muster zu verstehen, was vor sich geht, und zukünftige Entwicklungen vorherzusagen – und es gibt kaum ein besseres Beispiel, das den Wert solcher Prognosen, aber auch das damit verbundene Risiko demonstriert, als die wiederkehrenden Phänomene, die beim Wetter auftreten. Das Wetter weist viele vertraute Regelmäßigkeiten auf, ließ sich jedoch lange Zeit nicht exakt vorhersagen. Seit den 1980er-Jahren hat sich die Wetterprognose jedoch deutlich verbessert, denn inzwischen verstehen wir spezielle Mustertypen, die als mathematisches Chaos bekannt sind, deutlich besser.

Wie wir heute wissen, ist das Muster am Himmel, das als Milchstraße bezeichnet wird, unsere Heimatgalaxis und umfasst rund eine Milliarde Sterne.

Zahlengerade

Wetter ist ein gutes Beispiel für überraschend einfache Muster, die zu höchst komplexen Ergebnissen führen können, und das gilt auch für den Zahlenstrahl. Die Idee einer Folge von Zahlen auf einer Geraden, wie die Unterteilungen auf einem Lineal, mag trivial erscheinen, doch sie bildet die Grundlage der Arithmetik und fast aller Rechenoperationen, die die meisten von uns tagein, tagaus gebrauchen.

Kladogramme

Ein weniger vertrautes Muster ist eines, das Leben in die Vergangenheit zurückverfolgt. In seinem bahnbrechenden Werk *Über die Entstehung der Arten* (1859) zeichnete Charles Darwin einen Stammbaum, doch die heute unter Biologen und Paläontologen gebräuchlichste Art der Darstellung ist das Kladogramm. Dabei handelt es sich um ein Ver-

zweigungsmuster, das zeigt, an welcher Stelle sich Arten aufgrund genetischer Veränderungen von ihrem gemeinsamen Vorfahren trennten, und uns den besten Eindruck vom Muster der Evolution vermittelt.

DNA: Die Doppelhelix

Kladogramme spiegeln die Weiterentwicklung der Biologie wider, die sich darin zeigt, dass die Verwandtschaft zwischen Organismen nicht länger aufgrund äußerer Merkmale, sondern aufgrund ihrer genetischen Ausstattung etabliert wird. Dies wurde erst durch die Entdeckung der Struktur eines komplexen Moleküls möglich, der DNA, des Schlüssels zum Lebendigen. Wie die Bits in einem Computer, enthält eine Abfolge chemischer Verbindungen, aufgereiht auf dem DNA-Molekül, die Information des Lebens.

Symmetrie

Das DNA-Molekül weist eine spezielle Art von Symmetrie auf, denn es lässt sich in der Mitte aufziehen wie ein Reißverschluss, wobei sich an der einen Hälfte exakt ablesen lässt, was sich auf der anderen Hälfte befindet. Symmetrie gehört zu den grundlegenden Mustern im ganzen Universum; sie bildet den Schlüssel zum Verständnis eines Großteils der Physik, vom Energieerhaltungssatz bis zu den Teilchentypen, aus denen alles besteht. Daher erscheint es angemessen, dass wir uns im letzten Kapitel der Symmetrie widmen.

Wie wir gesehen haben, liefern uns regelmäßige Strukturen die Schlüssel zum Verständnis des Universums, vom winzig Kleinen bis zum sehr Großen. So entsteht in ganz unterschiedlicher Weise ein faszinierendes Bild der Wirklichkeit.

1
DIE KOSMISCHE HINTERGRUND-STRAHLUNG

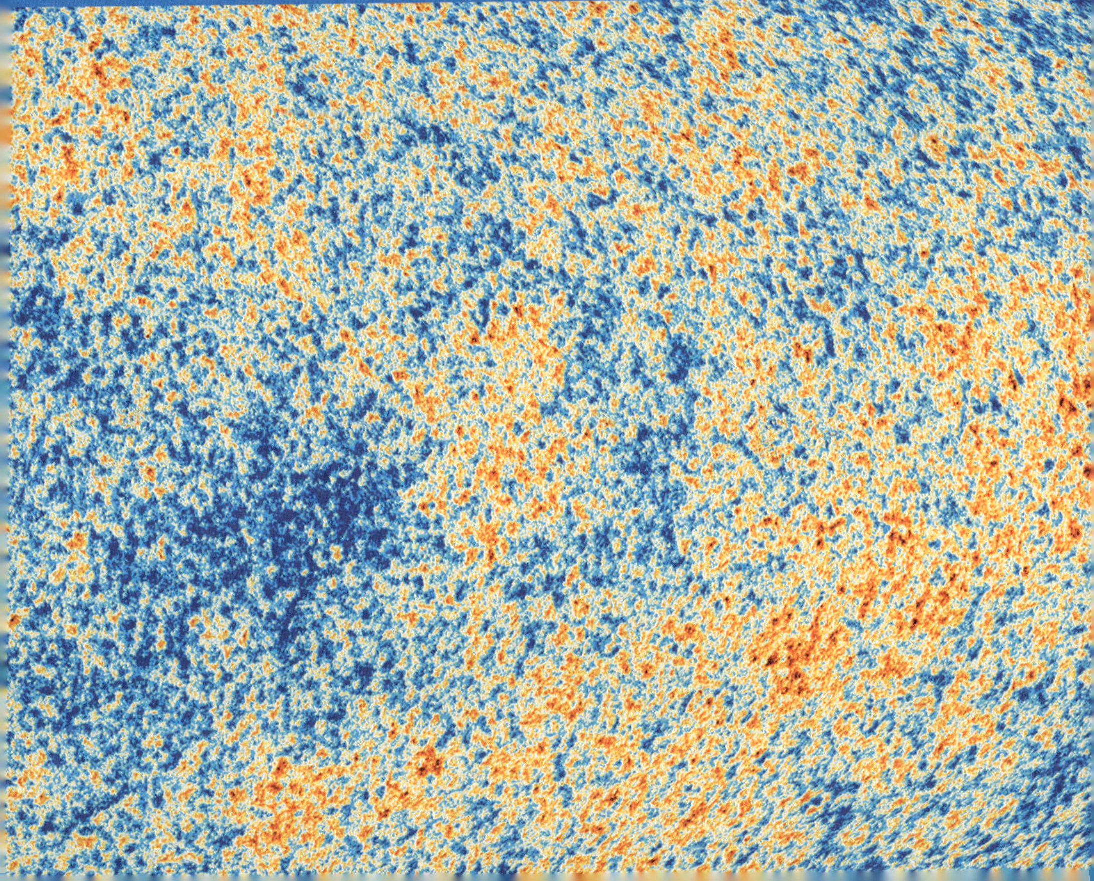

Dr. Robert **Wilson** (links) 1936
Dr. Arno **Penzias** (rechts) 1933

ECHOS DES URKNALLS

Rund 380 000 Jahre nach dem *Big Bang* (dem Urknall) – also vor etwa 13,8 Milliarden Jahren – wurde das Universum durchsichtig. Vor diesem Zeitpunkt lag der größte Teil der Materie in ionisierter Form vor, alle Teilchen waren elektrisch geladen und konnten Licht absorbieren. Erst als die Materie überwiegend aus Atomen bestand, konnten die Photonen das frühe Universum ungehindert passieren, und das ist bis heute so geblieben. Als sich das Universum ausdehnte und abkühlte, verringerte sich die Energie der Photonen und wurde zu einer schwachen, alles erfüllenden Strahlung im Mikrowellenbereich. Diese Strahlung, die 1964 von Robert Wilson und Arno Penzias zufällig entdeckt und als «kosmische Hintergrundstrahlung» bezeichnet wurde, wurde 1992 von dem NASA-Satelliten COBE aufgezeichnet, und diese Daten zeigen winzige Variationen in der «Temperatur» der Hintergrundstrahlung. Diese Strahlung ist als «Echo des Urknalls» beschrieben worden, doch genauer betrachtet handelt es sich um ein «Ultraschallbild» eines neu geborenen Universums. Das ist das kosmische Muster des Kosmos.

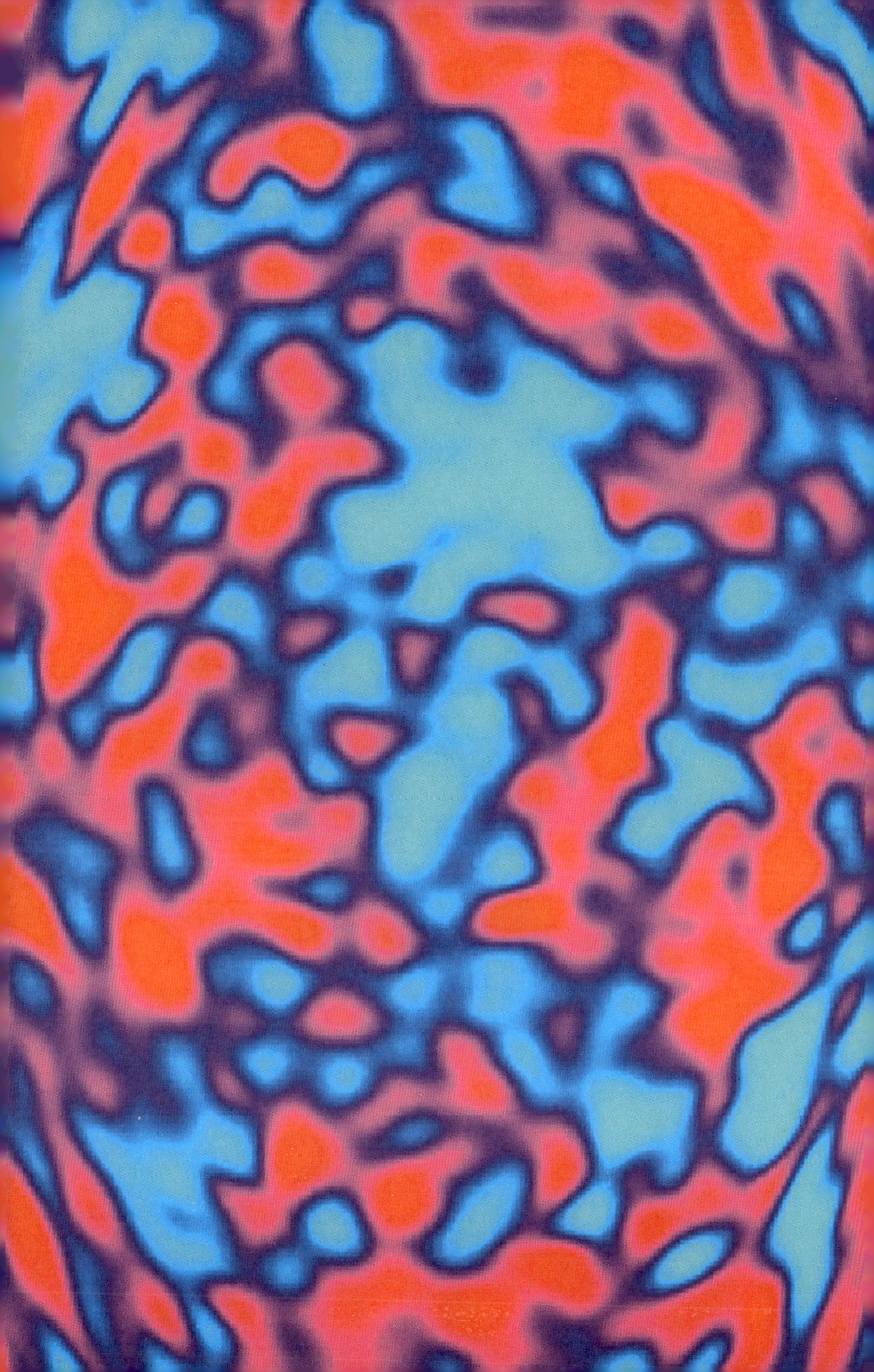

DAS EXPANDIERENDE UNIVERSUM

Während sich das Universum nach dem Urknall weiter ausdehnte und abkühlte, schwächte sich die Energie der Strahlung ab, und aus der ursprünglichen Gammastrahlung wurde eine alles durchdringende Strahlung im Mikrowellenbereich. Mikrowellen sind Ihnen vielleicht als Heizmechanismus für ein Küchengerät bekannt, doch sie sind Teil eines größeren Spektrums «elektromagnetischer Strahlung», das von Radiowellen über Mikrowellen, Infrarot, sichtbares Licht und Ultraviolett bis zu Röntgen- und Gammastrahlen reicht. Es handelt sich in allen Fällen um Strahlung, doch je weiter man im Spektrum zu den kürzeren Wellenlängen übergeht, desto energiereicher wird die Strahlung.

Die Umwandlung der Strahlung, die das Universum vor 13,8 Milliarden Jahren erfüllte, von höchst energiereicher Gammastrahlung bis zu energiearmen Mikrowellen, ist ein direktes Ergebnis der seit damals anhaltenden Expansion des Universums. Vom allerersten Anfang an hat sich

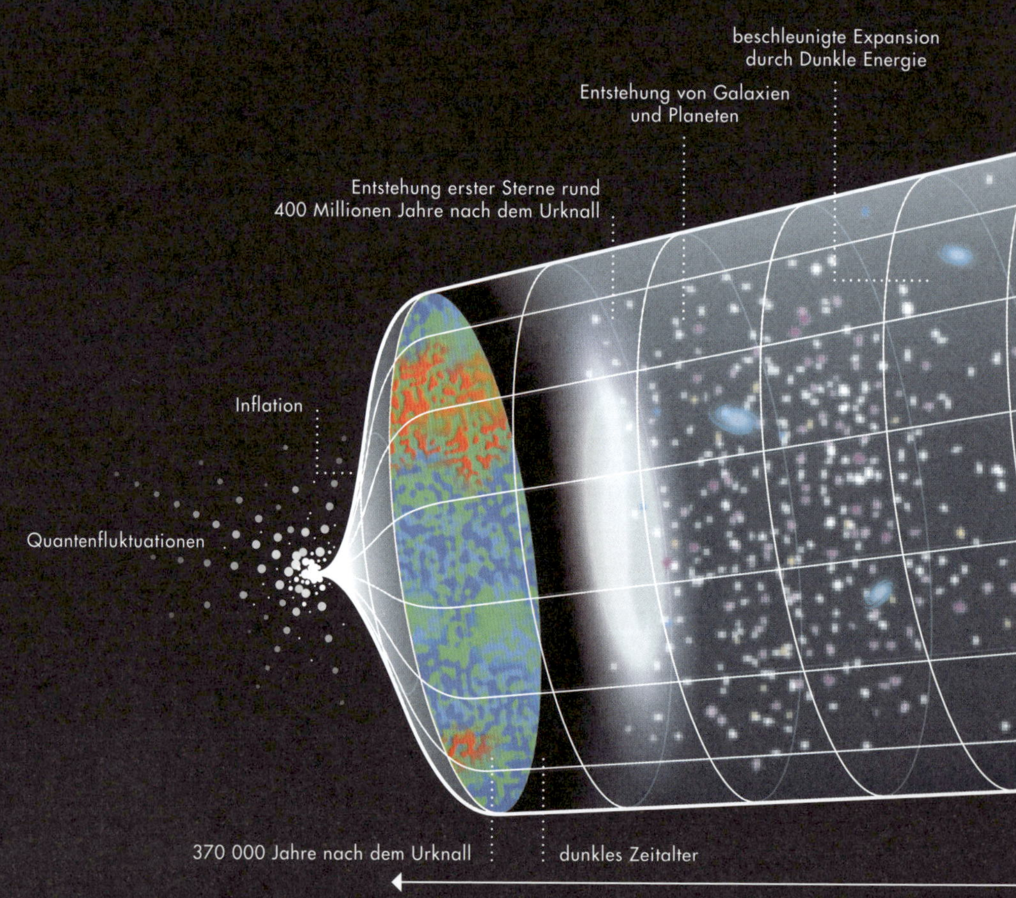

das Universum ausgedehnt – und diese Ausdehnung beschleunigt sich inzwischen, angetrieben von einer geheimnisvollen Kraft, der sogenannten Dunklen Energie, die wir bislang nicht verstehen.

Wenn das Universum expandiert, so heißt das nicht nur, dass sich Objekte im Universum voneinander fortbewegen, beispielsweise so, wie eine Explosion Materieteilchen in alle Richtungen schleudert, sondern, dass der Raum selbst es ist, der sich ausdehnt. Wenn man sich Licht als Welle vorstellt, nimmt seine Wellenlänge daher mit der Ausdehnung des Universums zu. Für sichtbares Licht bedeutet dies eine Verschiebung vom blauen zum roten Ende des Spektrums, während die Wellenlänge von Gammastrahlen, die viel kürzer ist als die von sichtbarem Licht, über Röntgenstrahlen und Ultraviolett, sichtbares Licht und Infrarot bis zu Mikrowellen stetig zunimmt.

Die Evolution des expandierenden Universums
Auf dem Zeitstrahl, der vom Urknall links bis zur Gegenwart ganz rechts reicht, können wir die Evolution des Universums verfolgen. Im Lauf der Zeit lieferte das Muster, das wir noch immer in der kosmischen Hintergrundstrahlung erkennen können, die Vorlage für die Entwicklung von Sternen und Galaxien.

Expansion seit dem Urknall vor 13,8 Milliarden Jahren

DIE ERFORSCHUNG DES LICHTS

Man kann Licht als einen Strom von Teilchen ansehen, die als Photonen bezeichnet werden. Dabei korrespondiert die Farbe eines Lichtstrahls mit der Energie der Photonen, aus denen er besteht. Die «Photonen» der Gammastrahlung, Gamma-Quanten genannt, sind am energiereichsten, doch diese Energie sinkt mit zunehmender Ausdehnung des Raumes – wie bei einem Marathonläufer, dem die Puste ausgeht. Daher sind die ehemaligen Gamma-Quanten im Lauf der Zeit zu Mikrowellen-Photonen geworden.

Bis 1992 hatte der erste von drei Hauptsatelliten die kosmische Hintergrundstrahlung aufgezeichnet; seine beiden Nachfolger konnten Details dieser Strahlung besser abbilden als ihr jeweiliger Vorgänger und winzige Schwankungen in der sogenannten «Temperatur» der Hintergrundstrahlung enthüllen. Im Alltag verstehen wir unter «Temperatur» ein Maß für die Energie der Atome eines Stoffes, ganz gleich, ob es sich um Gase, Flüssigkeiten oder Festkörper handelt. Wenn man in der Wissenschaft über die Temperatur von Strahlung spricht, meint man damit die Energie der Photonen.

Man kann die Temperatur eines Photons nicht auf die übliche Weise mit einem Thermometer messen – stattdessen bezieht man sich auf die Temperatur einer idealisierten thermischen Strahlungsquelle, eines sogenannten Schwarzen Körpers, der Strahlung mit Photonen dieser Energie abgibt. Wir alle kennen Objekte, die beim Erhitzen zu glühen beginnen, aber in der Praxis strahlen sogar kalte Objekte. Wir sehen diese Strahlung nur nicht, weil ihre Energie zu gering ist, als dass unsere Augen sie wahrnehmen könnten. Die Temperatur der kosmischen Hintergrundstrahlung liegt bei 2,73 K auf der Kelvin-Skala, der wissenschaftlichen Temperaturskala, die mit dem absoluten Nullpunkt beginnt. Auf der üblichen Celsius-Skala entsprechen 2,73 K –270,42 °C.

ERSTER NACHWEIS

Die ursprüngliche Entdeckung dieser allgegenwärtigen Weltraumstrahlung war ein glücklicher Zufall. Zwei Physiker, die für die Forschungsabteilung einer Telefongesellschaft, den Bell Laboratories in Holmdel im Bundesstaat New Jersey (USA), arbeiteten, stießen auf einige unerwartete Interferenzen (störende Hintergrundgeräusche). Vor Ort stand einer der ersten Empfänger für Signale aus dem All. Diese Funkantenne sollte Daten von einem primitiven experimentellen Satelliten-Kommunikationsprogramm namens Project Echo auffangen, das mit Metall bedampfte, reflektierende Ballons verwendete, um Signale von einem Punkt auf der Erde zu einem zweiten zu schicken. Im Anschluss an dieses Projekt wurde diese als «Hornantenne» bekannte Bauform bei wei-

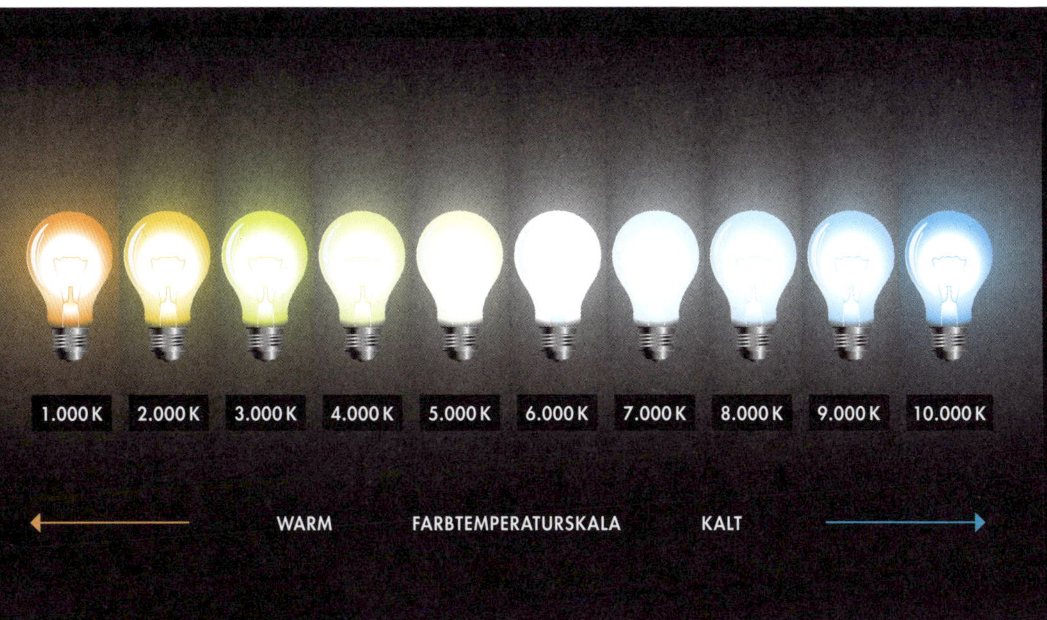

Temperaturen werden in Kelvin auf der absoluten Temperaturskala gemessen. Wenn die Temperatur eines Objekts steigt, ändert sich die Färbung seiner elektromagnetischen Abstrahlung von rot über gelb und weiß bis zu blau.

teren Projekten eingesetzt, vor allem von den Pionieren der Radioastronomie, Robert Wilson und Arno Penzias.

Wie der Name schon andeutet, basiert Radioastronomie auf dem Empfang von Radiowellen, die wie sichtbares Licht im All in der Regel von Sternen erzeugt werden. Wilson und Penzias wollten Radiosignale von einer Gaswolke auffangen, von der man annahm, sie liege außerhalb der Milchstraße. Doch statt ein Signal von einer bestimmten Stelle zu erhalten, stießen sie auf ein ununterbrochenes Hintergrundrauschen («Zischen»), das aus allen Richtungen zu kommen schien.

Der wahrscheinlichste Ursprung für ein derartiges Signal war eine lokale Störung, die die Richtcharakteristik der Antenne überforderte, doch selbst dann wäre eine gewisse Veränderung der Signalstärke in Abhängigkeit von der Richtung zu erwarten gewesen. Das war jedoch nicht der Fall. Ganz gleich, in welche Richtung der ausladende Trichter der Antenne (das «Horn») wies, die Intensität des Signals blieb immer gleich. Penzias und Wilson kamen zu dem Schluss, das Problem liege beim Empfänger selbst, denn frühe Radioteleskope hatten oft Schwierigkeiten mit Rauschen im Radiowellenbereich, das von ihrer eigenen Elektronik erzeugt wurde.

Nach einem langen Eliminierungsprozess, in dessen Verlauf sie sämtliche Geräte und Schaltkreise überprüften, schien alles in Ordnung, doch die beiden entdeckten, dass die Öffnung des Horns von Taubenkot («weißes dielektrisches Material», wie sie in ihrem Forschungsbericht verschämt bemerkten) bedeckt war. Offensichtlich war ein Taubenpaar zu dem Schluss gekommen, das Horn eigne sich hervorragend als Nistort. Penzias und Wilson sorgten dafür, dass die Vögel zu einem anderen Standort der Bell Laboratories rund 60 Kilometer entfernt transferiert wurden, doch es handelte sich offenbar um Brieftauben, denn ein paar Tage später waren sie zurück auf der Antenne. Als letzter Ausweg blieb nur der Abschuss der Vögel, doch ließen die Tauben ihr Leben ohne Grund, denn das Hintergrundrauschen verschwand nicht und schien noch immer aus allen Richtungen zu kommen.

Wie es einer dieser glücklichen Zufälle wollte, die so oft bei wissenschaftlichen Entdeckungen eine Rolle spielen, erwähnte Penzias sein Problem mit den Störsignalen während einer Diskussion, in der es um ganz andere Dinge ging, gegenüber einem anderen Radioastronomen, Bernie Burke. Burke vermittelte Penzias Kontakt zum Princeton-Physiker Robert Dicke, der, wie Burke gehört hatte, an einem Thema arbeitete, das mit dem Urknall zu tun hatte und vielleicht in irgendeiner Weise mit Penzias' Schwierigkeiten verknüpft sein könnte.

GAMOWS VORHERSAGE: Im Jahr 1953 sagte George Gamow vorher, dass die kosmische Hintergrundstrahlung eine Temperatur von rund 7 K haben würde, was sehr nahe am tatsächlichen Wert lag.

Im Lauf der Zeit hatten verschiedene Theoretiker – allen voran der sowjetisch-amerikanische Physiker George Gamow – die Möglichkeit diskutiert, dass die elektromagnetische Strahlung, die aus dem transparent werdenden Universum aufgetreten war, möglicherweise noch immer den Raum erfüllte. Obgleich es sich anfangs um hochenergetische Gammastrahlung gehandelt haben muss, würde die Expansion des Universums die Energie der Strahlung inzwischen verringert haben, sodass es nun Mikrowellen waren, die das Universum durchquerten. Dicke hatte ein kleines Team zusammengestellt, das versuchte, diese Mikrowellenstrahlung mit qualitativ unzureichender Ex-Militär-Ausrüstung nachzuweisen, doch es war den Wissenschaftlern

«DIE WICHTIGSTE FOLGE DER ENTDECKUNG (...) WAR, DASS SIE UNS ALLE ZWANG, DIE IDEE ERNST ZU NEHMEN, DASS ES TATSÄCHLICH EIN FRÜHES UNIVERSUM GAB.»
STEVEN WEINBERG

Die in New Jersey installierte Holmdel-Antenne brachte nicht viel für die Satelliten-Kommunikation, doch gelang mit ihrer Hilfe ein gewaltiger Durchbruch, nämlich die Entdeckung der Hintergrundstrahlung.

nicht gelungen, die Mikrowellen von dem allgemeinen Radiorauschen im Hintergrund zu trennen, das stets auf der Erde vorhanden ist.

Nach seiner Diskussion mit Penzias rief Burke Dicke an. Dicke musste betrübt feststellen, dass Penzias und Wilson ihm bei der Entdeckung der kosmischen Mikrowellen-Hintergrundstrahlung, wie sie später genannt werden sollte, zuvorgekommen waren. (Auch wenn wir dazu neigen, Mikrowellen und Radiowellen voneinander zu unterscheiden, weil sie oft unterschiedlich eingesetzt werden, bilden Mikrowellen lediglich eine Unterabteilung von Radiowellen, die eine Wellenlänge zwischen rund 1 Meter und 1 Millimeter haben.) Das Ergebnis war, dass Penzias und Wilson (überraschenderweise jedoch nicht Dicke, der einen Großteil der frühen Theorie entwickelt hatte) 1978 den Nobelpreis in Physik erhielten.

STRAHLUNGSFLUKTUATIONEN

Was die in Holmdel entdeckte Hintergrundstrahlung auszeichnete, war ihre Gleichförmigkeit. Anfangs sah es so aus, als falle aus allen Himmelsrichtungen die gleiche Strahlung ein, was zwar eine wichtige Tatsache ist, aber nicht gerade das, was man gemeinhin von einem Muster erwartet, das Information enthält. Als man die Strahlung jedoch genauer untersuchte, entdeckte man sehr kleine Intensitätsunterschiede. Diese Fluktuationen vermitteln uns ein Bild vom Aufbau des frühen, in Bildung begriffenen Universums. Doch um diese Schwankungen im Strahlungsspektrum nachzuweisen, musste erst ein Satellit ins All geschossen werden, denn irdisches Rauschen und die Verzerrungen durch Wasserdampf in der Atmosphäre hätten solche Messungen von der Erde aus unmöglich gemacht. Das gelang dem Satelliten COBE zum ersten Mal.

COBE (kurz für *Cosmic Background Explorer*), wurde 1989 von der NASA in den Weltraum geschossen (der Start war schon früher geplant, wurde aber durch die Challenger-Katastrophe 1986 verzögert). COBE lieferte die erste der inzwischen weltberühmten elliptischen Karten, die Projektionen einer dreidimensionalen Rundumsicht auf einer ebenen Fläche entsprechen. Tatsächlich handelt es sich um eine Umkehrung der Kartenprojektionen, die bei irdischen Landkarten verwendet werden, um den ganzen Planeten auf einem Blatt Papier abzubilden (siehe Seite 46).

Die Schwankungen, die dieses typische Muster hervorrufen, sind das Ergebnis von sehr geringen Unterschieden in der Stärke der Mikrowellenstrahlung. Im Detail betrachtet, wirken diese Unterschiede recht dramatisch, doch man sollte sich klarmachen, dass der Unterschied zwischen der hellsten und der dunkelsten abgebildeten Strahlungsintensität lediglich 1 : 100 000 beträgt. Bei den ersten Bildern, die COBE zur Erde schickte, reichte die Empfindlichkeit des Satelliten nicht aus, um mehr als die größten Schwankungen abzubilden – der größte Teil des Musters, das auf diesen frühen COBE-Bildern so eindrucksvoll aussieht, geht tatsächlich auf Temperaturschwankungen des satelliteneigenen Mikrowellendetektors zurück. So, wie das Bild zunächst präsentiert wurde, war es mehr als nur ein wenig irreführend.

Seit COBE sind jedoch zwei weitere Satellitengenerationen ins All geschickt worden, die immer bessere Bilder zur Erde gefunkt haben; so gelang es, den größten Teil der Fehler zu eliminieren und zahlreiche feinere Details aufzuzeigen. Als Nächstes startete die NASA einen Satelliten namens WMAP *(Wilkinson Microwave Anisotropy Probe)*, der zwischen 2001 und 2010 weitere Daten sammelte. («Anisotropy», Anisotropie, bedeutet hier einfach, dass der Satellit Schwankungen der Hintergrundstrahlung vermisst.) Im Gegensatz zu COBE, der sich auf einem

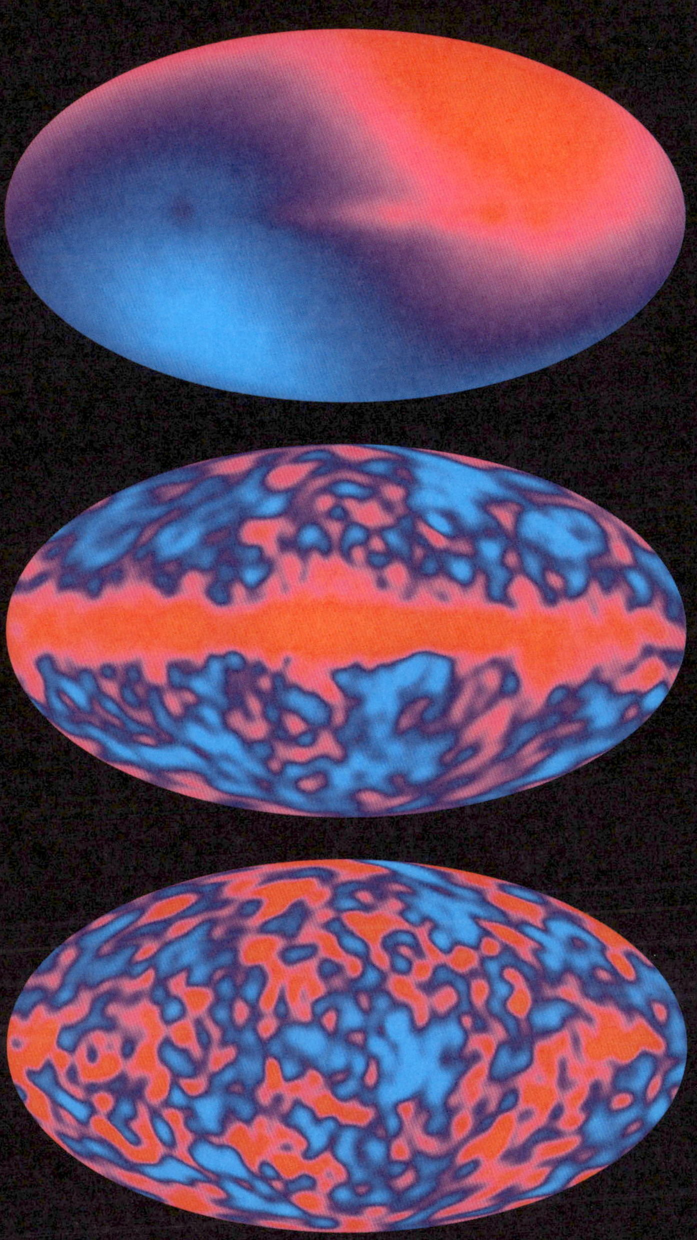

Das Diagramm der Schwankungen in der Hintergrundstrahlung, die vom Satelliten COBE entdeckt wurden, musste eine Reihe von Korrekturen durchlaufen, bis sich ein brauchbares Bild ergab. Ganz oben ist eine anfängliche Kombination der Daten bei zwei Schlüsselfrequenzen zu sehen. Beim mittleren Bild wurden Schwankungen entfernt, die auf die Bewegung des Sonnensystems zurückgehen, während bei dem unteren Bild auch die Effekte herausgerechnet wurden, die aus der Strahlung der Milchstraße resultieren.

konventionellen Orbit in rund 880 Kilometern Höhe um die Erde bewegte, wurde für WMAP ein enger Orbit um einen Ort gewählt, der als L2-Punkt zwischen Sonne und Erde bekannt ist.

Bei L2 handelt es sich um einen von fünf sogenannten Lagrange-Punkten, Positionen, wo die Anziehungskraft der Sonne und die der Erde einander ausbalancieren. Infolgedessen bleibt ein Satellit, der dorthin geschickt wird, bei der Bewegung der Erde um die Sonne relativ zur Erde in einer festen Position. Der L2-Punkt liegt auf der sonnenabgewandten Seite der Erde, rund 1,5 Millionen Kilometer von der Erde entfernt, was etwa dem Vierfachen der Entfernung Erde–Mond entspricht. Diese Position erleichtert es, sich einen Überblick über den gesamten Himmel zu verschaffen, ohne dass die Erde im Weg wäre, und das verringert die Störungen durch erdgebundene Radioquellen.

Die Lagrange-Punkte
Insgesamt gibt es fünf verschiedene Positionen, an denen sich die Anziehungskraft der Sonne und der Erde gegenseitig aufheben, sodass eine stabile Position für den Aufenthalt eines Satelliten entsteht (nicht maßstabsgerecht).

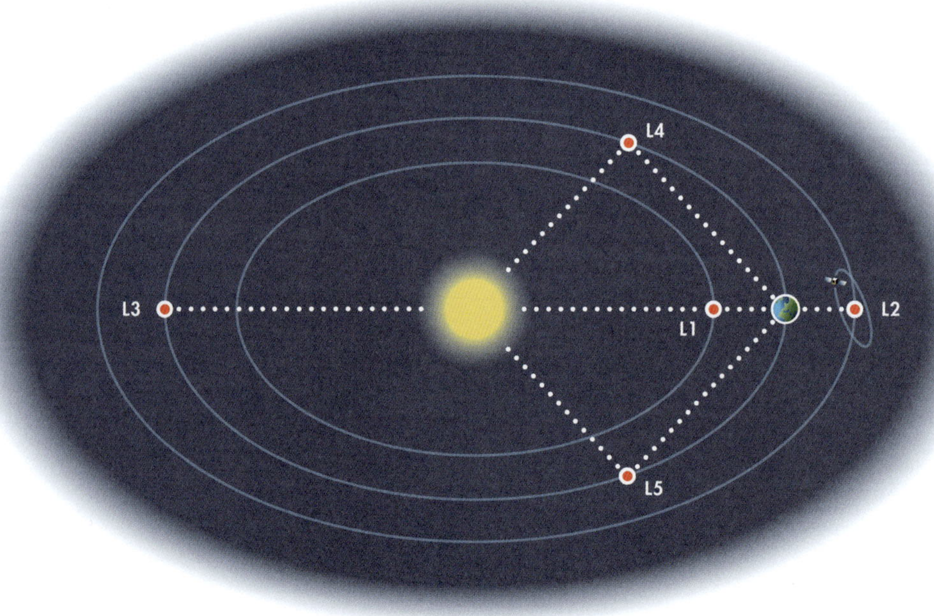

DAS MUSTER DER WIRKLICHKEIT

Wenn man sich die ovalen, von COBE und WMAP gelieferten Bilder anschaut, ist auf den ersten Blick schwer zu erkennen, was Wissenschaftler damals so aufregend daran fanden. Stephen Hawking bezeichnete die COBE-Aufnahmen als «die größte Entdeckung des Jahrhunderts, wenn nicht aller Zeiten». Das war stark übertrieben, wenn man bedenkt, dass in dem besagten Jahrhundert große Fortschritte in der Grundlagenphysik, von der Relativitätstheorie bis zur Quantenphysik – und der Urknalltheorie selbst – gemacht worden waren. In den von WMAP und seinem Nachfolger Planck gesammelten Daten steckt allerdings viel mehr, als auf den ersten Blick zu sehen ist. Dieses eiförmige, langgestreckte Bild bietet lediglich einen Überblick über die Daten, die WMAP im Lauf einer jeden Sechsmonatsperiode sammelte; sechs Monate waren nötig, um den ganzen Himmel zu durchmustern. Die Daten, die auf der Beobachtung eines schmalen Himmelsstreifens nach dem anderen basierten, sind sehr viel detaillierter.

WMAPs Nachfolger, das Planck-Weltraumteleskop, ein Satellit der Europäischen Raumfahrtagentur (ESA), startete 2009. Wie WMAP wurde er in der Nähe von L2 positioniert und sammelte vier Jahre lang Daten; dabei lieferte er deutlich detaillierte Scans des kosmischen Mikrowellen-Hintergrunds als WMAP. Planck wurde nach Beendigung seiner Beobachtungen in einen Friedhofsorbit um die Sonne geschickt, um den Platz in der wertvollen L2-Position freizumachen. Es mag wie Verschwendung erscheinen, diese wertvollen Satelliten nach relativ kurzer Verwendungszeit in den Ruhestand zu schicken. Die Raumsonde Hubble operiert hingegen seit 1990 (eigentlich erst seit 1993, nachdem ein anfänglicher Fehler korrigiert wurde) und könnte bis 2040 im Dienst bleiben. Satelliten, die kosmische Mikrowellen entdecken sollen, brauchen jedoch ultrakalte Messgeräte – in Plancks Fall musste eine Temperatur von 0,1 K (–273,05 °C), also extrem nahe am absoluten Nullpunkt, aufrechterhalten werden. Das ist nur mit Kühlmittel möglich, dessen Menge naturgemäß begrenzt ist und das im Lauf der Zeit verdunstet.

Wenn man sich die Bilder von Planck anschaut, sieht man ein Muster, generiert von der breit gestreuten Verteilung von Materie in einem frühen Universum, die praktisch ausschließlich in Form von Wasserstoffatomen vorliegt. In einigen Bereichen gab es mehr Materie als in anderen. Man könnte meinen, dass es in einer zufällig verteilten Ansammlung von Objekten keine solchen Materiecluster geben sollte, doch eine zufällige Verteilung ist keine gleichmäßige Verteilung. (Wenn Sie das bezweifeln, stellen Sie sich vor, einen Karton mit Kugellagern auf den Boden fallen zu lassen. Es würde sehr verdächtig wirken, wenn sie alle ein regelmäßiges Muster bildeten.

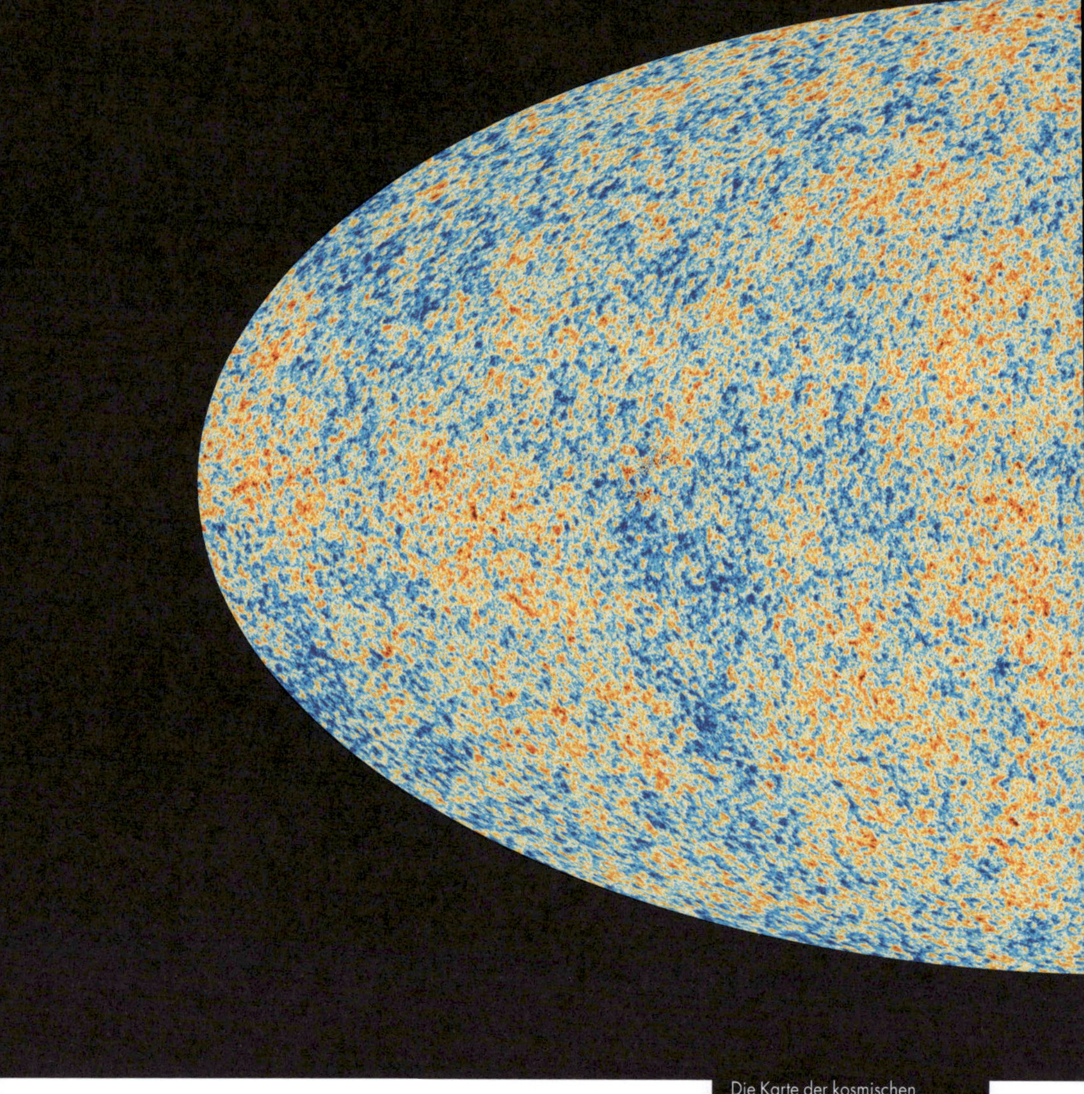

Die Karte der kosmischen Hintergrundstrahlung des Planck-Weltraumteleskops ist die detailreichste aller bislang aufgenommenen.

Zu dieser zufälligen Natur trug bei, dass das Universum anfangs extrem klein war und eine Größenordnung besaß, in der Quanteneffekte dominieren. Die Quantenphysik, die das Verhalten von Materie und Energie auf einer sehr kleinen Skala beschreibt, ist ihrem Wesen nach probabilistisch und erlegt der Verteilung von Energie und der davon abgeleiteten, sich bildenden Materie zufällige Schwankungen auf. Diese kleinen und zufälligen Variationen, die sich im kosmischen Mikrowellenhintergrund zeigen, bildeten die Keime von Galaxien, die sich im Lauf der Zeit aus im ganzen Universum verstreuten Gaswolken bildeten.

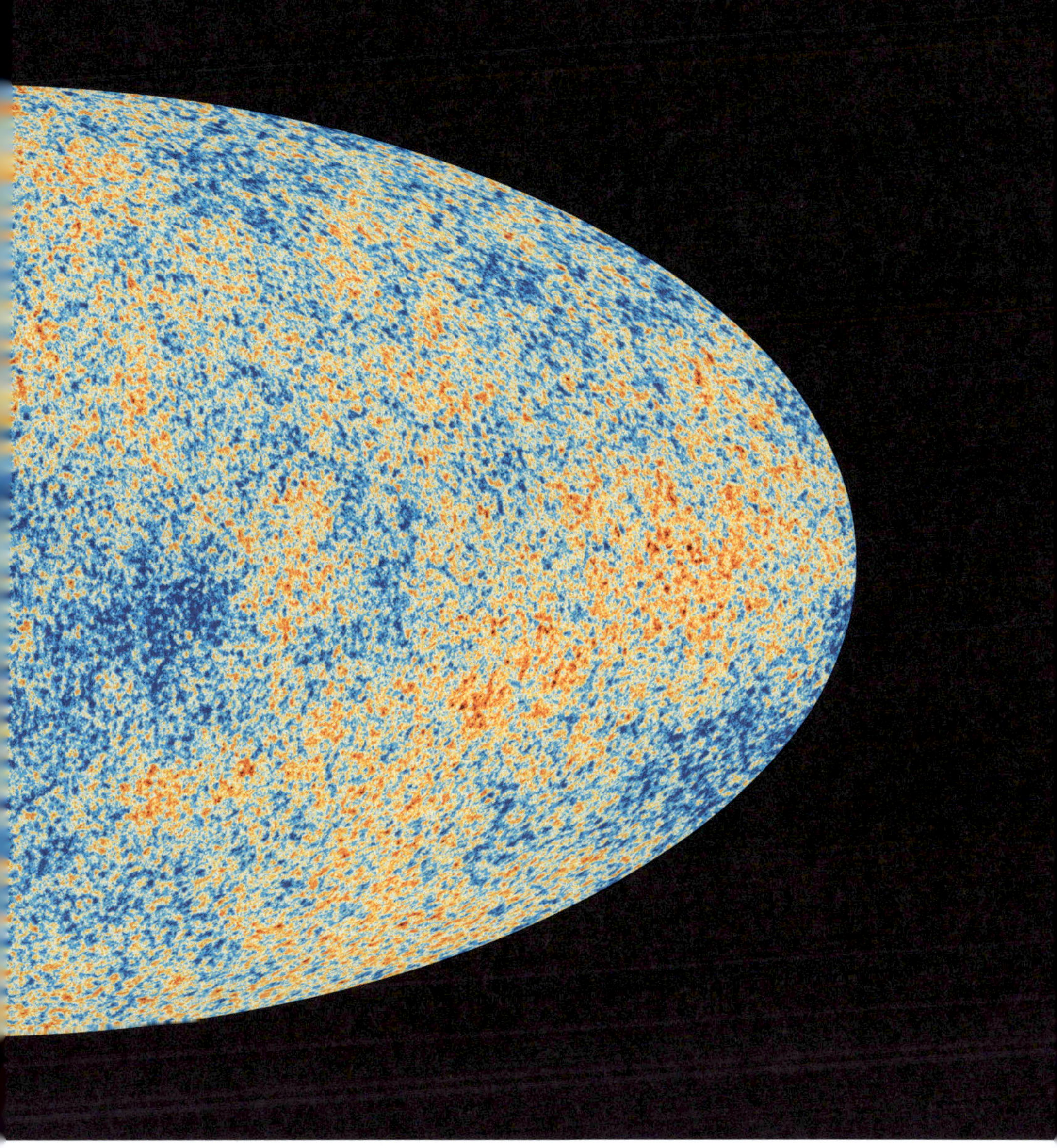

Durch die Untersuchung der Schwankung dieser kosmischen Hintergrundstrahlung lässt sich eine Menge über den Aufbau des frühen Universums ableiten. Beispielsweise könnte die Dunkle Energie, die die Beschleunigung der Expansion des Universums antreibt, über Raum und Zeit konstant sein oder sie könnte variieren. Beobachtungen von WMAP sprechen dafür, dass die Beschleunigung wahrscheinlich konstant ist, eine Hypothese, die aus einer sogenannten «kosmologischen Konstante» folgt. Anhand detaillierter Untersuchungen der kosmischen Hintergrundstrahlung lässt sich zudem beobachten, wie diese Strahlung von Gravitationslinseneffekten beeinflusst wird – Gravitationslinsen sind massive Körper, die Raum und Zeit krümmen und die Richtung der elektromagnetischen Strahlung wie eine starke Linse verändern.

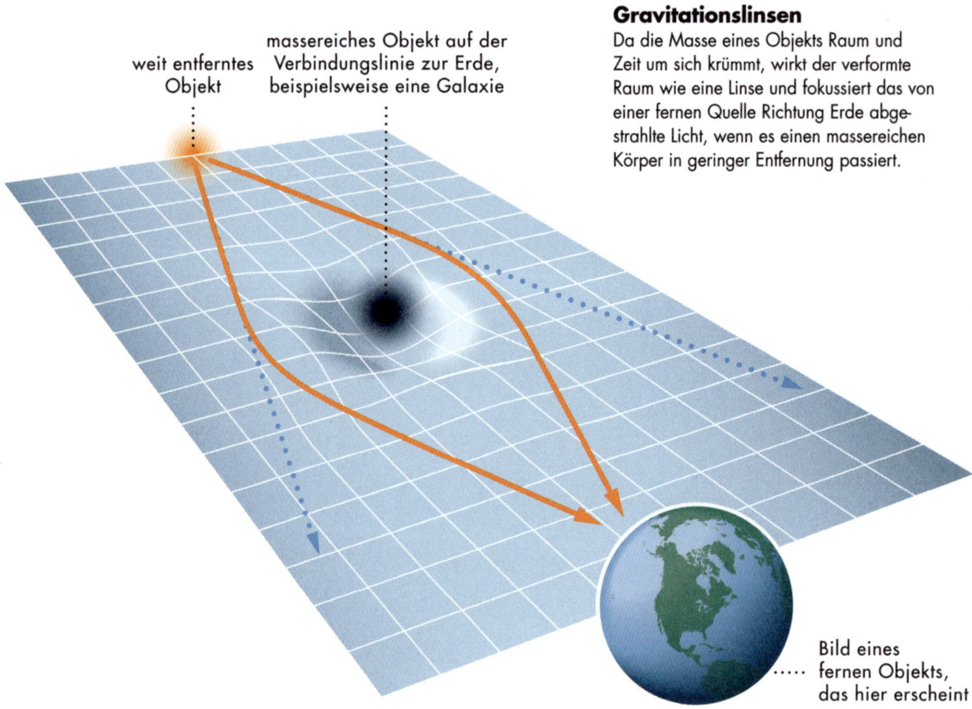

Gravitationslinsen
Da die Masse eines Objekts Raum und Zeit um sich krümmt, wirkt der verformte Raum wie eine Linse und fokussiert das von einer fernen Quelle Richtung Erde abgestrahlte Licht, wenn es einen massereichen Körper in geringer Entfernung passiert.

Auf diese Weise ist es sogar möglich, durch den Einfluss solcher Massen auf die passierende Strahlung indirekt Informationen über sie zu gewinnen. Die vom Raumteleskop Planck gesammelten Daten sind präziser als diejenigen von WMAP und erlauben es beispielweise, spezifischere Werte für den Anteil an Dunkler Materie im Universum und für das Alter des Universums zu berechnen. Dunkle Materie ist eine hypothetische Substanz, die die beobachtete Rotation von Galaxien erklären könnte. Sie besitzt Masse, tritt aber nicht mit elektromagnetischer Strahlung in Wechselwirkung, bleibt daher unsichtbar und tritt unentdeckt durch normale Materie hindurch. Auch wenn einige Astrophysiker der Ansicht sind, Dunkle Materie gäbe es gar nicht und die ihr zugeschriebenen Effekte resultierten aus Gravitationsschwankungen, sind die meisten Experten von ihrer Existenz überzeugt, und wenn sie recht haben sollten, dann sprechen die Planck-Daten dafür, dass es rund fünfmal so viel Dunkle Materie wie gewöhnliche Materie im Universum gibt. Bei der Analyse der Planck-Daten stellte sich zudem heraus, dass das Universum etwas älter ist, als zuvor angenommen worden ist: Statt 13,7 Milliarden Jahren sind es demnach 13,8 Milliarden Jahre.

GRENZEN UND ZUKUNFTSVISIONEN

Das Muster, das sich in der kosmischen Hintergrundstrahlung zeigt, kann uns viel über den Zustand des frühen Universums verraten, doch man hoffte, eine Reihe von Experimenten, BICEP genannt, würde darüber hinaus Hinweise auf ein hypothetisches frühes Phänomen liefern, die sogenannte kosmische Inflation. Dieses Konzept war eingeführt worden, um ein Problem mit dem Urknallmodell zu beheben, doch bis heute gibt es nur wenige Indizien, die die Inflationshypothese stützen.

> BICEP: Abkürzung für «Background Imaging of Cosmic Extragalactic Polarization»; Experiment zur Messung der Polarisation der kosmischen Hintergrundstrahlung.

Wie bereits erwähnt, hat sich das Universum von Anfang an ausgedehnt, doch die Urknall-Theorie passt, genau besehen, nicht zu den Beobachtungsdaten. Um die Theorie auszubauen, wird angenommen, dass das Universum, als es weniger als ein Hundertmillionstel eines Billionstel Billionstels (10^{-32}) einer Sekunde alt war, sich plötzlich so stark ausdehnte, dass es anschließend mindestens eine Million Billion Billion Billion Billion Billion Billion Billion (10^{90}) Mal größer war als zuvor. Es gibt keine wirkliche Erklärung für diesen «Inflationsprozess», doch um Theorie und Beobachtungsdaten in Einklang zu bringen, muss man ihn annehmen.

Die Initiatoren der BICEP-Experimente hofften, in der kosmischen Mikrowellen-Hintergrundstrahlung Belege für die Inflation zu finden. Licht kann polarisiert sein: Polarisation ist eine messbare Eigenschaft des Lichts, die eine bestimmte Richtung im rechten Winkel zur Ausbreitungsrichtung des Lichts auszeichnet. Wenn das Licht, das die Hintergrundstrahlung ausmachte, eine bestimmte Art von Polarisierung aufwiese, so würde dies eine Energiebewegung im frühen Universum belegen, wie man sie bei einer Inflation erwarten würde; das wäre dann ein Indiz dafür, dass diese Inflation wirklich stattgefunden hat.

Im Jahr 2014 führte das zweite BICEP-Experiment, das am Südpol durchgeführt wurde, zur Entdeckung eines Polarisationsmusters, das die Existenz der Inflation zunächst stark zu stützen schien. Einige Monate später mussten die BICEP-Wissenschaftler ihre Behauptung jedoch zurücknehmen, denn wahrscheinlich war der beobachtete Effekt durch Licht hervorgerufen worden, das eine Staubwolke im Weltraum passierte, denn Staub kann die Polarisation ebenfalls beeinflussen. Zu dem Zeitpunkt, an dem ich dies schreibe, liegen daher noch keine belastbaren Indizien für die Existenz einer kosmischen Inflation vor.

Das schmälert die Bedeutung der kosmischen Hintergrundstrahlung jedoch in keiner Weise. Wie bereits erwähnt, hat sie uns schon eine Menge nützlicher Informationen über die Natur des frühen Universums geliefert und wird dies auch weiterhin tun. Der BICEP-Irrtum unterstreicht jedoch, wie vorsichtig man bei der Interpretation experimenteller Daten

Die Andromeda-Galaxie ist der nächste große Nachbar unserer Milchstraße. Sie liegt in einer Entfernung von rund 2,5 Millionen Lichtjahren und enthält etwa eine Billion Sterne.

sein muss. Wir schauen uns winzige Schwankungen einer niederenergetischen Strahlung an, die das Universum fast von Anbeginn an erfüllt und währenddessen mit Materie aller Art interagiert hat bzw. von ihr verzerrt wurde. Es ist wirklich bemerkenswert, dass wir aus diesem Muster so viel herauslesen konnten. Wann immer wir in den Weltraum schauen, schauen wir zurück in der Zeit. Nichts kann sich schneller als elektromagnetische Strahlung bewegen, sei es in Form von sichtbarem Licht oder sei es als Strahlung einer anderen Wellenlänge, wie die kosmische Mikrowellen-Hintergrundstrahlung; doch auch Licht braucht Zeit, um von A nach B zu gelangen. Das bedeutet: Je tiefer wir ins Universum blicken, also je größer die Entfernungen sind, desto weiter blicken wir in der Zeit zurück. Das am weitesten entfernte Objekt, das wir mit bloßem Auge am Nachthimmel sehen können, ist die Andromeda-Galaxie; um zu uns zu gelangen, hat das Licht eine Reise von 2,5 Millionen Jahren zurückgelegt. Wir sehen unsere Nachbargalaxie daher so, wie sie vor 2,5 Millionen Jahren aussah. Die kosmische Hintergrundstrahlung erlaubt uns jedoch einen Blick in die Anfänge des Universums, in eine Zeit vor 13,8 Milliarden Jahren. Dieses Muster stellt einen Zeittunnel in die Vergangenheit dar, der uns fortwährend mehr über die Anfänge unseres Universums erzählt.

«TELESKOPE SIND ZEITMASCHINEN: WENN WIR IN DEN RAUM HINAUSSCHAUEN, SCHAUEN WIR GLEICHZEITIG IN DER ZEIT ZURÜCK.»

NASA

2
MINKOWSKI-DIAGRAMME

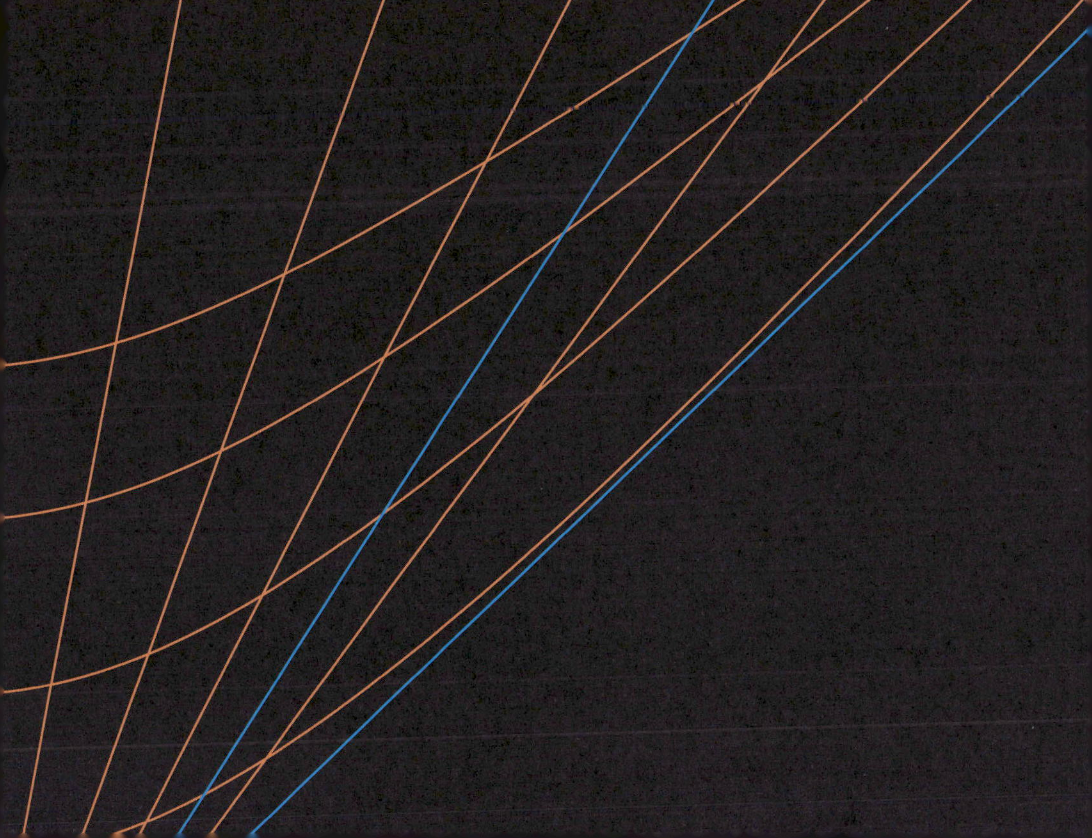

Hermann **Minkowski**
1864–1909

DAS MUSTER DER RAUMZEIT

Albert Einstein veränderte mit seiner Speziellen Relativitätstheorie unser Verständnis der Realität, indem er zeigte, dass Raum und Zeit nicht unabhängig voneinander sind, sondern Teile eines miteinander verknüpften Ganzen, das später als Raumzeit bezeichnet werden sollte. Einsteins früherer Mathematikprofessor am Polytechnikum in Zürich (Schweiz), Hermann Minkowski, entwickelte eine neue Art der Darstellung, ein Diagramm, das zeigt, wie Raum und Zeit untrennbar miteinander gekoppelt sind. Diese einfachen Diagramme veranschaulichen die seltsamen Ergebnisse der Relativität. Sie zeigen beispielsweise, warum zwei scheinbar gleichzeitige Ereignisse für sich bewegende Beobachter nicht gleichzeitig stattfinden, und sie führen die Lichtkegel ein, die Stephen Hawking später benutzte, um die Auswirkungen von Schwarzen Löchern zu demonstrieren. Roger Penrose sollte die Diagramme später so erweitern, dass sie ein ganzes unendliches Universum umfassen.

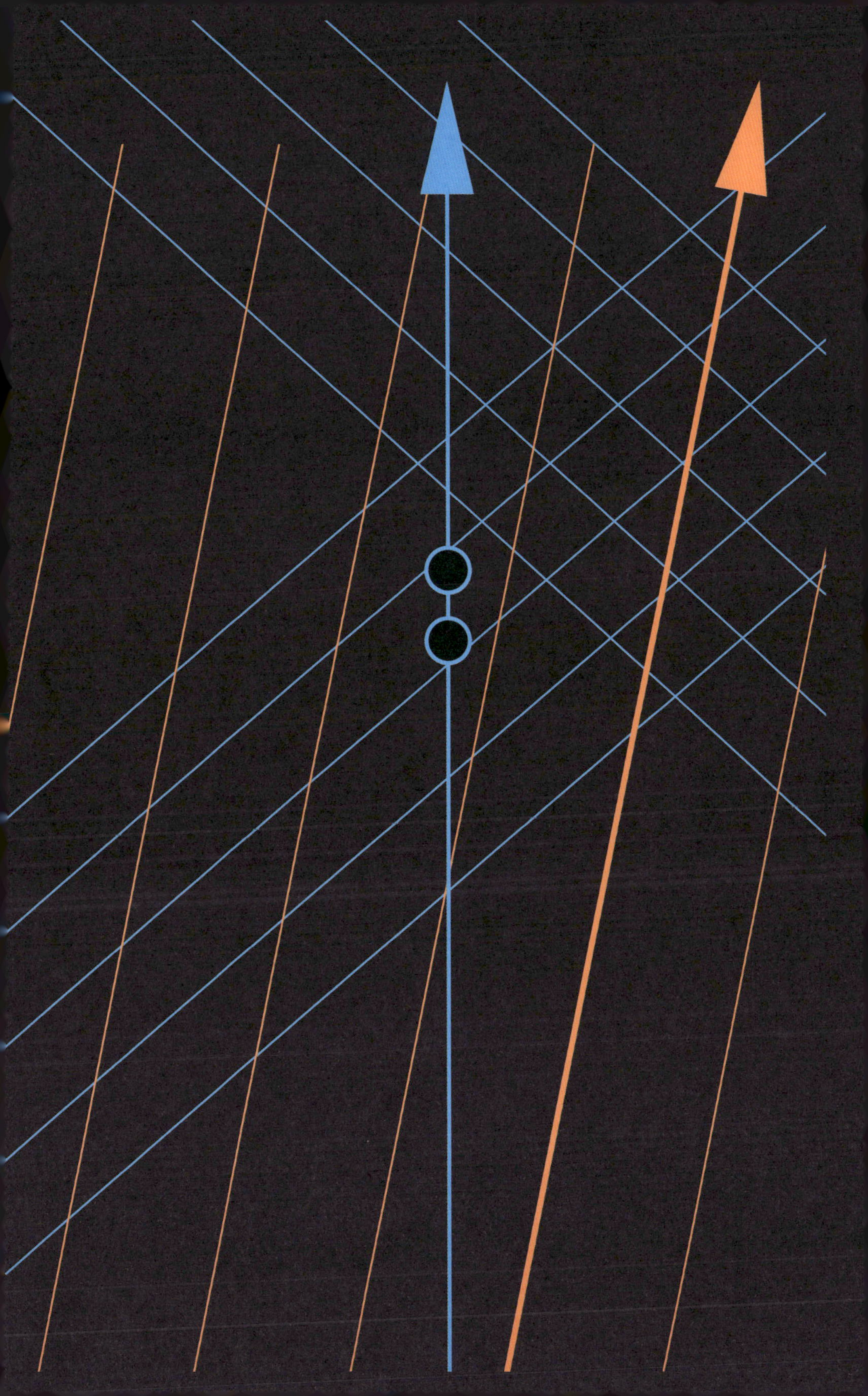

DER PATENTAMTSANGESTELLTE

Die Geschichte hinter diesem Raum-Zeit-Muster beginnt 1905 im Schweizer Patentamt in Bern. Albert Einstein, damals gerade einmal 26 Jahre alt, war es nicht gelungen, eine Stelle an der Universität zu ergattern; wie er aber feststellte, war die Überprüfung von Patenten eine leichte Arbeit, die ihm viel Zeit ließ, sich seinen eigentlichen Interessen zu widmen. In dem bahnbrechenden Jahr 1905 veröffentlichte Einstein den Artikel, der ihm den Nobelpreis einbrachte – eine Arbeit über den photoelektrischen Effekt, der unter anderem Solarkollektoren möglich macht – und der darüber hinaus auch eine der Grundlagen der Quantenphysik liefern sollte. Was die Relativitätstheorie anging, so verfasste er im selben Jahr noch zwei weitere Schlüsselartikel. Einer dieser Artikel enthielt seine berühmte Gleichung $E = mc^2$ (wenn auch nicht genau in dieser Form). Der andere, zu dem das $E = mc^2$-Paper nur eine Ergänzung war, begründete die Spezielle Relativitätstheorie.

Man nimmt an, dass Einstein von einigen Patenten, deren Überprüfung Teil seiner Arbeit war, angeregt wurde, über die Beziehung zwischen Raum und Zeit nachzudenken, die im Zentrum der Speziellen Relativitätstheorie steht. Mit dem Aufkommen des Schienenverkehrs zur damaligen Zeit wurde es wichtig, Zeiten an verschiedenen Orten zu synchronisieren. In der Vergangenheit hatte jede Kleinstadt ihre eigene Ortszeit, die von Stadt zu Stadt beträchtlich variieren konnte. Es war unmöglich, auf einer derart zeitlich uneinheitlichen Basis Fahrpläne für den Schienenverkehr aufzustellen. Daher musste Einstein eine Reihe von Patenten überprüfen, die Methoden zur elektrischen Synchronisa-

$$E=mc^2$$

Wir sind so sehr daran gewöhnt, Einstein mit einem Schopf weißer Haare zu sehen, dass man sich kaum daran erinnert, dass er erst 26 Jahre alt war, als er seine Spezielle Relativitätstheorie entwickelte.

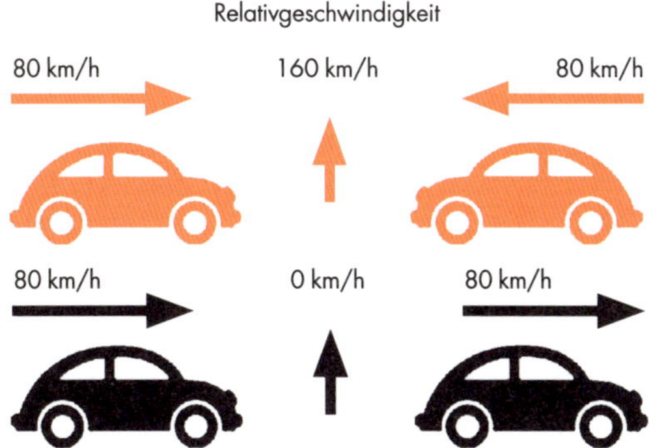

Relative Bewegung
Wenn sich zwei Autos mit, sagen wir, 80 km/h aufeinander zubewegen, beträgt die Relativgeschwindigkeit 160 km/h. Wenn sie sich in die gleiche Richtung bewegen, ist die Relativgeschwindigkeit null.

tion von Uhren vorschlugen. In einer seiner frühesten Überlegungen zur Speziellen Relativitätstheorie beschäftigte er sich mit der «Relativität der Gleichzeitigkeit»: Was bedeutete es wirklich, dass zwei Ereignisse an weit voneinander entfernten Orten zur gleichen Zeit stattfinden?

Das traditionelle Konzept der Gleichzeitigkeit sollte durch Einsteins Artikel über Relativität, betitelt *Zur Elektrodynamik bewegter Körper*, aus den Angeln gehoben werden. In diesem Artikel fasste Einstein Ideen zusammen, die schon seit einigen Jahren diskutiert wurden und schließlich zu seinem Artikel von 1905 führten, und zog daraus einen bemerkenswerten Schluss, der unser Verständnis von Raum und Zeit verwandelte. Das gelang ihm durch die Verknüpfung zweier anscheinend unabhängiger Beobachtungen. Die erste war die Galileische Relativität, die im 17. Jahrhundert eingeführt wurde und zeigte, wie sich Objekte in Bewegung verhalten.

Galilei hatte die Grundlage für Newtons Bewegungsgesetze gelegt und gezeigt, dass alle Bewegung ein relatives Konzept ist. Man kann nicht sagen, dass sich etwas beispielsweise mit 100 km/h bewegt, ohne anzugeben, in Bezug auf was sich das Objekt bewegt. Da die Erde unser wichtigster Bezugspunkt ist, neigen wir dazu, Geschwindigkeit in Bezug zur Erdoberfläche zu messen, doch das ist ein völlig willkürliches «Bezugssystem», wie man in der Physik sagt. Abgesehen von allem anderen bewegt sich die Erde selbst mit einer Geschwindigkeit von ca. 30 km/s um die Sonne; also handelt es sich bei ihr nicht gerade um einen festen Bezugspunkt. In ähnlicher Weise können wir uns zwei Autos vorstellen, die sich beide mit einer Geschwindigkeit von 80 km/h auf einer Straße bewegen. Wenn sich die Autos aufeinander zubewegen, beträgt ihre Relativgeschwindigkeit aufeinander zu 160 km/h. Wenn sie sich beide in die gleiche Richtung bewegen, ist ihre Relativgeschwindigkeit hingegen null.

DIE NATUR DES LICHTS

Die andere Anregung zur Entwicklung der Speziellen Relativitätstheorie stammte aus dem Werk eines von Einsteins Helden, dem viktorianischen schottischen Physiker James Clerk Maxwell. Maxwell hatte die Natur des Lichts entdeckt – ein Wechselspiel zwischen Elektrizität und Magnetismus. Die Entstehung von Licht aus der Wechselwirkung von elektrischen und magnetischen Feldern konnte nur funktionieren, wenn Licht, bezogen auf das Medium, in dem es sich bewegt, eine ganz bestimmte Geschwindigkeit hat. Diese Geschwindigkeit beträgt im Vakuum, wie wir inzwischen wissen, exakt 299 792 458 Meter pro Sekunde. (Das können wir so genau angeben, weil der Meter als der 299792458-ste Teil der Entfernung definiert ist, die Licht im Vakuum in einer Sekunde zurücklegt.)

Diese konstante Lichtgeschwindigkeit lässt sich durch Relativität nicht beeinflussen. Wenn sie sich beeinflussen ließe, dann würde das Licht jedes Mal, wenn wir uns relativ zu einem Lichtstrahl bewegen, verschwinden, denn dann bewegte es sich nicht länger mit der einzig möglichen Geschwindigkeit fort, bei der es existieren kann. Ob wir uns auf einen Lichtstrahl zu- oder von ihm fortbewegen, hat daher im Gegensatz zu allen anderen Fällen keinen Einfluss auf die Geschwindigkeit, mit der sich das Licht uns gegenüber bewegt.

Wenn man diese seltsame Eigenschaft des Lichts in den Bewegungsgleichungen berücksichtigt, die auf Galileis Relativitätsprinzip beruhen, führt dies zu mehreren überraschenden Ergebnissen für ein Objekt, das sich in Bezug auf Sie bewegt: Seine Zeit verlangsamt sich, es schrumpft in Bewegungsrichtung und seine Masse nimmt zu.

Das scheint keine offensichtliche Konsequenz von Relativbewegung zu sein, doch auch ohne Mathematik lässt sich erkennen, wie der Zeiteffekt funktioniert, wenn man eine Vorrichtung betrachtet, die als Lichtuhr bezeichnet wird. Dabei handelt es sich um eine Uhr, bei der das Äquivalent des Pendels einer konventionellen Uhr ein Lichtstrahl ist, der sich zwischen einem Paar Spiegel auf und ab bewegt. Jedes «Ticken» dieser Uhr entspricht dem Auftreffen des Lichtstrahls auf einen der Spiegel.

Stellen wir uns vor, wir verfrachten eine solche Uhr in ein Raumschiff (siehe gegenüber) und schicken dieses Schiff mit hoher Geschwindigkeit ins All. Aus der Sicht eines mitbewegten, also ihr gegenüber ruhenden, Beobachters würde sich am Gang der Uhr durch die Bewegung des Schiffs nichts ändern. Der Lichtstrahl würde weiterhin in gerader Linie zwischen den beiden Spiegeln hin- und herlaufen. Das wurde schon von Galilei vorhergesagt: Er zeigte, dass es im Inneren eines sich mit konstanter Geschwindigkeit bewegenden Gefährts (ohne Blickkontakt nach außen) kein Experiment gäbe, das beweisen könnte, dass sich das Gefährt bewegt.

Nun lassen Sie uns von der Erde aus einen Blick auf das Raumschiff werfen, wobei wir in dem Moment beginnen, in dem der Lichtstrahl, sagen wir, den oberen Spiegel verlässt. Wenn sich das Schiff senkrecht zur Achse zwischen den Spiegeln bewegt, legt das Licht einen längeren Weg zwischen Spiegeln zurück, weil sich diese für den irdischen Beobachter seitlich wegbewegt haben. Da die Lichtgeschwindigkeit stets konstant bleibt, muss die Laufzeit des Lichts zwischen den Spiegeln im Raumschiff kürzer sein als die, die wir von der Erde aus «sehen». Das heißt, auf der bewegten Uhr verstreicht weniger Zeit – sie geht langsamer.

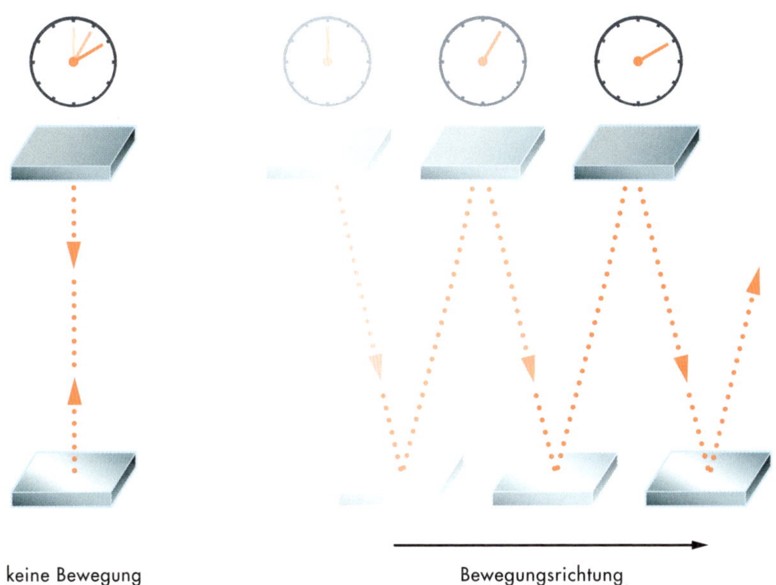

Lichtuhr auf einem Raumschiff
Auf einem Raumschiff wird Licht direkt auf und ab reflektiert, wenn es die Distanz zwischen zwei Spiegeln zurücklegt. Von der Erde aus gesehen, legt das Licht jedoch eine größere Strecke zurück und bewegt sich diagonal, während sich die Spiegel mit dem Schiff bewegen.

Der Krebs-Nebel ist der Überrest einer Supernova, die rund 5400 v. Chr. explodierte, auf der Erde jedoch erst 1054 n. Chr. sichtbar wurde.

VON DER THEORIE ZUM DIAGRAMM

Wie die Spezielle Relativitätstheorie zeigt, sind Raum und Zeit nicht unabhängig voneinander. Die Bewegung im Raum beeinflusst die Zeit. Aus Einsteins Sicht reichte die mathematische Betrachtung. Er war ein reiner Theoretiker (sein einziger Abstecher ins Reich der Praxis war die Mitarbeit an der Entwicklung eines neuen Kühlschranktyps). Sein früherer Mathematikprofessor an der Universität, Hermann Minkowski, erkannte jedoch die Vorteile einer Veranschaulichung der Beziehung zwischen Raum und Zeit. Anfangs war Einstein von der Idee keineswegs überzeugt, doch schließlich erkannte er den Wert dieser Art der Darstellung, des sogenannten Minkowski-Diagramms.

DER EINSTEIN-KÜHLSCHRANK: In Zusammenarbeit mit Leo Szilard entwarf Einstein einen Kühlschrank, der ohne bewegliche Teile auskommt und nur eine Wärmequelle braucht, um zu funktionieren.

In seiner einfachsten Form ist ein Minkowski-Diagramm eine Darstellung, bei der auf der vertikalen Achse die Zeit, auf der horizontalen Achse der Raum abgetragen ist. (Der reale Raum hat natürlich drei räumliche Dimensionen, doch der Einfachheit halber betrachten wir nur Bewegung in einer einzigen, willkürlich gewählten Richtung.) In dem Diagramm lässt sich die Position eines beliebigen Objekts in Raum und Zeit eintragen. So wird ein stationäres Objekt, beispielsweise, als senkrechte Linie dargestellt, die in Zeitrichtung von der Vergangenheit in die Zukunft weist.

Im Gegensatz dazu bewegt sich ein Objekt mit konstanter Geschwindigkeit längs einer Diagonalen fort, wobei die Steigung der Geraden von der Geschwindigkeit des Objekts abhängig ist. Die Darstellung der Bahn eines Objekts in Raum und Zeit im Minkowski-Diagramm wird als Weltlinie bezeichnet.

Die meisten realen Objekte – wie Sie, beispielsweise – bewegen sich nicht mit konstanter Geschwindigkeit fort, daher würde Ihre Weltlinie im Diagramm zwar stets nach oben weisen, manchmal sogar senkrecht, nämlich dann, wenn Sie stillstehen, aber zu anderen Zeiten, wenn Sie umherlaufen, eine gekrümmte Linie bilden.

Der Einfachheit halber ist es am besten, Entfernungen, also die Maßzahlen auf der x-Achse, in Einheiten anzugeben, die sich auf die Lichtgeschwindigkeit beziehen. Die uns am besten vertraute derartige Einheit ist das Lichtjahr. Trotz ihres falschen Gebrauchs in zahlreichen Science-Fiction-Filmen (zum Beispiel in *Krieg der Sterne*) ist ein Lichtjahr ein Längenmaß: Es ist die Strecke, die Licht in einem Jahr zurücklegt. Wie bereits erwähnt, beträgt die Lichtgeschwindigkeit 299 792 458 Meter pro Sekunde. Ein Jahr hat ungefähr 31,5 Millionen Sekunden, sodass 1 Lichtjahr einer Strecke von rund 9,46 Billionen Kilometern entspricht. Wir können Entfernungen genauso gut in Lichttagen, Lichtstunden oder Lichtsekunden messen. Die Sonne, beispielsweise, liegt rund 499 Lichtsekunden von der Erde entfernt, denn das Licht unseres Zentralgestirns braucht 499 Sekunden, um uns zu erreichen (daher sehen wir die Sonne so, wie sie vor 499 Sekunden war). Wenn wir ein Minkowski-Diagramm zeichnen, benutzen wir auf beiden Achsen die entsprechenden Maßeinheiten: Wenn wir also Zeit in Sekunden messen, messen wir Strecken in Lichtsekunden; wenn wir Zeit in Jahren messen, messen wir Strecken in Lichtjahren.

Wenn wir diese Einheiten benutzen, bewegt sich ein Lichtteilchen in einem Minkowski-Diagramm auf einer Geraden mit der Steigung 1, also im 45°-Winkel zur x-Achse, denn definitionsgemäß legt Licht in einer Sekunde einen Weg von einer Lichtsekunde zurück. Wenn wir die Weltlinien zweier Objekte einzeichnen, die sich mit Lichtgeschwindigkeit in entgegengesetzte Richtungen bewegen, dann ergibt sich ein sehr wichtiges Raumzeit-Diagramm.

Weltlinie eines ruhenden Objekts
Ein ruhendes Objekt bewegt sich in der Zeit, aber nicht im Raum. Infolgedessen verläuft seine Weltlinie parallel zur Zeitachse.

WELTLINIE EINES RUHENDEN OBJEKTS

ZEIT

Zukunft

Gegenwart

RAUM

Vergangenheit

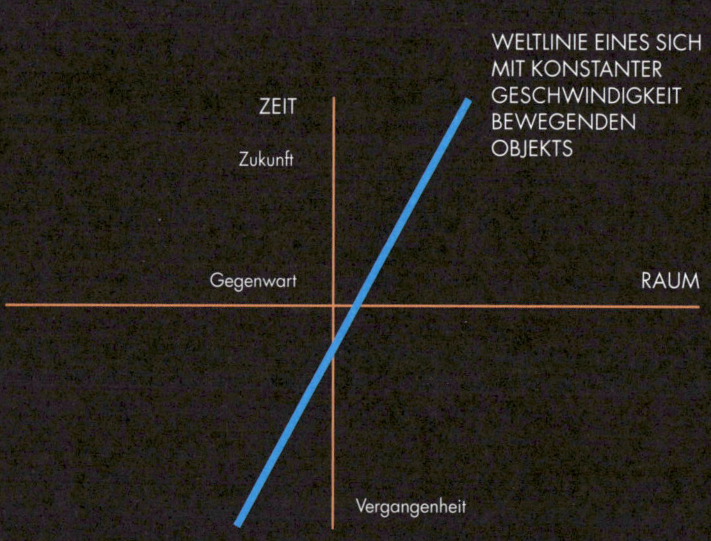

Weltlinien sich bewegender Objekte

Bewegt sich ein Objekt mit konstanter Geschwindigkeit, führt dies zu einer geraden Weltlinie, während Beschleunigung die Linie krümmt. Misst man Entfernungen in Lichtjahren, und Zeit in Jahren, ist die Weltlinie eines Lichtteilchens eine Gerade mit einer Steigung von 45°, die den Winkel zwischen Raum- und Zeitachse halbiert.

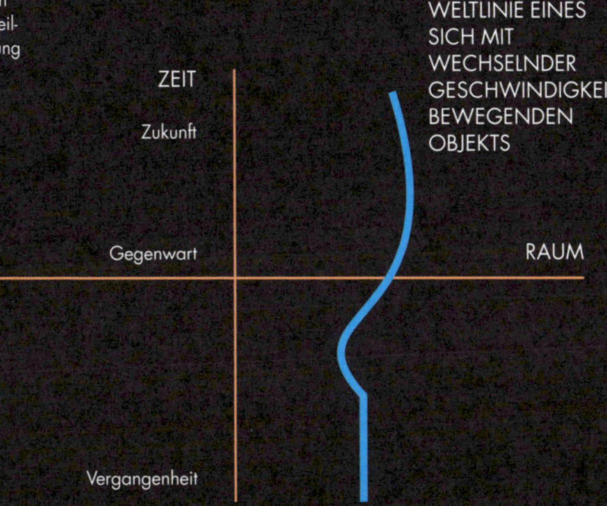

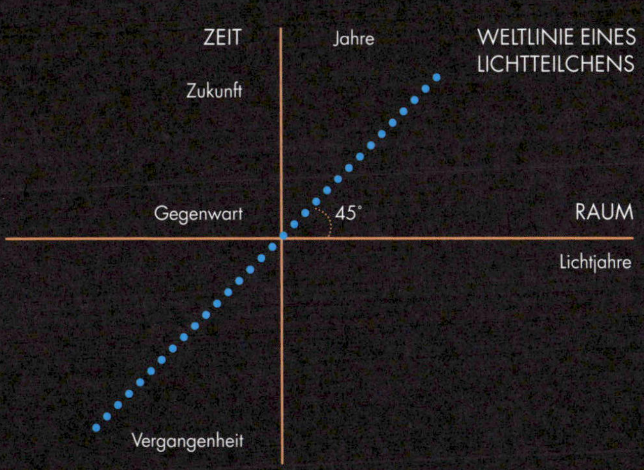

WIRKLICHKEIT UND DAS ANDERSWO

Der Teil im inneren Bereich des punktierten Kreuzes im Diagramm (siehe gegenüberliegende Seite, oben, man nennt das Kreuz auch Lichtkegel) repräsentiert die reale Welt, die Welt, in der wir leben. Der Teil außerhalb kennzeichnet verbotene Zonen. Damit eine Weltlinie in diese Zone kommen kann, muss sich das zugehörige Objekt schneller als das Licht bewegen. Aber das ist unmöglich, denn die Spezielle Relativitätstheorie besagt ja, dass sich die Zeit für ein bewegtes Objekt verlangsamt, und seine Masse zunimmt. Wenn sich seine Geschwindigkeit der Lichtgeschwindigkeit nähert, kommt die Zeit zum Stillstand und seine Masse geht gegen unendlich. Dementsprechend würde es eine unendlich große Menge an Energie erfordern, ein Objekt über diese Grenze hinaus zu beschleunigen. Da das unmöglich ist, kann nichts in diese Bereiche eindringen.

Der Bereich innerhalb des oberen Teils des Lichtkegels, des sogenannten Vorwärts-Lichtkegels, repräsentiert die Zukunft eines Objekts, das sich am Schnittpunkt des Kreuzes befindet. Der Bereich innerhalb der unteren Hälfte des Lichtkegels, des Rückwärts-Lichtkegels, repräsentiert die Vergangenheit und kann durch kein Ereignis in der Gegenwart mehr verändert werden (obgleich Ereignisse in diesem Bereich die Gegenwart und die Zukunft beeinflussen können). Um von der Gegenwart aus mit dem Bereich außerhalb des Lichtkegels zu kommunizieren und ihn zu beeinflussen bzw. von ihm beeinflusst zu werden, wäre ein Signalaustausch mit Überlichtgeschwindigkeit nötig; daher ist dieser Bereich völlig isoliert, und da er weder in der Vergangenheit noch in der Zukunft liegt, wird er manchmal als das «Anderswo» bezeichnet.

Wenn wir uns ein etwas komplexeres Minkowski-Diagramm anschauen (siehe gegenüber, unten), lässt sich erkennen, wie sich ein Ereignis aus dem Anderswo in die reale Zukunft bewegen kann. Stellen Sie sich vor, zehn Lichtjahre von der Erde entfernt habe eine riesige Supernova-Explosion stattgefunden. In dem Diagramm nehmen wir den Standpunkt eines irdischen Beobachters ein. Die ersten zehn Jahre lang liegt die Explosion im Anderswo. Sie kann keine Auswirkung auf die Erde haben. Nach zehn Jahren gelangt das Ereignis jedoch in die reale Zukunft der Erde. Anfangs kann Licht, später dann auch Materie, die sich fast mit Lichtgeschwindigkeit bewegt, von der Supernova-Explosion die Erde erreichen.

Die einfache Darstellungsweise eines Minkowski-Diagramms ermöglicht uns auch, das neue Konzept der Gleichzeitigkeit besser zu verstehen, welches die Spezielle Relativitätstheorie mit sich brachte. Wie bereits erwähnt, versuchte Einstein bereits früh herauszufinden, was es eigentlich bedeutet, wenn man sagt, dass zwei Ereignisse an weit voneinander entfernten Orten gleichzeitig stattfinden.

Das Anderswo kartieren

Der Bereich außerhalb der 45°-Linien des Lichtkegels ist eine verbotene Zone, der den Bereich innerhalb der Linien nicht beeinflussen kann.

Wenn sich im Anderswo ein Ereignis wie die Explosion einer Supernova ereignet (siehe Diagramm unten), so lässt sich dieses Ereignis erst entdecken, wenn seine Weltlinie die Lichtlinie schneidet.

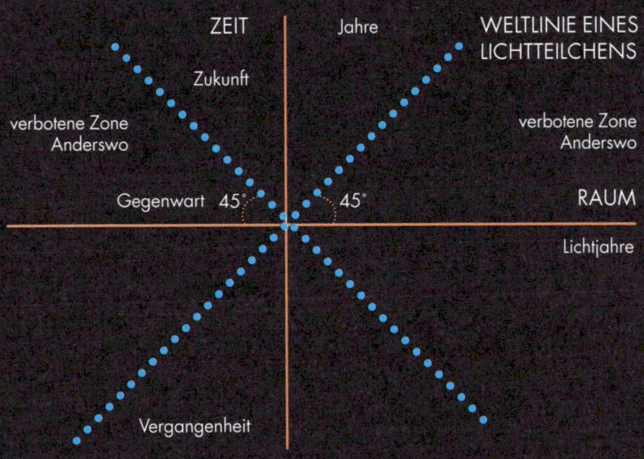

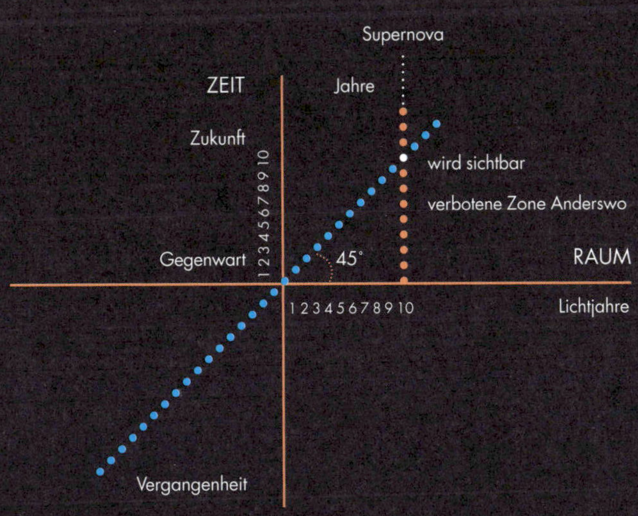

DIE RELATIVITÄT DER GLEICHZEITIGKEIT

Einstein beschrieb eine imaginäre Situation, in der zwei Blitze eine gerade Bahnstrecke an zwei verschiedenen Orten treffen. (Das war ein sogenanntes Gedankenexperiment, ein von Einstein gern genutztes Werkzeug, um die Realität zu erforschen.) Was heißt es, wenn man sagt, diese Ereignisse seien gleichzeitig? Wie können wir überhaupt wissen, dass dies der Fall ist, da wir doch nicht an beiden Orten gleichzeitig sein können, um die Blitzeinschläge zu beobachten?

Einstein stellte sich eine Beobachterin vor – nennen wir sie Lucia –, die sich genau zwischen den beiden Einschlagsorten befindet. Wenn Lucia genau in der Mitte stünde, könnte sie in beide Richtungen schauen (oder realistischer, über Detektoren verfügen, die in beide Richtungen weisen) und den Zeitpunkt registrieren, an dem das Lichtsignal der Einschläge bei ihr eintrifft.

Das gilt unter der Voraussetzung, dass keine bedeutenden Hindernisse im Weg sind – in dichteren Stoffen bewegt sich Licht langsamer; wenn das Licht sich also in der einen Richtung durch Glas bewegen müsste, in der anderen hingegen durch Luft, würde es nach der Glaspassage etwas später eintreffen, obwohl die Ereignisse gleichzeitig stattfinden.

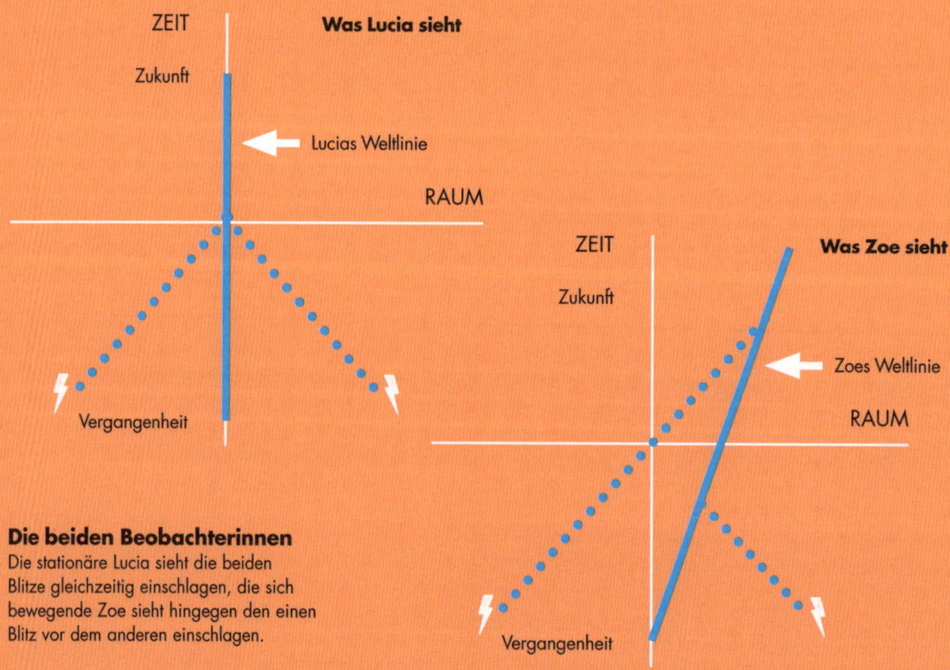

Die beiden Beobachterinnen
Die stationäre Lucia sieht die beiden Blitze gleichzeitig einschlagen, die sich bewegende Zoe sieht hingegen den einen Blitz vor dem anderen einschlagen.

Doch wenn diese Voraussetzung gegeben ist, würde Lucia sagen, dass die Ereignisse gleichzeitig sind, wenn das Lichtsignal der beiden Blitzeinschläge zum selben Zeitpunkt bei ihr in der Mitte der Strecke eintrifft.

Lassen Sie uns das Experiment nun jedoch ein wenig abwandeln, und dann wird klar, warum wir das Szenario mit der geraden Bahnstrecke gewählt haben. Stellen Sie sich vor, dass sich die zweite Beobachterin, Zoe, ausgerüstet mit denselben Detektoren, in einem Hochgeschwindigkeitszug befindet, der sich längs der Gleise bewegt. Und auch bei Zoe nehmen wir an, dass sie sich im Zug genau zwischen den beiden Einschlagstellen der Blitze befindet, als diese, aus Lucias Sicht, gleichzeitig am Erdboden eintreffen. Was würde Zoe an ihrem Platz im Zug sehen?

Stellen Sie sich vor, der Zug bewegt sich von links nach rechts. Die Geschwindigkeit des Zuges beeinflusst die Geschwindigkeit, mit der sich das Licht von den beiden Einschlägen aus fortbewegt, nicht – so ist das nun mal mit der Lichtgeschwindigkeit. In der Zeit, die das Lichtsignal braucht, um den Zug zu erreichen, haben sich Zoe und ihre Detektoren jedoch bewegt. Das heißt, dass das Signal des Blitzeinschlags auf der rechten Seite Zoes Detektor *vor* dem Signal des Blitzeinschlags auf der linken Seite erreicht. Aus Zoes Sicht haben die Ereignisse also nicht gleichzeitig stattgefunden.

Es kann schwierig sein, sich klarzumachen, wie all das in der Praxis funktioniert – und da ist ein Blick auf das Minskowski-Diagramm hilfreich. Wir können uns ansehen, wie sich die Ereignisse aus der Sicht der beiden Beobachterinnen abspielen.

Das Diagramm (gegenüber) macht es viel einfacher zu verstehen, wie es möglich ist, dass Lucia und Zoe ein und dasselbe Ereignis unterschiedlich erleben. Das Konzept der Gleichzeitigkeit wird durch Bewegung erschüttert, und das ist eines der Schlüsselergebnisse der Speziellen Relativitätstheorie.

Das Minkowski-Diagramm wurde in den 1960er-Jahren von zwei Physikern erweitert, dem Engländer Roger Penrose und dem Australier Brandon Carter. Bei der von ihnen entwickelten Modifikation der ursprünglichen Form spielt ein Projektionstyp eine wichtige Rolle. Aber bevor wir uns mit den Details des Penrose- (oder Penrose-Carter-)Diagramms beschäftigen, müssen wir erst eine Vorstellung davon gewinnen, um was es bei mathematischen Projektionen eigentlich geht.

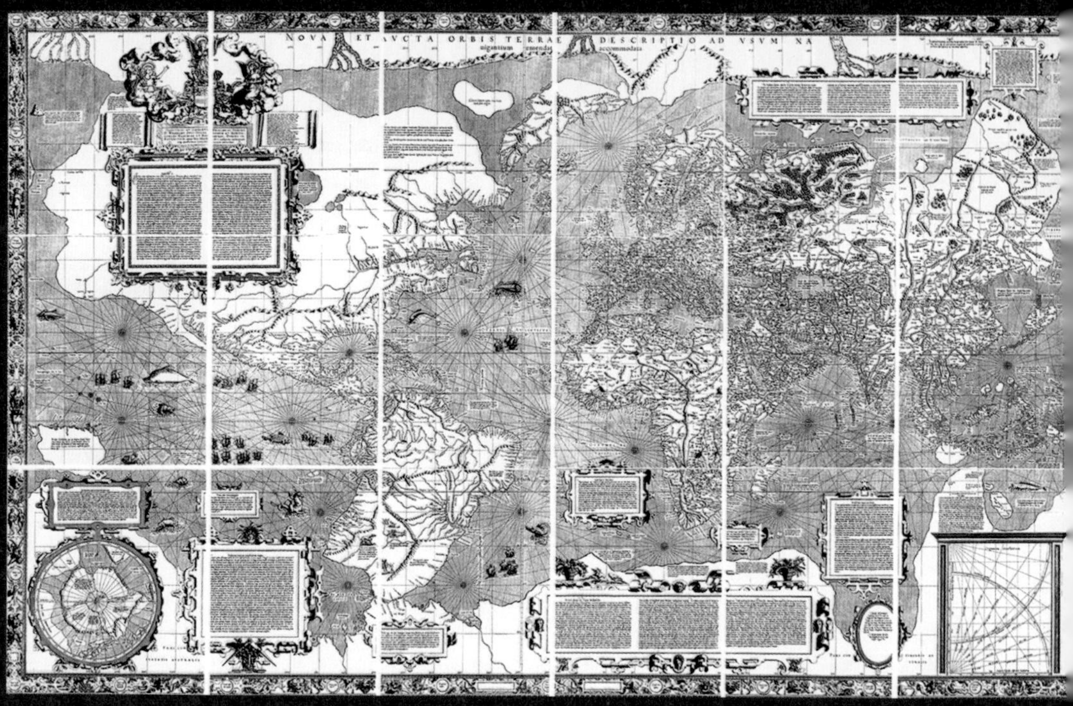

Die Mercator-Projektion wurde erstmals vom flämischen Kartografen Gerhard Mercator für diese Weltkarte benutzt, die um circa 1569 entstand.

VOM RAUM IN DIE EBENE

Die uns am besten vertraute derartige Projektion ist die ebene Weltkarte. Die Erde ist in etwa kugelförmig, daher lässt sie sich nicht so einfach auf einer ebenen Fläche abbilden. Um das Problem zu lösen, stellt man sich vor, jeder Punkt der Erdoberfläche würde nach einigen (relativ) simplen Regeln auf einem Blatt Papier abgetragen. Dieser Kartierungsprozess wird als Projektion bezeichnet. Die am besten bekannte Projektion der Erde ist die Mercator-Projektion, die vom flämischen Kartografen Gerhard Mercator 1569 entwickelt wurde.

PROJEKTION: Mit dem Wort Projektion verbinden wir oft eine Bildvergrößerung, doch mathematisch entsteht eine Projektion dadurch, dass man von einem festen Punkt aus Geraden durch das Abzubildende bis zur (meist ebenen) Zielfläche zeichnet.

Um eine Mercator-Projektion zu erstellen, stellen wir uns einen Zylinder mit demselben Durchmesser wie die Erde vor (wie auf Seite 48 zu sehen ist), die in der Mitte des Zylinders positioniert ist. Um sich den Projektionsprozess vorzustellen, kann man annehmen, die Erde sei wie ein Globus von innen erleuchtet und wir projizierten (wie mit einem Diaprojektor) die Punkte der Erdoberfläche auf den Zylinder. In der speziellen Weise, wie dies bei der Mercator-Projektion geschieht, werden Meridiane (die Linien, die von Nordpol zum Südpol verlaufen), die dieselben Winkel einschließen, auf der Karte zu senkrechten Linien gleichen Abstands. Das Ergebnis ist die uns vertraute Ansicht einer Weltkarte – in der Nähe des Äquators handelt es sich um eine recht präzise Abbildung der Wirklichkeit, die aber immer ungenauer wird, je näher wir den Polen kommen.

Auch wenn die Mercator-Projektion samt ihrer Varianten die am häufigsten genutzten Darstellungsweisen sind, gibt es zahlreiche Alternativen. So ist es beispielsweise möglich, eine Projektion zu erstellen, bei der die Flächeninhalte verschiedener Regionen auf der Karte im tatsächlichen Verhältnis zueinanderstehen, wobei solche «flächentreuen» Karten allerdings die Formen von Ländern und Kontinenten verzerren.

Alternativ gibt es Projektionsformen, bei denen die Entfernungen von einem ausgewählten Punkt auf der Karte zu sämtlichen anderen Punkten auf dem Globus korrekt sind. Ein häufig verwendeter Ansatz ist hier die azimutale äquidistante Projektion, bei der eine Karte auf einen Zentralpunkt ausgerichtet wird und die Entfernungen von diesem Punkt bis an den Rand einer kreisförmigen Karte zunehmen. Bei einer solchen Projektion entspricht der gesamte Rand des Kreises, vom Zentralpunkt aus gesehen, tatsächlich dem Punkt an der gegenüberliegenden Seite des Globus, was die Karte recht ungewöhnlich aussehen lassen kann. Wenn es sich bei dem Zentralpunkt beispielsweise um den Nordpol handelt, ist der Rand des Kreises der Südpol.

«DIE UNTERSCHEIDUNG ZWISCHEN VERGANGENHEIT, GEGENWART UND ZUKUNFT IST NUR EINE HARTNÄCKIGE ILLUSION.»

ALBERT EINSTEIN

Kartenprojektion

Wenn man eine Karte wie die Mercator-Weltkarte erstellt, werden die Merkmale der Erde auf einen imaginären Zylinder projiziert, als ob sich im Inneren einer durchsichtigen Erde eine Lichtquelle befände.

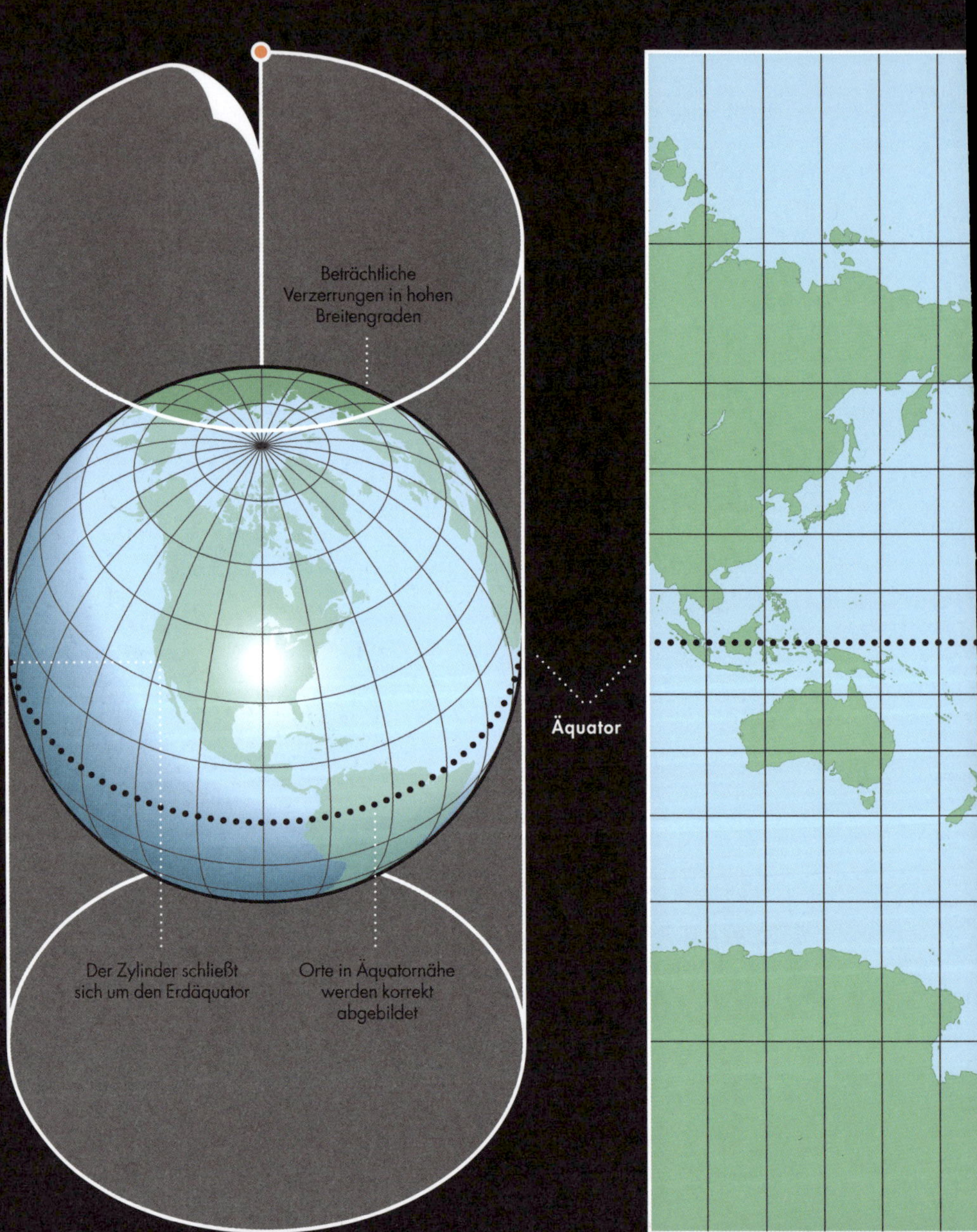

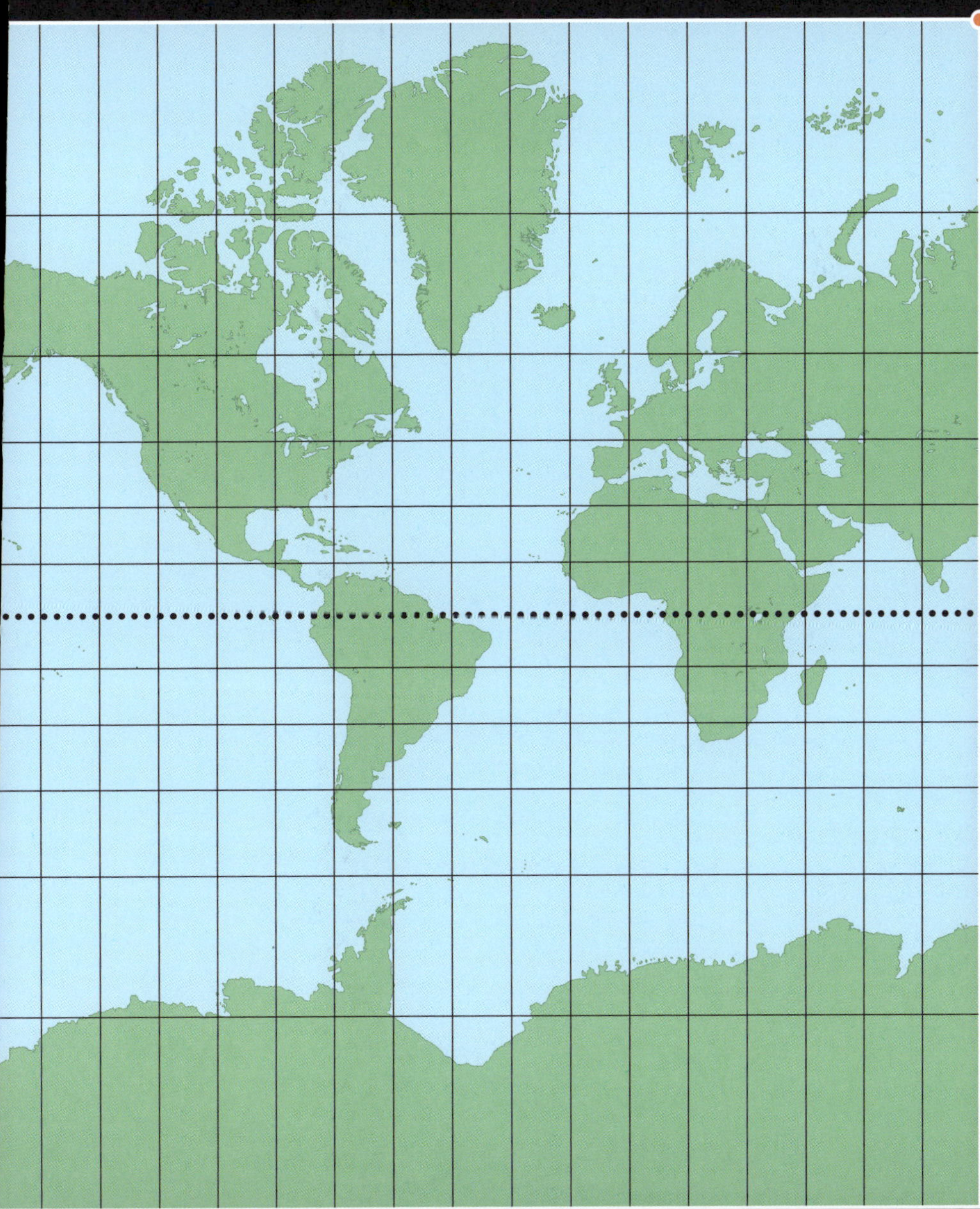

DIE UNENDLICHKEIT IN EINE KARTE PRESSEN

In einem Penrose-Diagramm wird ein ähnlicher Ansatz gewählt, um sogar ein unendliches Universum in einem endlichen Diagramm abzubilden. Um das zu erreichen, gilt die Regel: Je weiter ein Objekt von der gegenwärtigen Zeit und vom gegenwärtigen Ort entfernt ist, desto stärker wird die Entfernung im Diagramm verkürzt. Die Geschwindigkeit, mit der das Maß an «Verkürzung» steigt, ist groß genug, um einen unendlichen Raum und eine unendliche Zeit in ein endliches Diagramm zu pressen.

DIE UNENDLICHKEIT VOR AUGEN
Wir können uns mit dem Konzept der Unendlichkeit schwertun, aber mathematisch gesehen ist es ein mächtiges Werkzeug, da wir oft eine unendliche Sammlung von Werten auf einen endlichen Grenzwert bringen können – den Prozess, der hinter der Mathematik der Infinitesimalrechnung steht.

Wenn Ihnen so etwas unmöglich erscheint, stellen Sie sich vor, dass wir für jede Schritteinheit auf einer der Achsen des Penrose-Diagramms die Strecke im Diagramm halbieren, die nötig ist, um diesen Schritt abzubilden. So können wir in unserem Diagramm für das erste Lichtjahr Entfernung von der Erde beispielsweise eine Strecke von 1 Zoll wählen. Das zweite Lichtjahr wird dann mit einem halben Zoll dargestellt, ge-

Penrose-Diagramm
Eine Art Minkowski-Diagramm, bei der alle Achsen exponenziell geschrumpft sind, sodass alle möglichen Werte in einem kleinen Raumvolumen Platz haben.

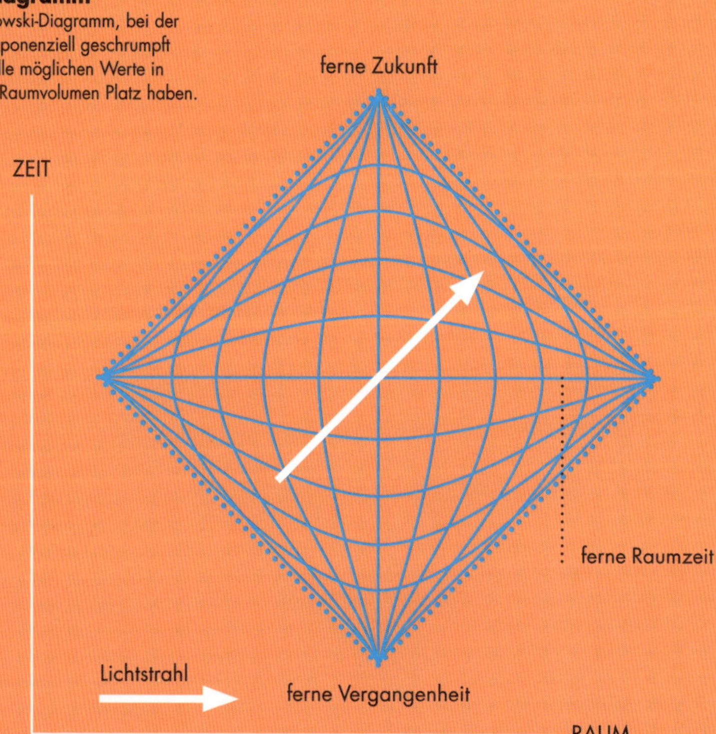

BEISPIEL FÜR EINE UNENDLICHE REIHE

Eine unendliche Reihe könnte so aussehen

1 + ½ + ¼ … und so weiter

Die ersten drei Glieder der Reihe ergeben in der Summe 1 ¾.

Mit dem nächsten Glied erhalten wir

1 + ½ + ¼ + 1/8; das ergibt zusammen 1 7/8.

Und so geht es weiter.

Bei n Gliedern in unserer Reihe ist die Summe gleich $1 + (2^{n-1} - 1)/2^{n-1}$.

folgt von einem Viertelzoll für das dritte Lichtjahr … und so unbegrenzt weiter.

Wenn n immer größer wird, kommt die Summe dem Wert 2 immer näher, bis wir schließlich 2 erreichen, wenn wir eine unendlich große Entfernung projizieren wollen. Wenn wir diese Projektion benutzen, passt die gesamte Unendlichkeit von Raum und Zeit in eine Form, die einen Durchmesser von nur 4 Zoll (2 Zoll in jeder Richtung) hat. Wegen der speziellen Kartierungsstruktur in einem Penrose-Diagramm führt dies zu einem diamantförmigen Muster.

Solche Diagramme haben sich als höchst nützlich erwiesen, um die seltsame Geometrie Schwarzer Löcher darzustellen, wo das, was wie eine einfache Kugel aussieht, eine so starke Verzerrung der Raumzeit bewirkt, dass sie sich tatsächlich bis ins Unendliche erstreckt.

Das Minkowski-Diagramm und seine Varianten veranschaulichen uns die Beziehung zwischen Raum und Zeit, und im Fall des Penrose-Diagramms komprimiert es etwas unvorstellbar Großes auf einen endlichen Raum. Im Gegensatz dazu betrifft unser nächstes Muster die Wechselwirkungen der kleinsten Objekte, die existieren – der Teilchen, aus denen sich unsere Wirklichkeit aufbaut.

«SCHWARZE LÖCHER KÖNNTEN TORE INS ANDERSWO SEIN.»
CARL SAGAN

3
TEILCHENSPUREN

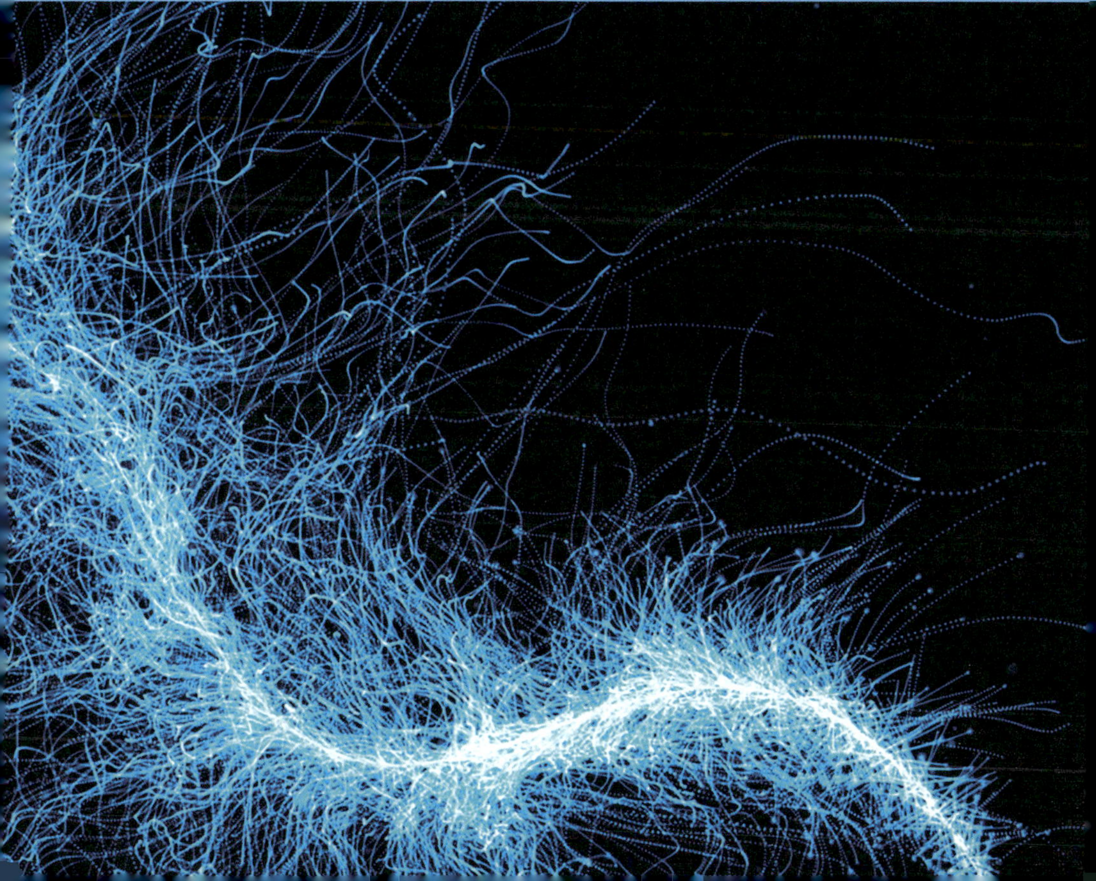

Peter **Higgs**
1929

TEILCHEN

Unser Wissen über die Teilchen, aus denen alles um uns herum besteht, entspringt Versuchen mit Teilchenbeschleunigern und Nebelkammern. Das sind experimentelle Instrumente, in denen Teilchen mit nahezu Lichtgeschwindigkeit aufeinander geschossen werden und die durch die Kollision entstehenden kurzlebigen Teilchen sichtbar machen, sodass man sie untersuchen kann. Der derzeit eindrucksvollste Beschleuniger, der Large Hadron Collider (LHC) in der Schweiz, ist die größte maschinelle Anlage der Welt. Bei einer Teilchenkollision in einem Beschleuniger entstehen massenweise weitere Teilchen, die in exotisch aussehenden Bildern eingefangen werden. Mithilfe der Muster in diesen Bildern konnten Wissenschaftler alles Mögliche entdecken, von Antimaterie bis zum flüchtigen Higgs-Boson, das nach Peter Higgs benannt ist, der es theoretisch vorausgesagt hatte. Diese Muster führen uns zu den grundlegenden Bausteinen der Natur.

ATOME, ELEMENTE UND TEILCHEN

Die Frage, woraus Materie letztlich besteht, hat Menschen seit mehr als 2000 Jahren umgetrieben. Im antiken Griechenland gab es zwei gegensätzliche Vorstellungen. Die Atomisten glaubten an isolierte Bausteine, aus denen alles andere zusammengesetzt war. Sie stellten sich vor, ein beliebiges Objekt – sagen wir, ein Stück Käse – in immer kleinere Teile zu schneiden. Schließlich, so glaubten sie, wären die Teile so klein, dass man sie nicht mehr weiter teilen könnte – sie wären unteilbar oder «atomos» – Atome.

Das Standardmodell
Diese 17 Elementarteilchen sind verantwortlich für das Vorhandensein von Materie (Quarks und Leptonen) und Kräften (Eichbosonen). Dazu kommt das Higgs-Boson; es repräsentiert das Feld, das einigen Teilchen ihre Masse verleiht.

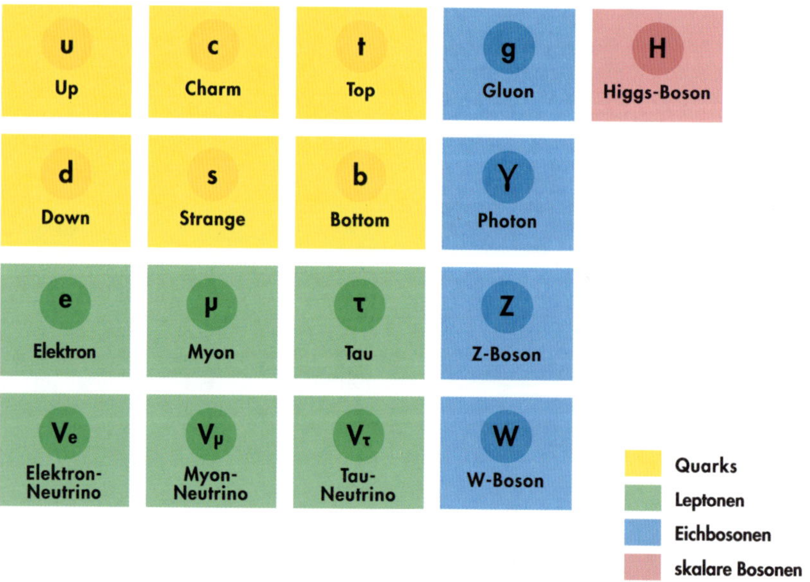

Im Gegensatz dazu glaubten andere Philosophen, alles bestünde aus den Elementen Erde, Wasser, Luft und Feuer, und diese Elemente seien kontinuierlich, also nicht teilbar. Aristoteles zum Beispiel favorisierte die Theorie dieser vier Elemente (und nahm noch ein fünftes für die Himmelssphären dazu, die sogenannte Quintessenz), denn er meinte, Atome seien nicht ohne Leere zwischen ihnen denkbar, und das ließ seine Auffassung von Physik nicht zu. Der Standpunkt des Aristoteles blieb lange Zeit vorherrschend. Im 19. Jahrhundert wurde die atomistische Lehre wiederbelebt, zunächst, um chemische Reaktionen besser erklären zu können, später dann, zu Beginn des 20. Jahrhunderts, als Beschreibung für tatsächliche Bausteine, aus denen die Dinge bestehen. Die Vorstellung war, dass die Struktur von Objekten auf Atomen beruht.

Wäre der Name «Atom» – unteilbar – wörtlich zu nehmen, dann wäre man schon am Ende angelangt gewesen. Doch wurden bei Untersuchungen gegen Ende des 19. Jahrhunderts und bis in die Mitte des 20. Jahrhunderts hinein immer neue subatomare Teilchen entdeckt – unglaublich winzige Materieteilchen, aus denen alles Übrige bestand. Die moderne Physik liefert ein Bild der Realität, das von Feldern und Teilchen bestimmt ist.

Felder und Teilchen sind im Endeffekt umgekehrte Weisen, ein und dasselbe zu betrachten. Ein Teilchen ist ein winziges konzentriertes Etwas aus Materie oder Energie. Felder dagegen sind wie Reliefkarten von etwas, das sich über Raum und Zeit erstreckt. Manchmal sind es kleine lokalisierte Spitzen im Wert des Feldes, die sich bewegen können. Solche Spitzen sind das, was wir als Teilchen bezeichnen.

Das gegenwärtige «Standardmodell der Elementarteilchenphysik» geht von 17 verschiedenen Teilchen aus, obwohl wir es praktisch mit nur vier Typen in gewöhnlicher Materie plus dem Einfluss von zwei weiteren in den Grundkräften der Natur zu tun haben. Dieses Modell liefert ein ganz praktikables Schema.

In der Theorie kann man problemlos Modelle dafür entwerfen, wie Teilchen sich verhalten, ohne jeden Bezug zur Realität. Zum Beispiel glaubten in den Anfängen der Atomtheorie manche Wissenschaftler, dass die Atome der unterschiedlichen chemischen Elemente verschieden geformte Haken hätten, mit deren Hilfe sie sich zu chemischen Verbindungen vereinigen konnten. Das war ein indirekter Schluss und sollte sich als falsch erweisen. Doch wie kann man überhaupt Kenntnis über diese Teilchen erlangen, die ja viel zu klein sind, um sie zu sehen? Die Antwort ergibt sich hauptsächlich aus dem Effekt der Muster, die sich in den Teilchenspuren zeigen.

DER BLICK IN DEN KERN

Einer der ersten Versuche, tiefer in subatomare Strukturen vorzudringen, fand statt, als Wissenschaftler um Ernest Rutherford an der Manchester University den Atomkern entdeckten. Dass das Atom kleinere, elektrisch geladene Bestandteile namens Elektronen enthielt, war bereits bekannt; nicht jedoch, wie alle Teile zusammenpassten. Hans Geiger und Ernest Marsden, Rutherfords Kollegen, führten eine Reihe von Experimenten durch, bei denen sie sogenannte Alphateilchen (dabei handelt es sich um die Kerne von Heliumatomen) auf dünne Goldfolien feuerten.

SCHLUSS MIT DEM ROSINENKUCHEN: Vor den Rutherfordschen Experimenten hatte man angenommen, dass die Elektronen im Atom in einem positiv geladenen Medium schwebten – das sogenannte «Rosinenkuchen-Modell», bei dem die Elektronen den Rosinen im Kuchenteig entsprachen.

Man erwartete, dass die Alphateilchen im Experiment von dem positiv geladenen Medium, in dem man die Elektronen vermutete, ein wenig abgelenkt würden, doch tatsächlich schossen die meisten einfach hindurch, während einige wenige sehr stark abprallten. Rutherford erkannte, dass das Atom einen kompakten, positiv geladenen Kern enthalten musste, der dicht genug war, um die Alphateilchen abzulenken. Die Bezeichnung «Kern» wird heutzutage wahrscheinlich vorwiegend mit dem Atom in Zusammenhang gebracht, doch Rutherford entlehnte ihn der Biologie, wo man diesen Ausdruck bereits benutzte, um eine kompakte zentrale Struktur in allen höheren Zellen zu bezeichnen (Zellkern).

Die Alphateilchen selbst sind viel zu klein, um sichtbar zu sein. Also benutzten Geiger und Marsden eine fluoreszierende Folie – ein beschichtetes Material, das einen winzigen Lichtblitz abgab, wenn ein Alphateilchen auftraf. Mit dieser Folie umspannte man die Goldfolie, um an dem Blitzmuster abzulesen, wohin die Alphateilchen gelangt waren.

Mit dem fluoreszierenden Schirm bekam man zwar einen Eindruck, wo diese Teilchen landeten, aber das Verfahren war auch frustrierend unzureichend. Es gab keinen Hinweis, *wie* die Teilchen von A nach B gelangt waren, lediglich, *wo* sie schließlich ankamen. Hier ging es aber um mehr als nur den Weg eines Teilchens zu bestimmen. Eine Vorstellung von der Reise der Teilchen zu bekommen ist essenziell, um mehr über sie herauszubekommen. Ganz grundlegende wissenschaftliche Zusammenhänge haben sich daraus ablesen lassen; das reicht von der speziellen Relativitätstheorie bis hin zu dem Mechanismus, durch den die meisten Teilchen ihre Masse erhalten.

Das Goldfolien-Experiment
In den Rutherford-Experimenten wurde beobachtet, dass Teilchen von den Atomkernen einer Goldfolie stark abgelenkt wurden.

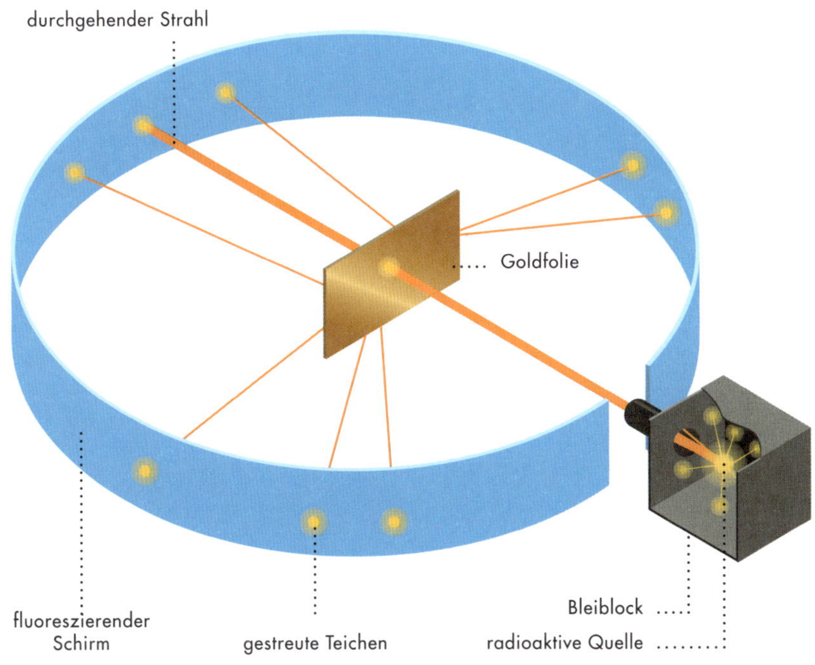

«ES WAR FAST SO UNGLAUBLICH, ALS HÄTTE JEMAND EINE 15-ZOLL-GRANATE AUF EIN STÜCK SEIDENPAPIER ABGEFEUERT UND DIESE WÄRE ZURÜCKGEKOMMEN UND HÄTTE IHN GETROFFEN.»
ERNEST RUTHERFORD

Bei einem kosmischen Teilchenschauer treffen hoch energetische Teilchen aus den Tiefen des Weltraums auf die Atmosphäre und lösen dadurch eine Kaskade neu entstehender Teilchen aus.

ZEITREISENDE TEILCHEN

Die Spezielle Relativitätstheorie, der wir im letzten Kapitel schon begegnet sind, gab bereits ein eindrucksvolles Beispiel dafür ab, wie das Wissen um das Bewegungsprofil eines Teilchens Einblick in grundlegende physikalische Konzepte gewährte. Die Erde ist fortwährend einem Bombardement von hoch energetischen Teilchenströmen aus dem Weltraum ausgesetzt; man spricht von kosmischer Strahlung. (Von «Strahlen» hat man in der Frühzeit der modernen Physik in Zusammenhang mit Teilchen gesprochen und der Begriff hat sich gehalten.) Wenn diese Teilchen auf die obere Atmosphäre treffen, kollidieren sie mit nahezu Lichtgeschwindigkeit mit Atomen, wodurch eine Kaskade neu entstehender Teilchen ausgelöst wird, die man als «air shower» oder Schauer von Sekundärteilchen bezeichnet. Diese Teilchen waren nicht vorhanden, bevor die kosmische Strahlung eintraf. Das Ganze demonstriert auf dramatische Weise eine der Folgerungen aus der Speziellen Relativitätstheorie, die wohl bekannteste Gleichung der Welt: $E=mc^2$. Sie zeigt die Äquivalenz von Energie (E) und Masse (m) auf. c steht hier für die Lichtgeschwindigkeit – eine riesengroße Zahl, weswegen es eine Menge Energie erfordert, Materie zu erzeugen. Die Teilchen der kosmischen Strahlung treffen mit dermaßen viel Energie auf die Atome der Atmosphäre, dass ein ganzes Spektrum neuer Materieteilchen entsteht.

Unter diesen neu entstandenen Teilchen sind auch Myonen. Dabei handelt es sich quasi um übergewichtige Elektronen. In dem Diagramm des Standardmodells auf Seite 56 gehören Myonen zur selben Familie wie Elektronen, sind aber mehr als 200-mal schwerer. Wir treffen Myonen nicht so häufig an wie Elektronen, die ja sowohl für elektrischen Strom als auch chemische Reaktionen verantwortlich sind, weil Myonen instabil sind. Ihre Lebensdauer beträgt etwa zwei Mikrosekunden, danach zerfallen sie. Dabei gehen sie typischerweise in ein Elektron plus zwei Neutrinos über.

Indem man die Bahnen von Myonen aus der kosmischen Strahlung verfolgte, konnte man eindrucksvolle Beweise für die Spezielle Relativitätstheorie sammeln. Die Myonenbahnen waren allerdings viel zu lang. Wie erwähnt, sagt die Relativität voraus, dass die Zeit für ein bewegtes Objekt langsamer verstreicht. Die Myonen bewegen sich mit einer Geschwindigkeit, die der Lichtgeschwindigkeit so nahekommt, dass ihre Zeit sich ausreichend verlangsamte, sodass sie wesentlich weiter kamen, als sie sollten, bevor sie zerfielen.

Doch wie konnte man sie überhaupt entdecken? Myonen sind unsichtbar. Sie sind viel zu klein, als dass sie mit irgendeiner Vorrichtung nachweisbar wären. Und doch konnten die Entdecker des Myons im Jahr 1936 diese Auswirkung der Speziellen Relativität bereits ein Jahr später aufdecken. Für die Entdeckung mussten die Forscher in der Lage sein, Information über Masse und Ladung eines Teilchens zu erhalten, das sie nicht direkt sehen konnten. Das wurde durch eine clevere Erfindung namens Nebelkammer möglich. Diese Vorrichtung zur Sichtbarmachung des Unsichtbaren wurde durch einen Spuk angeregt, der mit einem deutschen Gebirge mit legendärer Vergangenheit verbunden ist.

«DIE MASSE EINES KÖRPERS IST EIN MASS FÜR DESSEN ENERGIEGEHALT.»
ALBERT EINSTEIN

WOLKEN UND DAS BROCKENGESPENST

Der fragliche Berg ist der Brocken (manchmal auch Blocksberg genannt), Teil des Harzes in Norddeutschland. Mit einer Höhe von nur 1141 Metern ist er kein wirklich dramatisch hoher Gipfel und wird von den größeren europäischen Gebirgszügen locker in den Schatten gestellt. Trotz seiner relativ geringen Größe hat der Berg eine legendäre Vergangenheit. Wie Pendle Hill in England brachte man den Berg traditionell mit Hexerei in Verbindung, was bereits Goethe in seiner Version der Faust-Legende erwähnt. Zwei Felsformationen am Berg sind im Volksmund als Teufelskanzel und Hexenaltar bekannt.

Wie real auch immer die dunkle Vergangenheit des Brockens sein mag, seinen Namen hat er von einem Phänomen, das als Brockengespenst bekannt ist. Es handelt sich dabei um eine Geistererscheinung, die als übergroßer Schatten einer Person im Nebel oder auf Wolken geworfen erscheint, oft begleitet von einem dramatischen Regenbogenring um den Kopf des Schattens, als Heiligenschein. Im Jahr 1894 arbeitete der schottische Physiker Charles Wilson am Gipfel des höchsten Bergs Schottlands, dem Ben Nevis, und sah ein Brockengespenst. Dies weckte sein Interesse für die Physik der Wolken.

Dieses eindrucksvolle Bild eines Brockengespensts erscheint aufgrund einer optischen Täuschung sehr groß – die Wolke ist jedoch wesentlich näher, als es den Anschein hat.

Da die Untersuchung von Wolken nicht Wilsons Hauptbeschäftigung war, dauerte es weitere 17 Jahre, bevor er einen Apparat gebaut hatte, mit dem er Wolken im Labor erfolgreich nachbilden konnte. Er erzeugte sie in kleinen Behältern, und als Wilson im Jahr 1911 die erste erfolgreich arbeitende Kammer dieser Art geschaffen hatte, hatte sich sein Studieninteresse bereits von den Wolken zu sogenannter ionisierender Strahlung verlagert.

Ionisierende Strahlung gehört zu den gefährlichen Strahlungsarten. Alles Licht ist Strahlung, aber es sind nur die energiereichen Formen des Lichts – Gammastrahlen, Röntgenstrahlen und ein Teil des Ultravioletts – die ionisieren. Auch hochenergetische Materieteilchen gehören zur ionisierenden Strahlung. Überwiegend sind das Alpha-Teilchen (Helium-Kerne), Beta-Teilchen (Elektronen) und Neutronen. Mit «ionisierend» ist gemeint, dass diese Strahlung genug Energie hat, um Ionen zu erzeugen, also Atome, die Elektronen verloren oder aufgenommen haben und damit elektrisch geladen sind. Die Strahlung trifft auf Atome und überträgt dabei so viel Energie, dass Elektronen aus der Hülle herausgelöst werden.

Ionisierende Strahlung kann Krebs verursachen, zu Strahlenkrankheit und dem Tod führen. Es ist die Strahlung, die wir alle fürchten, sei es bei Kernkraftwerksunfällen und beim Fallout von Atombomben, oder bei zu starker Sonnenstrahlung. Andererseits kann man mit ihrer Hilfe auch die Teilchen besser untersuchen, aus denen alles um uns herum besteht. Beim Experimentieren mit kleinen künstlichen Wolken in seiner «Nebelkammer» fand Wilson heraus, dass ionisierende Strahlung die gleichmäßige Ausbreitung von Wasserdampf in der Kammer stört.

Wilsons Nebelkammer war ein geschlossener Behälter, der zunächst mit warmer, feuchter Luft gefüllt wurde. Dann erweiterte man das Volumen der Kammer mittels einer Membran. Dabei bildete sich im Wesentlichen eine Wolke aus, ein Aerosol aus winzigen Wassertröpfchen, die zu klein sind, um einzeln sichtbar zu sein. Wenn ein ionisierendes Teilchen die Kammer passiert, hinterlässt es eine Spur geladener Teilchen, die wie Keime für die Bildung deutlich größerer Wassertröpfchen wirken. So erzeugen die geladenen Teilchen tatsächlich eine Spur sichtbarer Tröpfchen in der Kammer.

Wilsons Kammer wurde 1936 von dem amerikanischen Physiker Alexander Langsdorf Jr. verbessert. Dessen Diffusionswolkenkammer war empfindlicher und die Tröpfchenspur in ihr langlebiger. Die Diffusionswolkenkammer führt ständig erhitzten Alkoholdampf in den oberen Bereich der von unten gekühlten Kammer ein. Damit ermöglicht sie längerfristige und effektivere Beobachtungen.

ANTIMATERIE UND MYONEN

Die beiden Muster von größter Bedeutung, die in Nebelkammern entdeckt wurden, sind beide dem amerikanischen Physiker Carl Anderson zuzuschreiben. Die erste betraf eine Substanz, die zu einem Hauptthema der Science-Fiction geworden ist – die Antimaterie.

Die Existenz von Antimaterie wurde Ende der 1920er-Jahre vom englischen Physiker Paul Dirac vermutet. Bei der Verbindung der Quantenmechanik mit der Speziellen Relativitätstheorie entdeckte Dirac, dass es eigentlich ein Teilchen geben müsste, das sich praktisch als Fehlen eines Elektrons mit negativer Energie zeigte. Die wahrscheinliche Interpretation war das Vorhandensein eines Gegenstücks zum Elektron, das positive Energie hatte und eine positive Ladung trug. Einige Jahre später hielt sich Dirac, der fast sein ganzes Leben in Cambridge verbracht hatte, zu einem Sabbatical an der Princeton University in Amerika auf, just zu dem Zeitpunkt – Ironie des Schicksals –, als der amerikanische Physiker Robert Millikan in Cambridge einen Vortrag über die Entdeckung seines Doktoranden Carl Anderson hielt, bei der es um die Untersuchung kosmischer Strahlung mittels einer Nebelkammer ging.

ANTIMATERIE: Sie entsteht, wenn Energie in Masse umgewandelt wird. Dabei werden Materieteilchen paarweise erzeugt, eins aus Materie, das andere aus Antimaterie.

Man studierte Teilchen in Nebelkammern, indem man untersuchte, wie die Spur eines Teilchens in der Kammer durch ein starkes Magnetfeld beeinflusst wurde. Wenn das Teilchen keine elektrische Ladung trug, sollte das Muster der erzeugten Wassertröpfchen längs einer geraden Linie verlaufen. Geladene Teilchen dagegen würden eine gekrümmte Spur hinterlassen, deren Krümmungsrichtung dadurch bestimmt war, ob ihre Ladung positiv oder negativ war. Die Stärke der Krümmung brachte zudem die Stärke seiner Ladung und seines Impulses (das Produkt von Masse und Geschwindigkeit) zum Ausdruck. Was Anderson entdeckt hatte, war ein Teilchen mit demselben Ladungsbetrag und derselben Masse wie die des Elektrons, aber mit positivem statt negativem Ladungsvorzeichen. Wenn Energie, wie die der einfallenden kosmischen Strahlung, in Materie umgewandelt wird, entsteht ein Teilchenpaar. Die elektrische Ladung bleibt dabei erhalten – weder geht sie verloren noch wird sie vermehrt. Wenn also ein Paar geladener Teilchen erzeugt wird, ist eines positiv geladen und das andere negativ. Das Elektron ist der negative Teil des Paares. Das Positive ist sein Gegenstück aus Antimaterie, ein Antielektron, besser als Positron bekannt.

Dies war der erste dramatische Durchbruch mit den Aufnahmen aus einer Nebelkammer. Carl Anderson sollte 1936 auch das Myon als Produkt der kosmischen Strahlung entdecken. Ein weiteres neues Teilchen, das Kaon, das zu einer Familie von Teilchen, die als Mesonen bekannt sind, gehört, wurde 1947 ebenfalls in einer Nebelkammer in einem

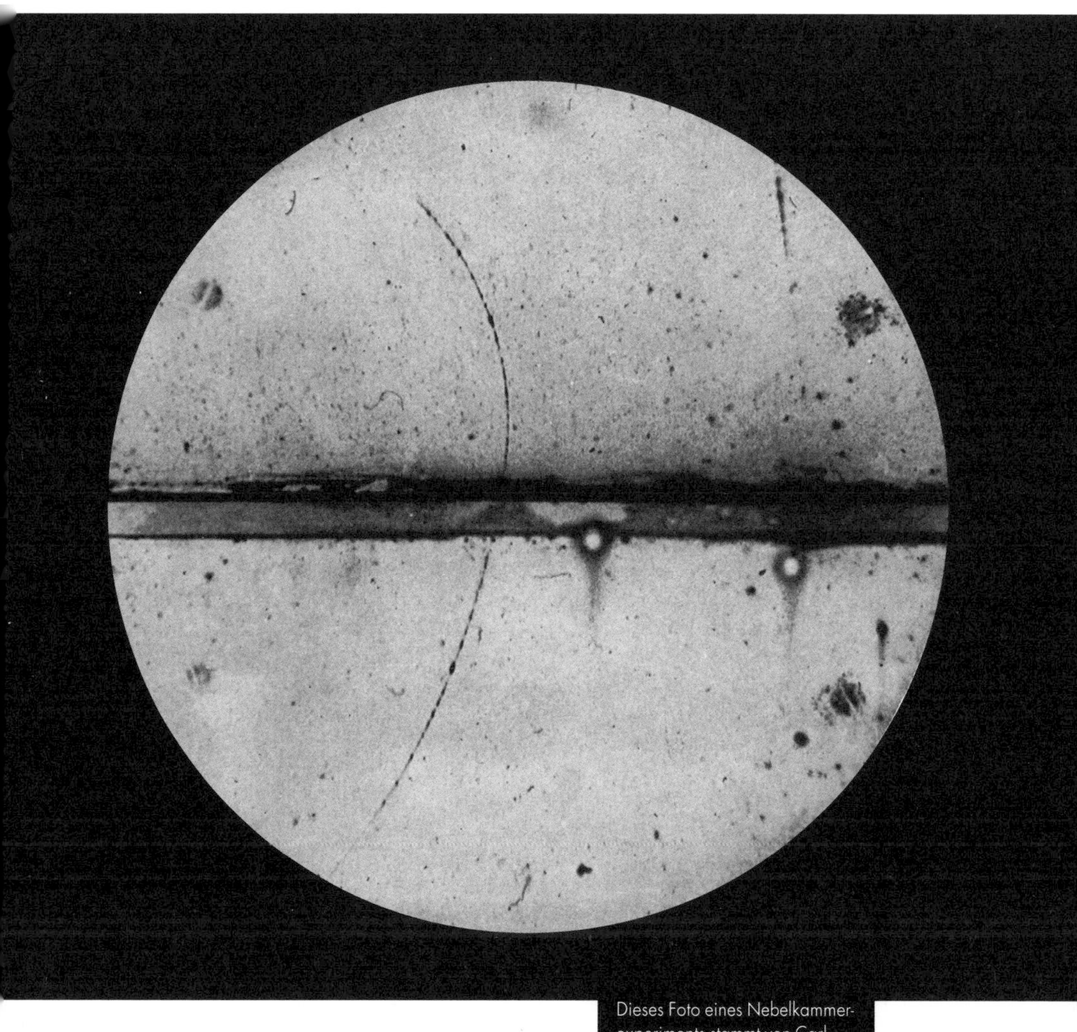

Dieses Foto eines Nebelkammerexperiments stammt von Carl Anderson. Es zeigt die gekrümmte Spur eines Positrons aus Antimaterie, das (von unten kommend) die Bleiplatte in der Mitte durchschlägt. Es verliert dabei Energie, weswegen seine Bahn oberhalb stärker gekrümmt ist.

Schauer kosmischer Strahlen entdeckt, diesmal von den englischen Physikern George Rochester und Clifford Diener. Aber die Vorherrschaft der Nebelkammerexperimente sollte bald enden; an die Stelle des Nebels traten Flüssigkeiten.

VON BLASEN ZU DRÄHTEN

Wie beschrieben, funktionierten Nebelkammern mit einer gesättigten Gasfüllung, zum Beispiel Wasser- oder Alkoholdampf kurz vor der Bildung feiner Tröpfchen. Der Stabilität dieses Aufbaus sind jedoch einige Grenzen gesetzt. Als Ersatz gab es die Blasenkammer, gefüllt mit einer transparenten Flüssigkeit (oft flüssiger Wasserstoff), die über ihren Siedepunkt erhitzt, aber durch Druck flüssig gehalten wird. Man spricht dann von einer überhitzten Flüssigkeit. Bewegt sich ein ionisierendes Teilchen durch die Flüssigkeit, verdampft die Flüssigkeit und das Teilchen hinterlässt eine Spur von Blasen. Blasenkammern waren gewöhnlich größer als Nebelkammern und hatten eine bessere Auflösung. Das Gerät wurde 1952 von dem amerikanischen Physiker Donald Glaser erfunden.

NOBELPREIS: Der Nobelpreis für Physik ging 1960 an Donald Arthur Glaser für die Erfindung der Blasenkammer.

Die erfolgreichsten Blasenkammern waren im CERN im Einsatz, dem europäischen Teilchenforschungszentrum in der Nähe von Genf, an der Grenze der Schweiz und Frankreich gelegen. Ihre Entdeckungen hatten hauptsächlich mit dem Nachweis von Neutrinos zu tun, die als Ergebnis von Wechselwirkungen der Schwachen Kraft entstehen, und mit den Teilchen, die diese Kraft übertragen und im Diagramm des Standardmodells als Bosonen gelistet sind – die W- und Z-Bosonen. Der absolute Star war dabei eine Kammer namens Gargamelle. Diese 4,8 m lange Kammer mit einem Durchmesser von 2 m enthielt flüssiges Freon, einen Chlor-Fluor-Kohlenwasserstoff, der als Kältemittel eingesetzt wird. Der Name der Kammer bezog sich auf ihre Größe (Gargamelle hieß die Mutter des Riesen Gargantua in einem Roman des französischen Schriftstellers François Rabelais aus dem 16. Jahrhundert.) Gargamelle war nur neun Jahre im Einsatz, bevor ein irreparabler Riss sie unbrauchbar machte. Selbst wenn es möglich gewesen wäre, sie weiterzuverwenden, waren Blasenkammern damals jedoch bereits veraltet.

Moderne Detektoren sind Varianten des Drahtkammer-Konzepts. Dessen Merkmal ist ein Gitter von elektrisch geladenen Drähten in einer Kammer, deren Wände entgegengesetzte elektrische Ladung tragen. Wenn ein ionisierendes Teilchen die Kammer passiert, ionisiert es das Gas darin (oft eine Mischung aus Argon und Butan). Ionisierte Substanzen leiten Elektrizität. Dies ist beispielsweise der Grund dafür, dass Wasser ein Leiter ist. Völlig reines Wasser leitet keinen Strom – dafür sorgen die geladenen Teilchen, die normalerweise in Wasser gelöst sind. Ganz ähnlich wie bei der Leitfähigkeit von Wasser ionisiert der Blitz am Himmel zunächst die Luft, bevor der Hauptstrom an Elektrizität sich Bahn brechen kann. In der Drahtkammer ermöglicht die durch das durchfliegende Teilchen erzeugte Ionisation, dass ein kurzer elektrischer Strom fließt, der an mehreren Gitterpunkten erkannt wird, wodurch der Weg des Teilchens festgehalten wird.

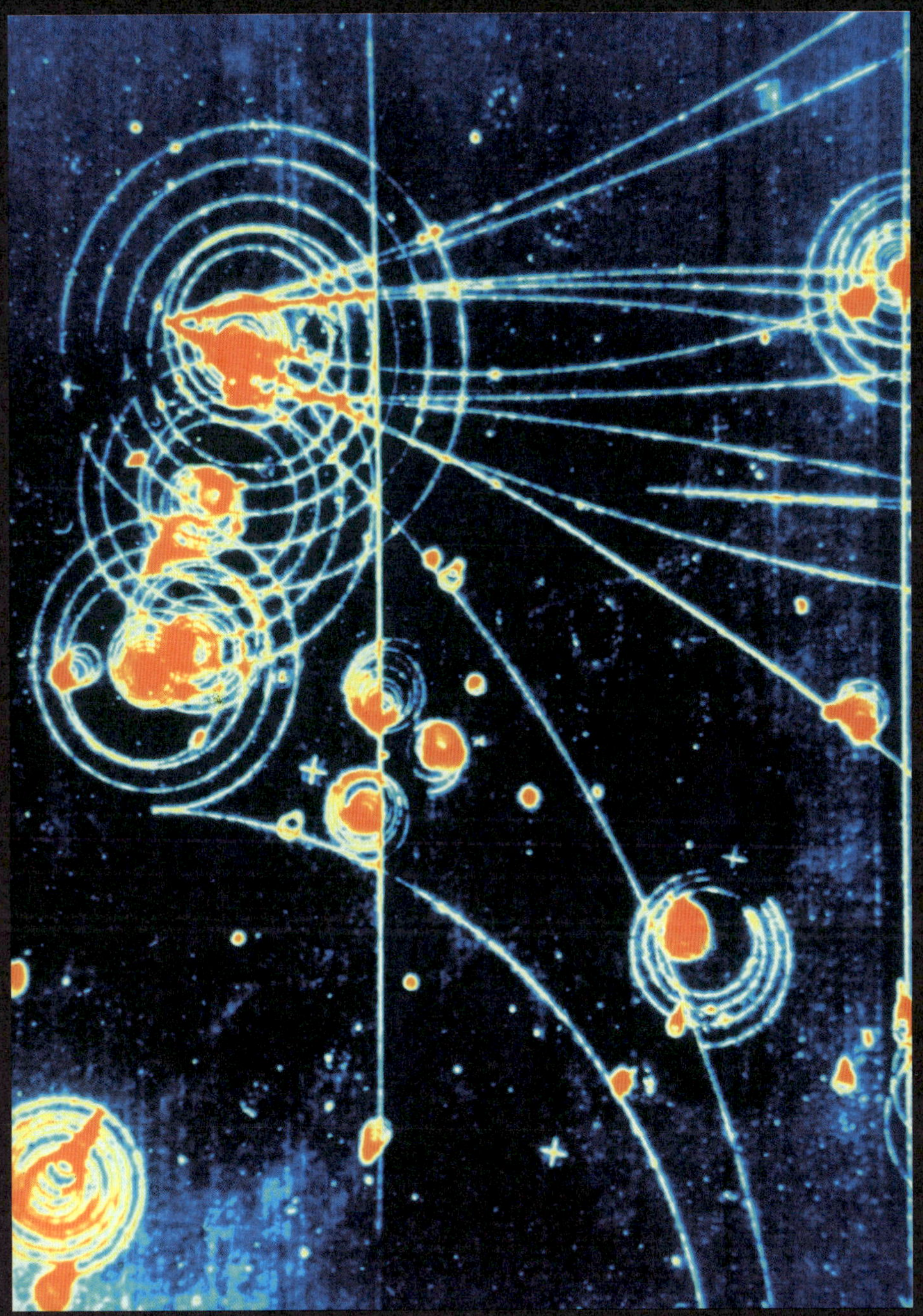

Das Bild zeigt die Erzeugung von Teilchen in einer Blasenkammer am Stanford Linear Accelerator Center.

In der Regel ist Luft ein elektrischer Isolator. Doch wird sie elektrisch leitend, wenn Ionen elektrische Energie in Form von Blitzen abführen.

Der Grund, dass Varianten von Kammern dieser Art ihre Blasenkammer-Vorgänger verdrängt haben, ist ähnlich dem, weswegen professionelle Astronomen keine Zeit mehr damit verbringen, durch Teleskope zu blicken. Es ist viel effizienter, die Daten von einer Reihe von Detektoren erfassen zu lassen, die es ermöglichen, sie sofort in einem Computer zu verarbeiten. Die Teilchenspuren aus den alten Kammertypen mussten zuerst fotografiert werden. Dann wurden die Fotos von Forschern ausgewertet, die in mühsamer Kleinarbeit jede Spur ausmaßen und das Ergebnis berechneten. In einer modernen Kammer werden die Muster direkt in einen Computer eingespeist.

IM INNEREN DER GRÖSSTEN MASCHINE DER WELT

Eigentlich ist es unvorstellbar, dass der dramatischste Erzeuger solcher Teilchenspuren, der Large Hadron Collider (LHC) am CERN, jemals mit einer der alten Kammern gearbeitet haben könnte – und mit Sicherheit hätte es keine Chance gegeben, eine der großen Entdeckungen des LHC, die Sichtung des Higgs-Bosons, mit einer Blasenkammer zu machen.

Der LHC ist ein einziger Superlativ. Er wurde als die größte Maschine der Welt beschrieben. Wenn wissenschaftliche Arbeiten veröffentlicht werden, die mit seiner Hilfe durchgeführt werden, kann schon die Anzahl der Autoren einer solchen Veröffentlichung in die Tausende gehen. Er besteht aus einem riesigen Ring mit einer Länge von 27 km mit einer Reihe von großen Detektoren an verschiedenen Stellen, allen voran ATLAS (A Toroidal LHC Apparatus) und CMS (Compact Muon Solenoid). Obwohl das CMS-Experiment das Wort «kompakt» im Namen trägt, wiegt es rund 14 000 Tonnen und erstreckt sich über eine Länge von 21 m bei einem Durchmesser von 14 m.

Der LHC ist allgemein als Teilchenbeschleuniger bekannt. Ursprünglich hatten solche Geräte auf einem Arbeitstisch Platz, wie das Zyklotron, das 1831 gebaut wurde. Aber um immer größere Energieausbeuten zu erreichen, sind solche Beschleuniger im Laufe der Jahrzehnte immer größer geworden, mit dem LHC als derzeitigem Spitzenreiter. Obwohl die technischen Details ungeheuer komplex sind, ist das Grundkonzept nahezu prähistorisch. Ein Beschleuniger bringt Teilchen auf hohe Geschwindigkeit und lässt sie dann aufeinanderprallen, um zu sehen, was passiert. Wenn genügend Energie in der Kollision steckt, werden neue Teilchen erzeugt.

Genau das passiert bei den Kollisionen, die auftreten, wenn kosmische Strahlen auf die Atmosphäre treffen, aber selbst im LHC krachen die Partikel mit weit weniger Energie ineinander. Es mag sinnlos erscheinen, so viel Geld (rund 5 Milliarden US-Dollar im Fall des LHC) auszugeben, wenn es eine bessere natürliche Quelle gibt. Aber der große Vorteil der Verwendung eines Beschleunigers ist, dass der Partikelstrom gesteuert werden kann und viel einfacher zu überwachen ist.

Für den LHC hat man einen vorhandenen Tunnel genutzt, der für einen früheren Beschleuniger gebaut worden war. Es kommen darin riesige supraleitende Magnete zum Einsatz, um Protonen auf rund 99,999999 Prozent der Lichtgeschwindigkeit zu beschleunigen (Protonen und Neutronen sind «Hadronen» – daher der Name des LHC). Die Teilchen kreisen in dem Ring als Teilchenstrahlen, die sich in entgegengesetzte Richtungen bewegen, bevor sie aufeinander gelenkt werden. An diesem Punkt wird die Energie der Kollision in neue Teilchen umgewandelt.

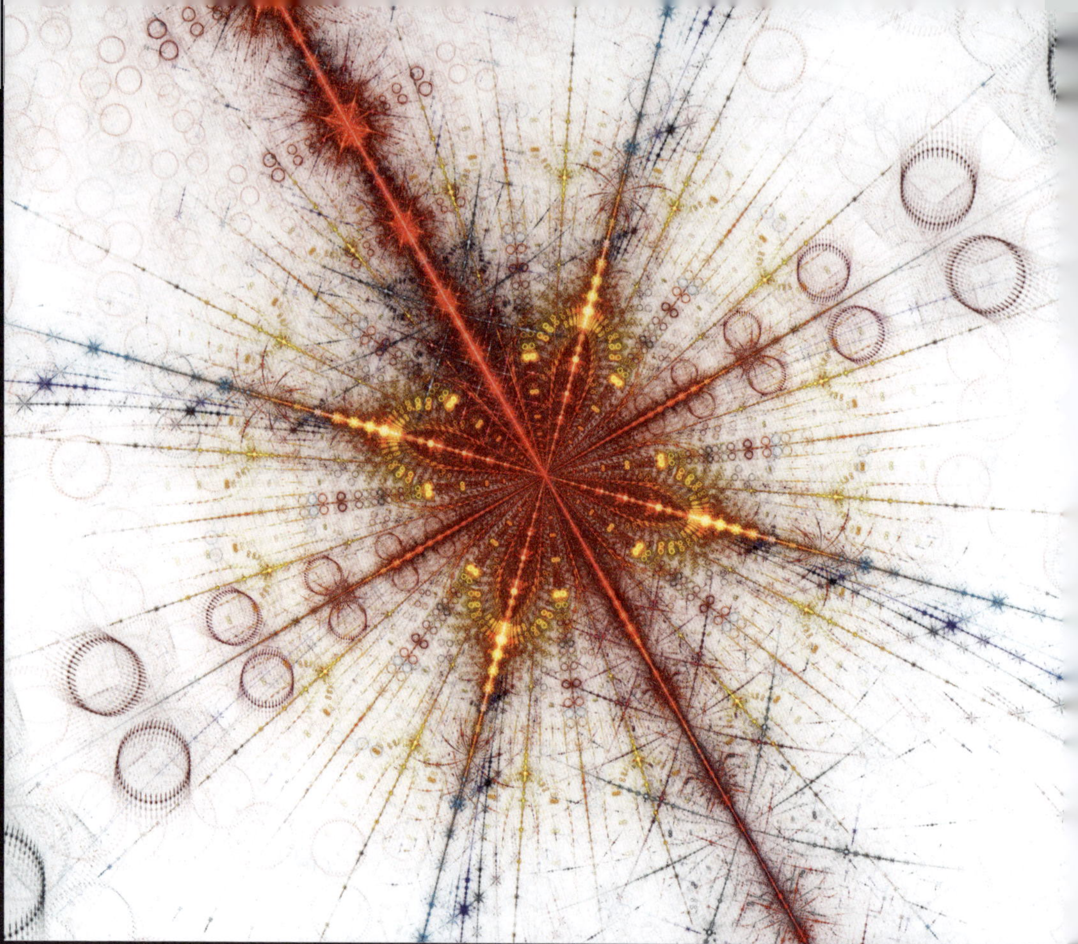

Einige wenige der Teilchen, die typischerweise bei einem Experiment in einem Beschleuniger erzeugt werden.

Als das Positron entdeckt wurde, war das Muster der erzeugten Teilchen noch einfach und klar. Die Detektoren am LHC analysieren gewaltige Mengen Explosionen von Teilchen, von denen jedes dann wieder eine Kaskade neuer Teilchen hervorbringen kann; deswegen ist ein enormes Volumen an Daten aufzuzeichnen und zu sichten. Das Ausmaß ist phänomenal. Während eines Durchlaufs gibt es etwa 600 Millionen Ereignisse pro Sekunde, sodass etwa 25 Gigabyte pro Sekunde gespeichert werden müssen. Dies liegt sogar jenseits der phänomenalen Datendurchsatzkapazität des CERN. Stattdessen wurde eine Reihe von Algorithmen entwickelt, um die Mehrheit der uninteressanten Daten auszusortieren und wegzuwerfen. Die 600 Millionen Ereignisse pro Sekunde werden so auf 100 000 reduziert und in einem zweiten Durchgang auf 100 bis 200 Ereignisse pro Sekunde. Das ergibt immer noch eine riesige Datenmenge. Dies lässt sich daran ablesen, dass es nach den ersten Daten, die man zum Higgs-Boson im Jahr 2010 gesammelt hatte, noch gut zwei Jahre bis zur Ankündigung seiner Entdeckung im Jahr 2012 dauerte.

DAS HIGGS-TEILCHEN FINDEN

Niemand hat je ein Higgs-Boson gesehen. Auch hat noch niemand die vertraute Art von Muster in einer altmodischen Nebel- oder Blasenkammer zu Gesicht bekommen. Obwohl wir elegant aussehende Muster als Stellvertreter der Kollisionen betrachten können, die dazu führten, dass Higgs-Teilchen entdeckt wurden, wurden sie erst nachträglich produziert. Moderne Detektoren suchen nach mathematischen Mustern in den Daten. Das ist eine ganz andere Welt der Mustererkennung und des Musterverständnisses. Und doch hat es den Physikern gereicht, um die Chancen, dass ihre Entdeckung nichts mit der Existenz des Higgs-Bosons zu tun hatte, auf eins zu eine Million zu schätzen.

Der Nachweis des Higgs-Bosons war bei Weitem die dramatischste Entdeckung des LHC. Vom Higgs-Teilchen abgesehen, erbrachten die meisten Untersuchungen am LHC nicht das gewünschte Ergebnis. Das ist nicht so schlimm, wie es sich anhört. Auch wenn das zugrunde liegende Standardmodell der Teilchenphysik sehr robust scheint, kann es nicht alle Beobachtungen erklären. Theoretische Physiker postulieren schon seit Jahrzehnten, dass es noch einmal so viele Teilchen geben sollte, jedes ein «supersymmetrischer Partner» eines der vorhandenen Teilchen; jedes Materieteilchen (Fermion) hätte demnach einen Partner, der die zugehörige Kraft vermittelt (Boson) und umgekehrt. So hätte zum Beispiel das Photon, das ein Boson ist, einen Partner namens Photino, das ein Fermion wäre, während ein Quark (Fermion) ein Boson als Äquivalent haben sollte, das man Squark nennt.

Laut Theorie sollten diese Teilchen, wenn sie tatsächlich existieren, in nerhalb der energetischen Reichweite des LHC liegen. Bisher wurde jedoch kein einziges supersymmetrisches Teilchen bei den Kollisionen produziert, was die Chancen für die Richtigkeit dieser Supersymmetrie-Theorie erheblich verringert. Dies ist zwar im Ergebnis negativ, hat aber einen positiven Informationswert. Im Fall des Higgs-Bosons lag jedoch ein Konzept vor, das theoretisch bis in die 1960er-Jahre zurückreicht und erst im Jahr 2012 endgültig verifiziert wurde. Über die Entdeckung des Higgs-Bosons wurde in der Presse sehr viel berichtet, aber die Berichte brachten wenig Klarheit, was das Higgs-Boson eigentlich war. Häufig wurde es beschrieben als «das Teilchen, das allen anderen Teilchen ihre Masse gibt». Diese Aussage ist in Wirklichkeit nahezu komplett falsch.

Erstens sind die bekanntesten massiven Teilchen Elektronen, Protonen, und Neutronen. Bei Proton und Neutron stammt nahezu die ganze Masse aus einer anderen Quelle. Beide bestehen aus jeweils drei Elementarteilchen, Quarks genannt – und diese Quarks werden durch eine starke Bindungsenergie zusammengehalten. Diese Energie ist so hoch, dass es nahezu unmöglich ist, ein Proton oder ein Neutron in seine

Quarks-Bestandteile zu zerlegen. Aber wie wir gesehen haben, sind Energie und Masse austauschbar. Wenn etwas Energie hat, hat diese Energie Masse – und fast die gesamte Masse dieser Teilchen stammt aus der Energie, die die Quarks zusammenhält.

Die meisten Teilchen, die nicht aus Quarks bestehen, sollten theoretisch keine Masse haben. Die Theorie, woher ihre Masse stammt, postuliert, dass das Universum von einem Feld namens Higgs-Feld erfüllt ist. Erinnern Sie sich, dass sich viele Teilchen als sich bewegende Feldspitzen darstellen lassen – also etwas, das überall in Raum und Zeit Werte annimmt? Man nimmt an, das Higgs-Feld wechselwirke mit anderen Teilchen, wodurch sie sich so verhalten, als hätten sie Masse. Das Higgs-Boson ist eine Störung im Higgs-Feld, genau wie ein Photon als Störung in einem elektromagnetischen Feld angesehen werden kann. Es ist nicht das Higgs-Boson, das den Teilchen ihre Masse verleiht, sondern das Higgs-Feld. Die Existenz dieses Feldes wurde entdeckt, als man das Boson als einen Sprühnebel von Teilchen identifizierte, der entstand, weil das Higgs-Boson nicht lange genug existiert, um gesehen zu werden. Diese Teilchenwolke überzeugte die Wissenschaftler, dass das Higgs-Boson tatsächlich dort gewesen war.

Die Bilder von Teilchenbeschleunigern stellen immer die tatsächliche Wechselwirkung einzelner Teilchen dar, ganz gleich, wie groß und komplex diese Beschleuniger auch geworden sein mögen. Aber die Quan-

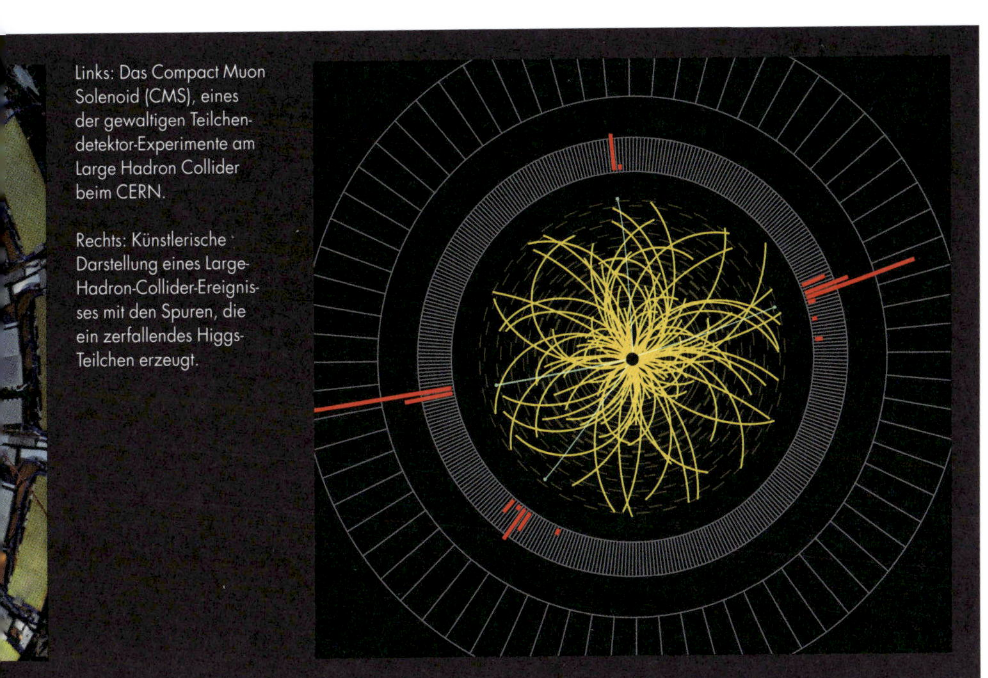

Links: Das Compact Muon Solenoid (CMS), eines der gewaltigen Teilchendetektor-Experimente am Large Hadron Collider beim CERN.

Rechts: Künstlerische Darstellung eines Large-Hadron-Collider-Ereignisses mit den Spuren, die ein zerfallendes Higgs-Teilchen erzeugt.

tenphysik, die Physik des ganz Kleinen, was auch diese Teilchen einschließt, kann nachhaltig täuschen. Bisher haben wir so getan, als wären Quantenteilchen Tennisbälle mit vorhersehbaren Bahnen, die gemessen werden können. In Wirklichkeit ist das Muster aus einem Beschleunigerexperiment das Ergebnis eines weit komplexeren Quantenverhaltens, das die Wahrscheinlichkeiten berücksichtigt, mit denen das Teilchen sich auf sämtlichen verfügbaren Bahnen bewegt. Bemerkenswerterweise haben sich diese Wahrscheinlichkeitsmuster bei der Entwicklung der Quantentheorie als wesentlich erwiesen, wo sie durch Feynman-Diagramme dargestellt werden.

«ICH BIN ÜBERRASCHT, DASS ES NOCH IN MEINER LEBENSZEIT PASSIERT IST. ABER ES IST SCHÖN, MANCHMAL AUCH RECHT ZU HABEN.» PETER HIGGS

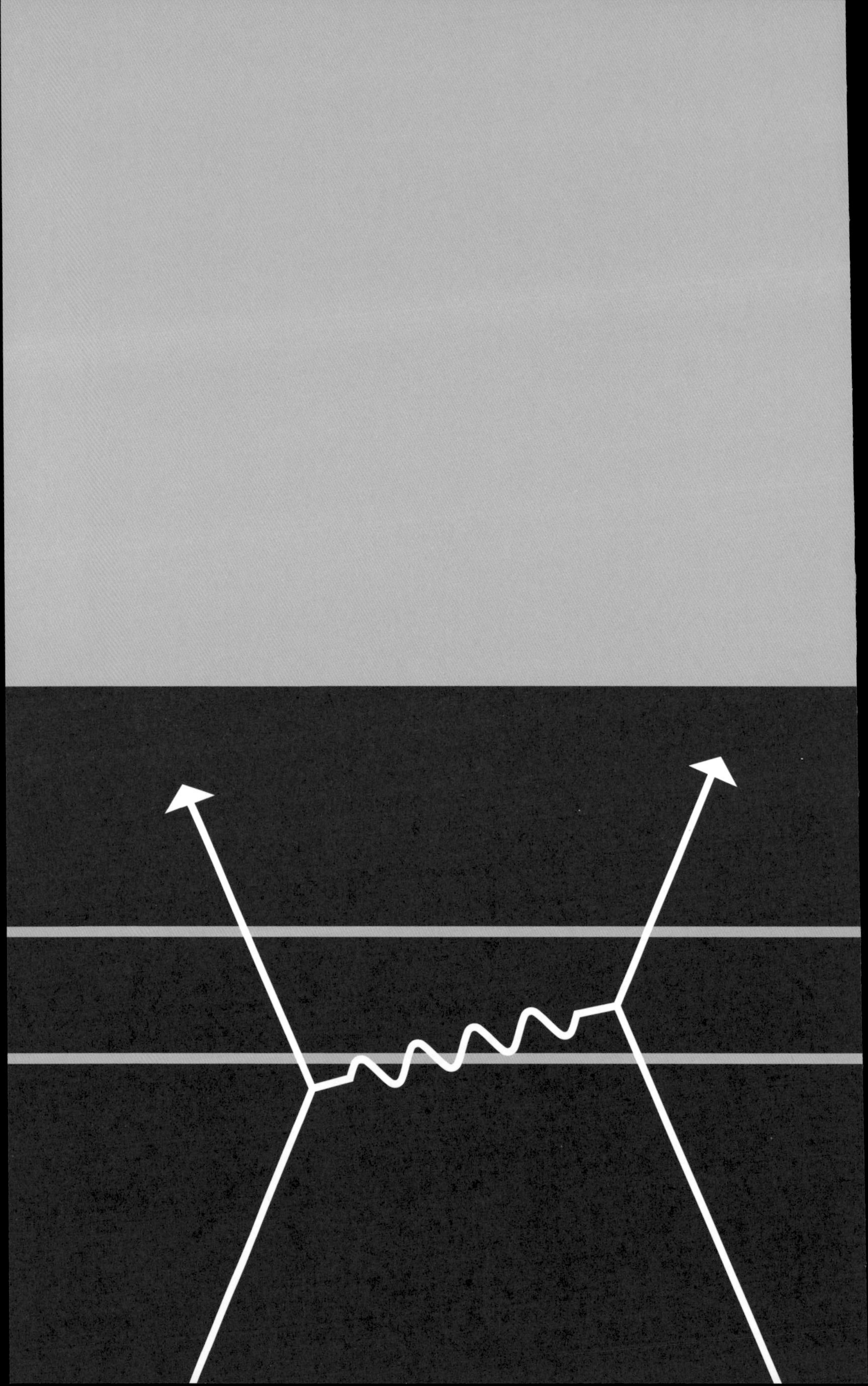

4
FEYNMAN-DIAGRAMME

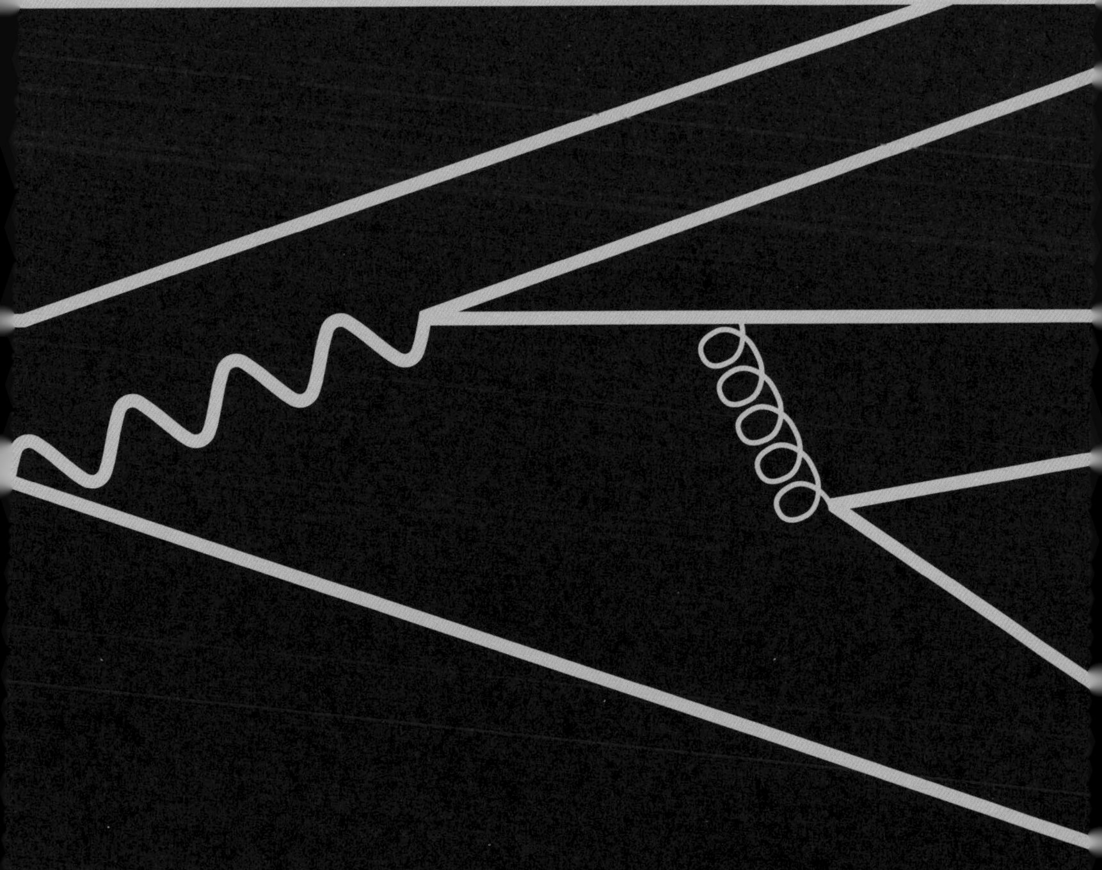

Richard **Feynman**
1918–1988

LICHT UND MATERIE

Die Quantenphysik beschreibt, wie das Universum auf der Ebene der Elementarteilchen funktioniert, aus denen es besteht, Elektronen und Photonen, beispielsweise. Unsere Alltagserfahrungen entstammen ganz überwiegend der Wechselwirkung von Materie und Licht, beschrieben durch die Quantenelektrodynamik (QED). Diese detaillierte Theorie hat 1965 Richard Feynman, Julian Schwinger und Sin-Itiro Tomonaga den Nobelpreis für Physik eingebracht. Ein großer Teil ihrer ursprünglichen Ideen hatte mit komplexer Mathematik zu tun, weil sie eine Vielzahl möglicher Wechselwirkungen mit jeweils unterschiedlichen Wahrscheinlichkeiten berücksichtigen mussten. Aber Feynman erkannte, dass diese Wechselwirkungen durch einfache Diagramme bildhaft dargestellt werden können, die das Zusammenspiel von Licht und Materie prägnant zum Ausdruck bringen. Das trug nicht nur zum besseren Verständnis der QED bei, die Feynman-Diagramme boten darüber hinaus ein visuelles Werkzeug zur praktischen Ausführung ansonsten unmöglicher Berechnungen.

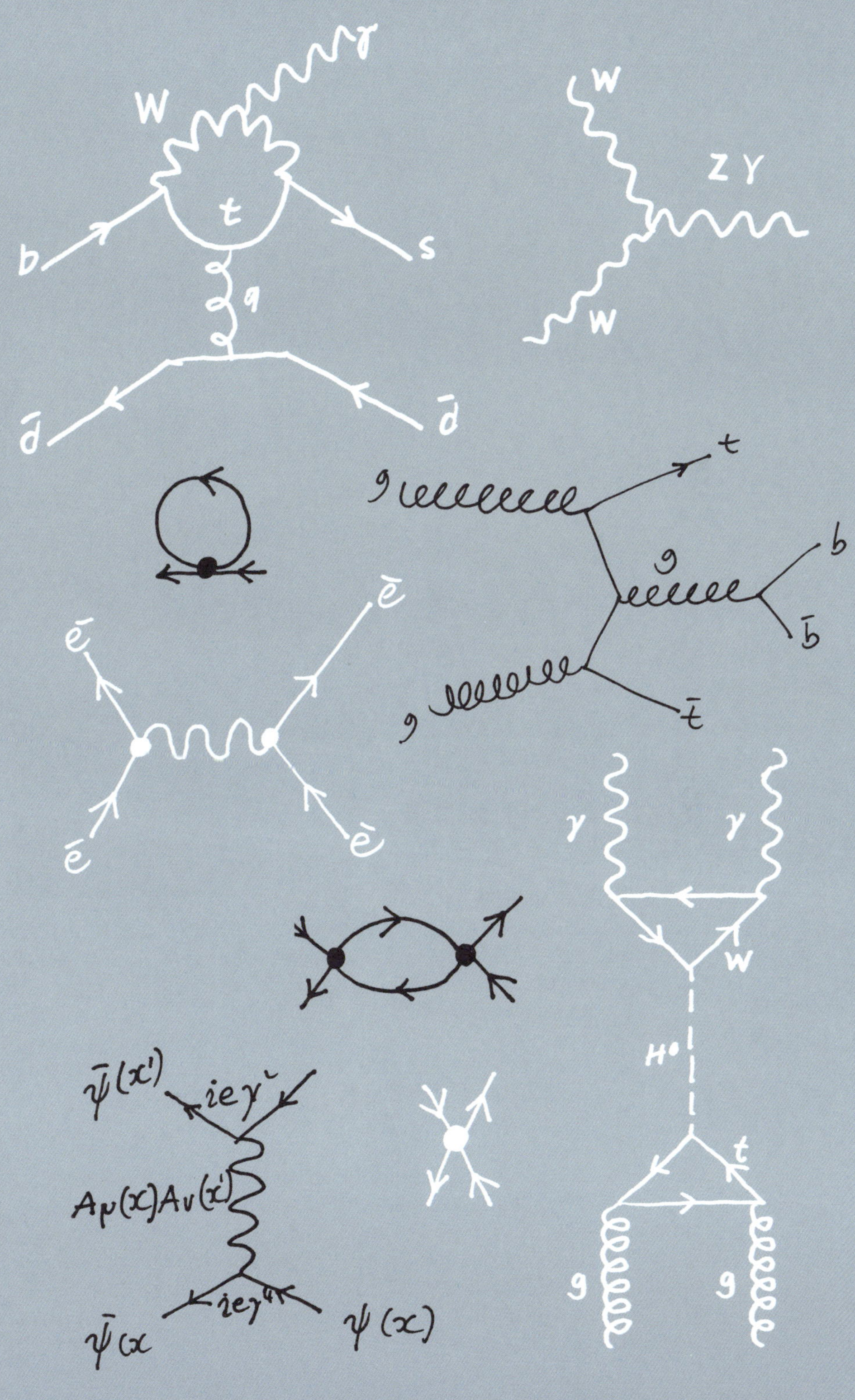

W
γ
t
b
s
g
d̄
d̄
W
Z γ
W
t
g
g
b
b̄
g
t̄
ē
ē
ē
ē
γ
γ
W
H°
t
g
g
ψ̄(x')
ieγ^ν
Aμ(x)Aν(x')
ieγ^μ
ψ̄(x
ψ(x)

Richard Feynman war so stolz auf seine Diagramme, dass er sie auf seinen 1975er-Dodge Trade Maxivan sprühen ließ. Das Fahrzeug wurde ein Blickfang auf dem Campus.

DER PHYSIKER SCHLECHTHIN

Feynman-Diagramme sind eine große Hilfe beim Verstehen der Wechselwirkung zwischen Materie und Licht und bei der Durchführung komplexer Berechnungen. Doch bevor wir zu den Diagrammen kommen, wollen wir erst den Menschen hinter den Diagrammen besser kennenlernen. Richard Phillips Feynman, der 1988 starb, wird von Physikern immer noch verehrt. Zum Teil ist dies seiner weitreichenden Vorstellungskraft geschuldet, zum anderen aber auch seiner schnörkellosen und fundierten Art, Dinge anzusprechen, eine unter Physikern eher wenig verbreitete Eigenschaft. Ein dramatisches Beispiel dafür bietet Feynmans Teilnahme an der Untersuchung der Space-Shuttle-Katastrophe von Challenger 1986. Er wollte zunächst nicht Mitglied der Kommission werden, aber seine Frau Gweneth ermutigte ihn dazu; sie hatte das Gefühl, er würde die Bürokratie überwinden können und eine Ursache aufdecken, die anderenfalls durch eigennützige Interessen unterdrückt werden könnte. Genau das tat Feynman und umging die stark gesteuerten Faktenbesuche durch eigene Recherchen. Als er herausgefunden hatte, dass die Dichtungsringe in den Raketenmotoren bei tiefen Temperaturen wahrscheinlich ihre Geschmeidigkeit verloren, wollte er nicht mehr auf die langsam mahlenden Mühlen der Bürokratie warten. Er kam einer TV-Übertragung der Kommissionssitzung zuvor und demonstrierte vor laufender Kamera, wie träge die Dichtungen reagierten und ihre ursprüngliche Form wieder annahmen, nachdem er ein Stück eines solchen O-Rings in Eiswasser getaucht hatte. Genau diese Art, sich mitzuteilen, und seine geradezu kindliche Direktheit ließen Feynman auch seine Diagramme entwickeln.

KRAFTMITTLER: Die beiden negativ geladenen Elektronen tauschen ein Photon (ein Lichtteilchen) aus, das die Energie überträgt, die zur gegenseitigen Abstoßung der Teilchen nötig ist.

Jedes Diagramm besteht aus einer Reihe von Linien, wobei, zum Beispiel, gerade Linien Materieteilchen und wellenförmige Linien Photonen darstellen. Wie auch die Minkowski-Diagramme sind sie Muster in der Raumzeit, die allerdings die Wechselwirkung zwischen Teilchen darstellen. Ein einfaches Beispieldiagramm könnte zwei Elektronen zeigen, die sich elektromagnetisch abstoßen, wobei ein Photon als Kraftmittler zwischen ihnen ausgetauscht wird. Mithilfe von Feynmans Diagrammen ließ sich das merkwürdige Verhalten von Quantenteilchen wiedergeben, das so gar keine Ähnlichkeit zu dem der physischen Objekte hat, die aus den Teilchen bestehen. Um die große Bedeutung der Diagramme zu verstehen, müssen wir uns zunächst klarmachen, was so bizarr an der Quantenphysik erscheint.

«DIE NATUR, WIE SIE DIE QUANTENELEKTRODYNAMIK BESCHREIBT, ERSCHEINT DEM GESUNDEN MENSCHENVERSTAND ABSURD.»

RICHARD FEYNMAN

QED: QUANTENELEKTRODYNAMIK

Die Quantenphysik nahm mit Einsteins Entdeckung ihren Anfang, dass Photonen echte Teilchen sind, woraus sich bald eine Erklärung für den Aufbau des Atoms entwickelte. In der Physik des Allerkleinsten zeigt die Realität nicht die uns vertraute deterministische Gewissheit, vielmehr sind Wahrscheinlichkeiten bestimmend. In der Quantenelektrodynamik, in der Feynman-Diagramme erstmals Verwendung fanden, geht es um die elektromagnetische Wechselwirkung von Quantenteilchen.

QED: Die Quantenelektrodynamik beschreibt die elektromagnetische Wechselwirkung von Quantenteilchen.

«Elektromagnetismus» im normalen Sprachgebrauch hört sich an, als ginge es nur um Elektrizität und Magnetismus, was in gewissem Sinne auch stimmt. Doch man sollte sich klarmachen, dass Elektromagnetismus für die überwiegende Menge an alltäglichen Wirkungen um uns herum verantwortlich ist. Licht ist ein elektromagnetisches Phänomen. Ebenso sind die meisten Wechselwirkungen zwischen Atomen elektromagnetischer Natur. Wenn Sie zum Beispiel auf einem Stuhl sitzen, sorgt die elektromagnetische Kraft zwischen den Atomen des Stuhls und die zwischen den Atomen in Ihrem Körper dafür, dass nicht die einen die anderen durchdringen.

Ein kleiner Kühlschrankmagnet übt eine stärkere Kraft aus als die Erdanziehung mit ihren 6 Milliarden Billionen Tonnen Masse, sodass der Magnet an seinem Platz bleibt.

Die elektromagnetische Kraft ist eine von vier Grundkräften im Universum: Die übrigen drei sind die Gravitation und die Starke und die Schwache Kraft – die beiden letzteren sind im Atomkern wirksam. Wir halten die Schwerkraft (die Gravitation) gemeinhin für überwältigend stark, doch tatsächlich ist sie die schwächste der vier Kräfte, sie ist Milliarden Milliarden Male schwächer als die elektromagnetische Kraft. Sollten Sie Zweifel haben, denken Sie nur an einen kleinen Kühlschrankmagneten. Die Erde versucht mit all ihrer Gravitationskraft, ihn zu Boden zu ziehen. Lediglich die elektromagnetische Kraft des kleinen Magneten hält ihn am Kühlschrank fest. Der Magnet ist Sieger.

In der Quantentheorie werden Kräfte von Ort zu Ort durch sogenannte Mittler der Kraft übertragen; das sind Teilchen, die zwischen Objekten, die sich anziehen oder abstoßen, ausgetauscht werden. So kann, zum Beispiel, ein Magnet ein entferntes Stückchen Eisen anziehen. Der Überträger der elektromagnetischen Kraft ist – das wird Sie vielleicht überraschen – ein Teilchen, das wir schon kennen – das Photon.

Normalerweise kennen wir das Photon als Lichtteilchen, doch wann immer eine elektromagnetische Wechselwirkung zwischen Materieteilchen stattfindet, sorgt ein Fluss «virtueller Photonen» für die Kraftübertragung. Die Bezeichnung «virtuell» ist ausgesprochen irreführend. Sie klingt so, als seien die Teilchen gar nicht existent. In Wirklichkeit soll nur gesagt sein, dass man diese Photonen auf ihrem Weg zwischen den Teilchen nicht beobachten kann.

Im Endeffekt besteht jede elektromagnetische Wechselwirkung – und damit so gut wie jede Wechselwirkung zwischen Materie, die nicht gravitativ ist – darin, dass ein Materieteilchen ein Photon aussendet oder ein Photon absorbiert oder beides.

«DIE QUANTENTHEORIE DER WECHSELWIRKUNG ZWISCHEN LICHT UND MATERIE HÖRT AUF DEN SCHRECKLICHEN NAMEN ‹QUANTENELEKTRODYNAMIK›.»
RICHARD FEYNMAN

DER MAGISCHE SPIEGEL

Bevor wir uns ansehen, wie Feynman-Diagramme zum Verständnis der Vorgänge bei einer quantenphysikalischen Wechselwirkung beitragen, lohnt es sich, ein einfaches Beispiel dafür zu betrachten, dass die Dinge völlig anders liegen als erwartet, wenn das Universum auf der Ebene der Quantenteilchen agiert. Vielleicht erinnern Sie sich an dieses Beispiel aus Ihrer Schulzeit: Ein Lichtstrahl trifft auf einen Spiegel und wird reflektiert. Wir haben gelernt, dass «Einfallswinkel gleich Ausfallswinkel» gilt. Das heißt, das Licht wird im selben Winkel zurückgeworfen, in dem es auf den Spiegel getroffen ist. Das würde man erwarten, wenn die Photonen des Lichts sich wie Tennisbälle verhalten würden. Leider hat diese Vorstellung keinerlei Ähnlichkeit mit dem, was wirklich passiert. Unser Schulwissen geht auf der Quantenebene völlig fehl. Stattdessen bewegen sich die Quantenpartikel nicht längs ordentlicher gerader Strecken. Sie kommen irgendwie von A nach B, aber nicht auf bestimmten Bahnen, sondern sie nehmen jeden möglichen Weg mit

Quantenreflexion
Normalerweise wäre zu erwarten, dass Licht im selben Winkel reflektiert wird, wie es einfällt. Doch wenn man ein Gitter in den Spiegel ritzt, wird das Licht in einem unerwarteten Winkel zurückgeworfen.

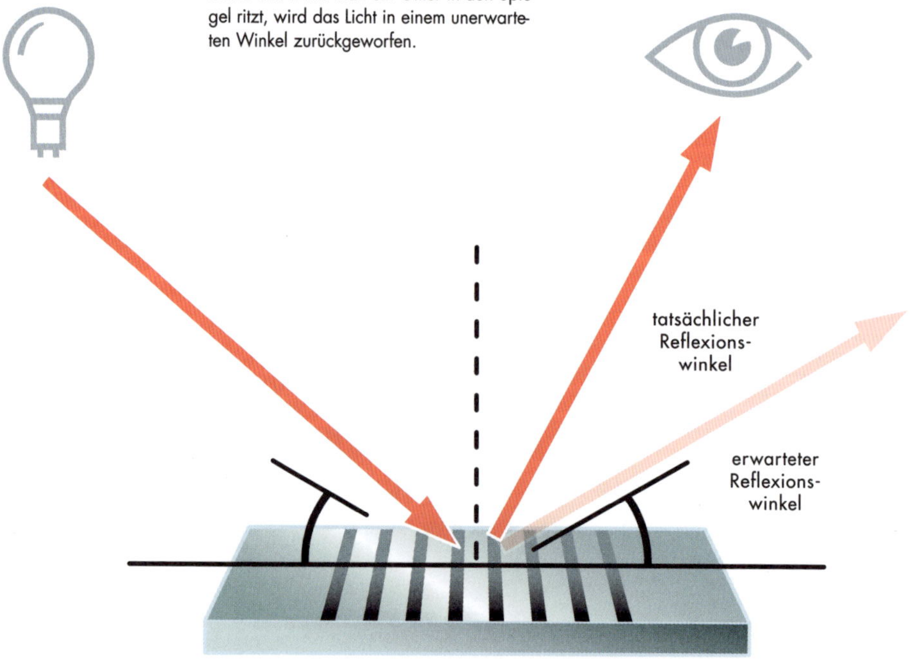

Spiegel mit eingeritzten Gitterlinien

unterschiedlichen Wahrscheinlichkeiten. Letztlich folgen sie überhaupt keiner bestimmten Bahn, außer, wir zwingen sie durch eine Beobachtung dazu. Zufällig heben sich aber verschiedene unterschiedliche Wege gegenseitig auf, sodass es im Endeffekt so aussieht, als hätten sie tatsächlich den vertrauten Weg im selben Winkel genommen.

Wenn aber das Ergebnis stimmt, wie können wir dann behaupten, die herkömmliche Erklärung sei falsch? Einfach deshalb, weil man das Licht durch Entfernen einiger dieser sich aufhebenden Wahrscheinlichkeiten dazu bringen kann, in eine völlig andere Richtung zu laufen. Wenn man parallele Streifen des Spiegels entfernt, sind viele der sich aufhebenden Bahnen nicht mehr möglich. Das Ergebnis: Das Licht wird in einem unerwarteten Winkel reflektiert. Es ist ziemlich diffizil, solche Streifen im Spiegel zu entfernen, denn sie müssen recht schmal sein; jeder kennt aber einen Gegenstand, bei dem das so ist: eine CD oder DVD. Unter der Kunststoffbeschichtung der optischen Disks befindet sich eine reflektierende Oberfläche mit kleinen Lücken, wo die reflektierende Schicht fehlt. Auf diese Weise speichert die CD Information. Hält man die CD in einem bestimmten Winkel zum Licht, sieht man eine Art Regenbogen in der Reflexion. Dort eliminieren die Lücken einige der möglichen Reflexionswinkel, und das Licht wird in unerwarteten Winkeln zurückgeworfen. Da der Effekt von der Energie der Photonen abhängt, werden unterschiedliche Farben bei unterschiedlichen Winkeln reflektiert, wodurch das farbige Muster entsteht.

WAHRSCHEINLICHKEITSREGEL: In der Quantenphysik bewegen sich Partikel nicht längs bestimmter Bahnen, sondern berücksichtigen bedingte Wahrscheinlichkeiten für viele verschiedene Bahnen. Genau diesen probabilistischen Zug der Quantentheorie lehnte Einstein ab.

«JEDENFALLS BIN ICH ÜBERZEUGT, DASS [GOTT] NICHT WÜRFELT.»
ALBERT EINSTEIN

SPIELEREI MIT TEILCHEN

Feynman-Diagramme sind so entworfen, dass sie sowohl die elektromagnetischen Wechselwirkungen illustrieren als auch die vielen unerwarteten Varianten berücksichtigen und quantifizieren können, die die seltsame Quantenphysik anbietet. In den Diagrammen sind Materieteilchen durch gerade Linien dargestellt, Photonen durch Wellenlinien. (Es gibt noch weitere Arten von Linien, wenn man den Gebrauch der Diagramme über die QED hinaus erweitert.) Anders als beim Minkowski-Diagramm (siehe Seite 40) gibt es keine klare Konvention, wie Raum und Zeit auf die Achsen verteilt sind. Recht häufig trägt man in Feynman-Diagrammen die Zeit auf der senkrechten Achse ab, ganz wie im Minkowski-Diagramm; doch wo es praktischer ist, kann man auch die waagerechte Achse nehmen. Was in solch einem Diagramm am häufigsten dargestellt wird, ist ein Photon oder ein Materieteilchen (ein Elektron im einfachsten Fall), das sich von einem Ort zu einem anderen bewegt, oder ein Materieteilchen, das ein Photon absorbiert oder emittiert. Aus diesen primitiven Grundbausteinen kann so gut wie alles aufgebaut werden. Doch wegen der Merkwürdigkeiten der Quantenphysik kann ein scheinbar einfacher Prozess eine wahre Flut an Diagrammen nötig machen. Sehen wir uns als scheinbar einfaches Beispiel zwei Elektronen in Bewegung an. Wir kennen ihren Startpunkt und ihr Ziel. Aber auf welchem Weg kommen sie von A und B nach C und D?

Die einfachste Möglichkeit ist, wenn das eine Elektron von A nach C gelangt, das andere von B nach D. Eine andere Möglichkeit wäre, dass Elektron A nach D kommt und Elektron B nach C. Wir können ja nicht sagen, was wirklich passiert, weil wir weder den Weg kennen, den jedes Elektron nimmt, noch die Elektronen voneinander unterscheiden können. Wenn es eine Tatsache gibt, die auf Quantenteilchen zutrifft, dann die, dass sie ununterscheidbar sind. Sie sind wirklich identisch.

Das war bis hierhin nicht schwierig, aber es gibt ja noch andere Möglichkeiten. Elektronen können, wie andere Teilchen auch, aneinander streuen. Das wird oft so dargestellt, als würden Billardkugeln aufeinanderprallen. Elektronen sind jedoch elektrisch geladen, und die elektromagnetische Wechselwirkung wird durch Photonen vermittelt. Ein weiteres Diagramm könnte also ein Photon zeigen, das von einem Elektron zum anderen wandert, wodurch sich die Bahnen der Elektronen so ändern, dass sie in C und D enden. Das lässt sich auf viele Weisen darstellen.

Jedes dieser möglichen Diagramme kommt mit einer eigenen Wahrscheinlichkeit. Je mehr unwahrscheinliche Möglichkeiten wir addieren, desto mehr nähern wir uns dem wirklichen Resultat. Die Quantenphysik ist auf ihre Weise die präziseste Naturwissenschaft, die es gibt. Wie Richard Feynman einmal feststellte, ist der Unterschied ihrer Vorhersagen zum wirklichen Resultat mit der Dicke eines Haares im Verhältnis zur Entfernung New York – Los Angeles vergleichbar. Andererseits beruhen die Vorhersagen der Quantenphysik auf Wahrscheinlichkeiten, und obwohl wir dem tatsächlichen Wert beliebig nahekommen können, bleibt es doch immer ein Grenzprozess, in dem man jedes denkbare Diagramm in Betracht zieht, und es ist nie ein einfaches Endergebnis.

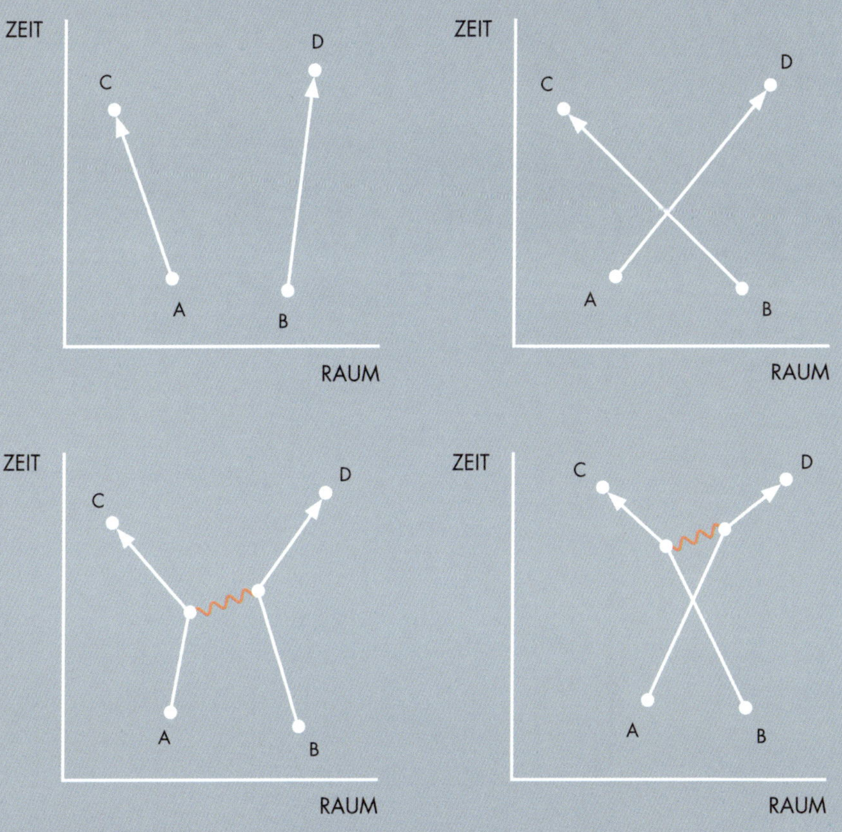

Elektronendiagramme
Feynman-Diagramme zunehmender Komplexität zeigen eine Auswahl von Möglichkeiten, wie zwei Elektronen mit Startpunkten bei A und B nach C und D gelangen können.

Obwohl Feynman-Diagramme zuweilen mit Pfeilen versehen sind, die die Bewegungsrichtung anzeigen, sind diese häufig nicht notwendig. Betrachten Sie zum Beispiel das Photon, das im oberen der beiden Diagramme auf Seite 85 zwischen zwei Elektronen vermittelt. Natürlich kann man sagen, dass das Photon sich in Richtung Zukunft bewegt, aber bei den konkreten Berechnungen macht die Mathematik keinen Unterschied zwischen Photonen, die vorwärts oder rückwärts in der Zeit reisen. Da die Diagramme in der Regel keine Bewegungsrichtung auszeichnen, spricht man von einem Photon, das «ausgetauscht» wird, statt von einem Photon, das von einem Teilchen zum anderen reist. Ich werde nicht jedes einzelne Diagramm für diesen einfachen Prozess besprechen (eigentlich wäre es unmöglich, und schon der Versuch wäre enorm mühsam). Nur um anzudeuten, wie die Komplexität zunimmt, bestünde die nächste Möglichkeit darin, die Teilchen zwei Photonen auf ihrem Weg austauschen zu lassen, also mit zwei Streuprozessen zu rechnen. Der Beitrag dieser Möglichkeit zum Gesamtergebnis läge schon im Bereich von 1 zu 10 000. Nebenbei bemerkt, sind die Diagramme nicht nur Illustrationen – in ihnen stecken auch die Regeln zu konkreten Berechnungen. Diese können schrecklich unübersichtlich sein, aber auf Basis der Diagramme werden geordnete Berechnungen zugänglich.

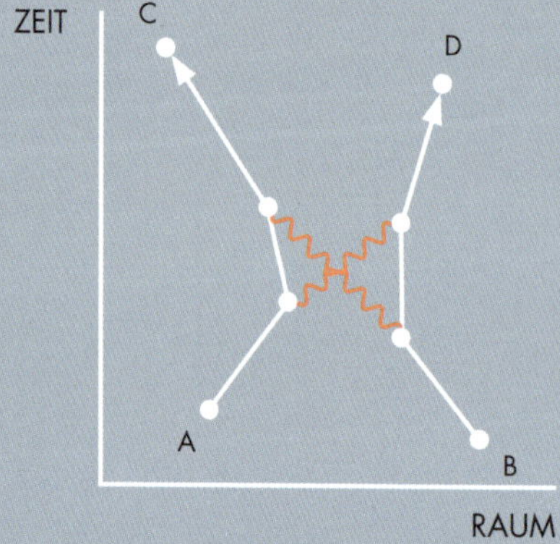

Zunehmende Komplexität
Das nächsthöhere Komplexitätsniveau der Diagramme auf den vorhergehenden Seiten berücksichtigt zwei Elektronen, die ein Paar Photonen in einem doppelten Streuprozess austauschen können.

Das Sonnenlicht wird aufgrund der Wechselwirkung zwischen Photonen und Elektronen, die zu den Atomen der Atmosphäre gehören, gestreut, wodurch sich blaues Licht am Himmel ausbreitet.

WARUM DER HIMMEL BLAU IST

Die Quantenphysik bietet Erklärungen für die überwiegende Anzahl unserer Erfahrungen, einschließlich vieler Phänomene, die ziemlich mysteriös erscheinen: zum Beispiel die Tatsache, dass der Himmel blau ist. Ein Schlüssel zum Verständnis liegt in der Farbe der Sonne. Tageslicht betrachten wir als «weißes Licht», aber jeder, der eine Sonne malt, tendiert dazu, sie gelb zu zeichnen, oder kurz vor Sonnenuntergang sogar rot. Tatsächlich ist das Licht der Sonne eine Regenbogenmischung von Farben und damit weiß. Wenn ihr Licht auf die Atmosphäre trifft, werden einige Photonen an den Elektronen der Atome in der Gasatmosphäre gestreut. Das heißt, ein Photon wird von einem Elektron absorbiert, wodurch dieses an Energie gewinnt, um dann wieder auf ein niedrigeres Energieniveau zu fallen und dabei ein anderes Photon zu emittieren. Dieser Prozess geschieht häufiger mit den hochenergetischen Photonen am blauen Ende des Spektrums; deshalb wird mehr blaues Licht gestreut, während die Sonne zunehmend gelber erscheint. Bei Sonnenuntergang legt das Sonnenlicht noch größere Strecken in der Atmosphäre zurück und wird also noch mehr gestreut, weswegen die Sonne röter erscheint. Man kann diese Streuprozesse leicht durch Feynman-Diagramme darstellen, aber auch hier sind die Möglichkeiten zahlreich und offenbaren etwas ganz Eigenartiges. Lassen Sie uns drei der Möglichkeiten für diese Streuung betrachten.

Im ersten der drei Diagramme unten absorbiert ein Elektron ein Photon und gewinnt dadurch Energie. Nach kurzer Zeit gibt das Elektron ein Photon ab und fällt dadurch auf ein niedrigeres Energieniveau. Diese Art Prozess kann man sich als ursächlich für die Streuprozesse in der Atmosphäre vorstellen, die den Himmel blau machen. Das zweite Diagramm zeigt jedoch etwas ebenso gut Mögliches. Hier verliert das Elektron zunächst Energie, indem es ein Photon abgibt, nimmt dann aber wieder ein Photon auf und setzt seinen Weg mit höherer Energie fort. In beiden Fällen besteht die Streuung in der Absorption und Emission von Photonen. Das dritte Beispiel sieht auf den ersten Blick so aus wie das zweite. Man beachte aber, dass die vertikale Achse die Zeitachse ist. Im mittleren Bereich also, wenn das Elektron ein Photon emittiert hat, bewegt es sich rückwärts in der Zeit bis zu einem Punkt, an dem es ein Photon absorbiert, um sich dann wieder in die Zukunft zu bewegen. Das scheint der Intuition zu widersprechen, doch rein physikalisch steht dem nichts im Wege. Man kann das Diagramm vielleicht besser verstehen, wenn man beachtet, dass ein sich rückwärts in der Zeit bewegendes Elektron rein physikalisch dasselbe ist wie ein positiv geladenes Elektron, das sich vorwärts in der Zeit bewegt. Zwar sind alle Elektronen negativ geladen, wie wir wissen, doch es gibt ja auch Gegenstücke aus Antimaterie, die Antielektronen oder Positronen (siehe Seite 64). Wenn wir die zentrale gerade Linie in der Mitte des Diagramms als Positron interpretieren, das in der Zeit vorwärts reist, ergibt das Ganze plötzlich mehr Sinn.

Diagramme für Streuprozesse
Drei der möglichen Prozesse für die Streuung eines Photons an einem Elektron. Im dritten Beispiel erzeugt das einlaufende Photon ein Materie-Antimaterie-Paar.

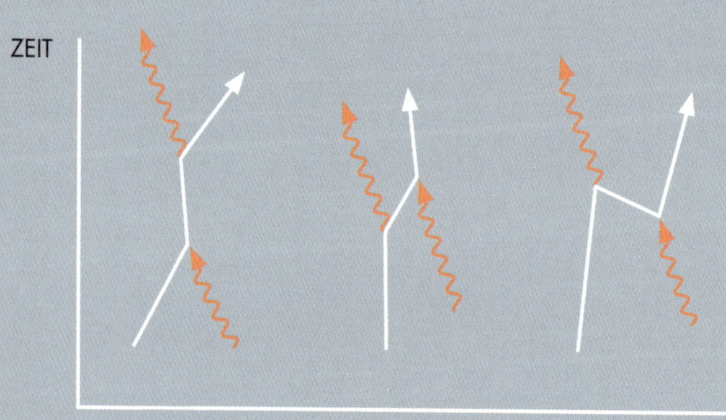

Im rechten Teil des Diagramms geschieht also Folgendes: Das Photon verwandelt sich in ein Paar Materieteilchen – ein Materie-Antimaterie-Paar, nämlich ein Elektron und ein Positron. Das kann durchaus passieren, wenn das Photon über ausreichend Energie verfügt, um nach der Formel $E=mc^2$ die Masse eines solchen Paares zu erzeugen. Das Elektron fliegt in die eine Richtung weiter, das Positron in eine andere und trifft dann wieder auf ein eintreffendes Elektron. Nun findet der entgegengesetzte Prozess statt, den man als Annihilation (Paarvernichtung) bezeichnet. Wenn Elektron und Positron aufeinandertreffen, verwandelt sich ihre Masse in pure Energie – in diesem Fall in Form eines Photons.

ES GEHT NICHT NUR MIT ELEKTRONEN

Obwohl es beim Elektromagnetismus hauptsächlich um die Wechselwirkung von Elektronen mit Photonen geht, erweisen sich Feynman-Diagramme als viel zu nützlich, um ihre Anwendung auf diese beiden Teilchentypen zu beschränken, sprich auf den Elektromagnetismus allein. Eines der einfacheren Beispiele ist der als Betazerfall bekannte radioaktive Prozess. Darin spielt eine andere fundamentale Naturkraft eine Rolle, die am engsten mit dem Elektromagnetismus verwandt ist, die sogenannte Schwache Kraft oder Schwache Wechselwirkung. Bei einer Art des Betazerfalls wird ein Neutron im Atomkern in ein Proton umgewandelt. Weil sich dadurch die Anzahl der Protonen im Kern ändert, die ja festlegt, um welches chemische Element es sich handelt, ist das Ergebnis eine Transmutation. So wird zum Beispiel aus Kohlenstoff-14, dem radioaktiven Kohlenstoffisotop, das bei der Altersbestimmung verwendet wird, durch Betazerfall das Stickstoff-Isotop Stickstoff-14. Um das Feynman-Diagramm dieses Prozesses aufzustellen, muss man etwas mehr darüber wissen, wie es in Neutronen und Protonen aussieht.

Ursprünglich dachte man, diese relativ schweren Teilchen seien fundamental, enthielten also keine kleineren Bestandteile. Tatsächlich aber, so weiß man inzwischen, besteht jedes aus drei wirklich fundamentalen Teilchen, den sogenannten Quarks. Quarks gibt es in sechs verschiedenen Sorten, («flavours», also «Geschmacksrichtungen»), wir benötigen hier aber nur zwei davon – up und down. Ein Neutron besteht aus zwei down-Quarks und einem up-Quark, das Proton aus zwei up-Quarks und einem down-Quark. Beim Betazerfall, der aus einem Proton ein Neutron macht, wird aus einem down-Quark ein up-Quark.

Während die elektromagnetische Kraft von einem einzigen, masselosen und elektrisch neutralen Photon vermittelt wird, gibt es für die Schwache Kraft verschiedene Mittlerteilchen, die alle Masse haben.

Bekanntlich gehört die Ladung zu den Größen im Universum, die erhalten bleiben: Innerhalb eines geschlossenen Systems kann sich die Gesamtladung nicht ändern. Wenn sich ein Neutron in ein positiv geladenes Proton verwandelt (was man auch als Verwandlung eines negativ geladenen down-Quarks in ein positiv geladenes up-Quark ansehen könnte), geht negative Ladung verloren; diese muss also irgendwie wieder auftauchen, in diesem Fall in Form eines Mittlerteilchens der Schwachen Kraft, eines sogenannten W-Bosons. Das W-Boson ist instabil und zerfällt seinerseits in zwei andere Teilchen – ein Antineutrino (das, wie der Name nahelegt, nicht geladen ist) und ein Elektron. Auf dieses Elektron geht der Name «Betazerfall» zurück, da man Elektronenströme, bevor man verstand, woraus sie bestanden, als «Betastrahlung» bezeichnete.

Die Existenz des Neutrinos wurde schon vorausgesagt, bevor man seine Stellung im größeren Ganzen verstanden hatte. Denn bei diesem Prozess geht auch Masse/Energie verloren, und es musste etwas geben, das diese Energie forttrug. Allerdings sind Neutrinos extrem schwierig nachzuweisen, weil sie normale Materie durchdringen, als sei sie gar nicht vorhanden. Milliarden Neutrinos von der Sonne durchdringen sekündlich unbemerkt unsere Körper. Infolgedessen vergingen einige Jahre zwischen der theoretischen Vorhersage und dem Nachweis von Neutrinos. Nun haben wir alle Zutaten für ein Feynman-Diagramm des Betazerfalls beisammen.

Wenn Prozesse wie der Betazerfall ins Spiel kommen, können Feynman-Diagramme bereits zwei der vier Naturkräfte beschreibend vereinen.

QCD-Diagramm
Feynman-Diagramme kann man auch in der Quantenchromodynamik gebrauchen; hier ist der als Betazerfall bekannte radioaktive Prozess dargestellt.

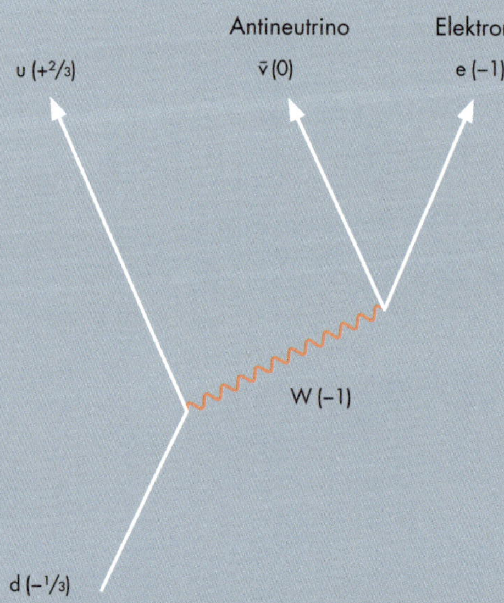

Antifarben
Die «Farben» in der Quantenchromodynamik korrespondieren mit den Sekundärfarben des Lichts: Rot, Blau und Grün. Die «Antifarben» entsprechen den Primärfarben: Magenta, Gelb und Cyan.

Die Gravitation muss noch mit der Quantentheorie vereinigt werden, aber die übrige Fundamentalkraft, die Starke Kraft, hat ihr eigenes Pendant zur QED, die sogenannte QCD oder Quantenchromodynamik. Auch hier gibt es die Diagramme, aber sie werden sehr schnell zu komplex und unhandlich. Die Starke Kraft bindet die Quarks in Teilchen wie Neutronen und Protonen und reicht weit genug, um den Atomkern zusammenzuhalten. Sie hat ihr eigenes Mittlerteilchen, seinerseits masse- und ladungslos wie das Photon, das Gluon. Die von Gluonen verbundenen Quarks tragen eine elektrische Ladung und darüber hinaus eine weitere «Ladung» mit drei verschiedenen Werten, die «Farbladung» oder Farbe. Niemand will behaupten, dass Quarks verschiedenfarbig seien. Aber so wie sich rotes, blaues und grünes Licht zu weißem Licht vereinigen, verbinden sich die drei Farbladungen (ebenfalls mit rot, blau und grün bezeichnet) zu einer neutralen Farbladung.

Tatsächlich ist die Lage noch viel komplizierter, da auch die Gluonen eine Farbladung tragen, oder genauer zwei Farbladungen. Wie andere Teilchen auch, haben Quarks Antiteilchen – und Antiteilchen haben immer die entgegengesetzte Ladung, so wie beim Elektron das positiv geladene Positron das Antiteilchen darstellt. Doch was soll das Gegenteil von Rot, Blau oder Grün sein? Hätten die Physiker, die sich die Benennung ausgedacht haben, die Analogie zu Ende gedacht, wären sie besser auf Cyan, Gelb und Magenta gekommen, den Komplementärfarben zu Rot, Blau und Grün. Stattdessen haben sie sich etwas einfallslos für Antirot, Antiblau und Antigrün entschieden. In jedem Gluon steckt letztlich sowohl eine Farbladung als auch eine Antifarbladung, sodass man denken könnte, es gäbe neun verschiedene Gluonzustände, doch tatsächlich verbinden sich die Zustände auf unterschiedliche Weise und bringen nur acht verschiedene Gluontypen hervor. Weil sie, anders als Photonen, farbgeladen sind, können Gluonen miteinander wechselwirken. Infolgedessen kann das Feynman-Diagramm einer einfachen Wechselwirkung (bei der Gluonen als Schraubenlinien dargestellt werden, um sie von den Photonen zu unterscheiden) schon sehr unübersichtlich werden, obwohl es grundsätzlich möglich ist, Wechselwirkungen der Starken Kraft so darzustellen. Das einfachste Beispiel ist die Vereinigung eines Elektrons mit einem Positron, wobei ein Boson entsteht, das seinerseits in ein Quark, ein Antiquark und ein Gluonpaar zerfällt. Unter Berücksichtigung der Farbladungen werden die Berechnungen immer komplexer und führen zu vielen Tausend Diagrammen.

QCD-Diagramme
Diese vereinfachten Diagramme zeigen einige mögliche Ergebnisse der Annihilation von Elektron und Positron.

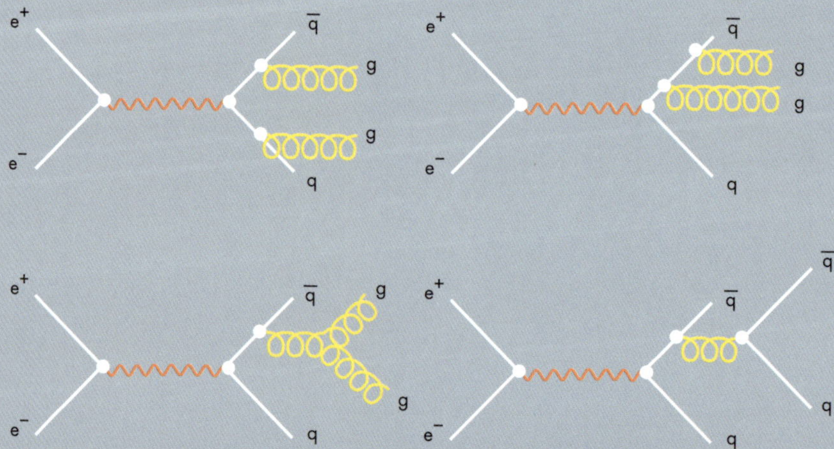

Positive Grassmann-Mannigfaltigkeit
Dieser vieldimensionale mathematische Raum lässt sich als Diagramm darstellen, in dem verschiedene Dimensionen verbunden werden. Dadurch entstehen solche Muster.

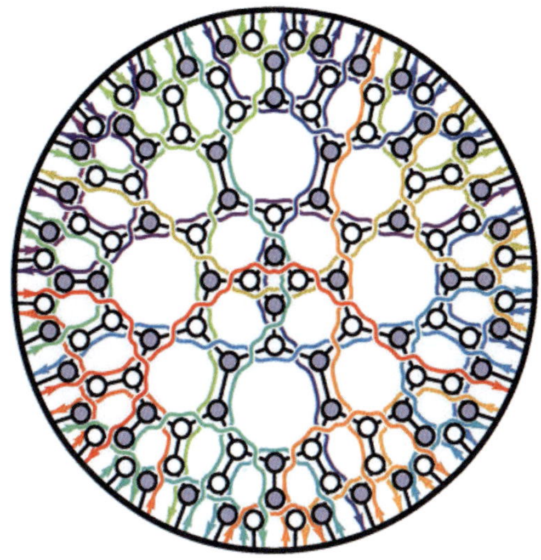

JENSEITS VON FEYNMAN

Eine Möglichkeit, zukünftig ein geeignetes Regelwerk für Berechnungen der Quantenchromodynamik zu formulieren, ist das sogenannte Amplituhedron. Es basiert auf einem mathematischen Konzept namens positiver Grassmann-Mannigfaltigkeit, das in seiner einfachsten Form mit dem Raum innerhalb eines Dreiecks zusammenhängt. Um zu einem Amplituhedron zu kommen, muss man das Konzept der positven Grassmann-Mannigfaltigkeit auf viele Dimensionen erweitern. Dadurch entsteht eine Art Feynman-Diagramm der nächsten Generation, das sich auf viele verschiedene Teilchenwechselwirkungen anwenden lässt.

Ein Amplituhedron verknüpft ungeheuer viele Berechnungen zu einer einzigen Struktur. Wie man diese Struktur nutzt, um konkrete Berechnungen auszuführen, ist prinzipiell bekannt. Noch nicht ganz klar ist, wie man überhaupt das Amplituhedron für eine bestimmte Wechselwirkung konstruiert. Unabhängig davon, ob Amplituhedra jemals praktisch Werkzeuge werden, steht unzweifelhaft fest, dass sich Feynman-Diagramme als unglaublich wertvoll für unser Verständnis von Wechselwirkungen in der Quantenwelt und die Durchführung von Berechnungen erwiesen haben, welche moderne Elektronik erst ermöglicht haben. Auch beim nächsten Muster geht es um das Ergebnis von Quantenwechselwirkungen, aber solchen, die offener zutage treten als diejenigen, die man in der QED untersucht. Dabei handelt es sich um ein Ordnungssystem, das geradezu zu einem Sinnbild der Chemie geworden ist: das Periodensystem der Elemente.

5
DAS PERIODENSYSTEM

Dmitri **Mendelejew**
1834–1907

DIE ENTWICKLUNG DES PERIODENSYSTEMS

Unser Alltag basiert zu einem beträchtlichen Teil auf chemischen Reaktionen, vom Kochen bis zum Funktionieren unseres Körpers. *Ein* Muster steht dabei im Zentrum der Chemie: das Periodensystem. Der Aufbau der Tabelle spiegelt die zugrunde liegende Ordnung des Atomaufbaus wider; jede der Spalten in der Tabelle korrespondiert mit der Anzahl der Elektronen in der äußeren Schale des Atoms. Und dieses Muster bestimmt, wie sich die Elemente zu Molekülen verbinden, von einfachen Verbindungen wie Natriumchlorid bis zu großartigen natürlichen Gefügen wie der DNA-Doppelhelix. Dmitri Mendelejew war einer der ersten, der begann, eine systematisch geordnete Tabelle der Elemente zusammenzustellen, die wir heute als das moderne Periodensystem kennen. Allerdings haben noch viele weitere Chemiker zur Entwicklung des Periodensystems beigetragen.

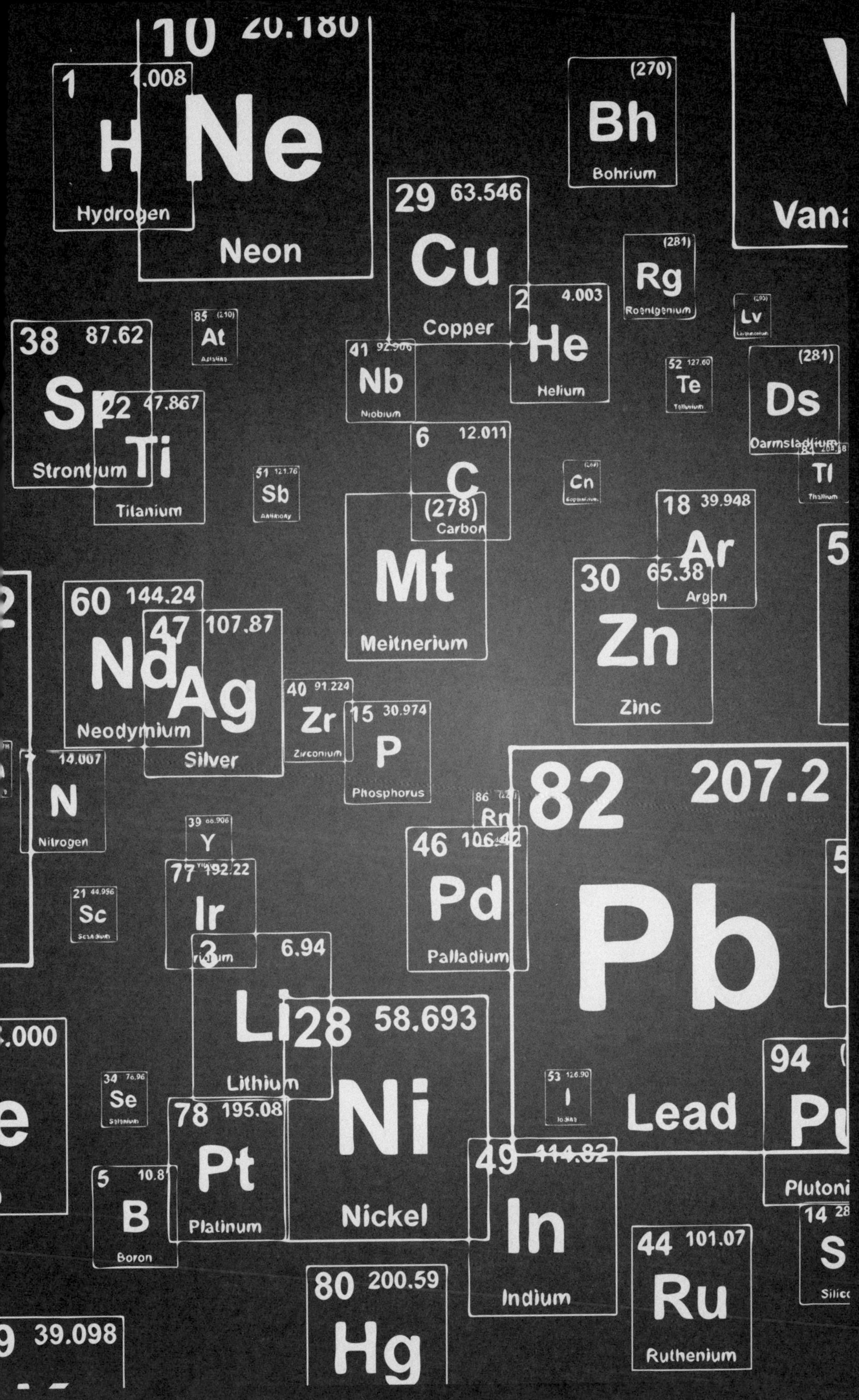

10 20.180 Ne Neon
1 1.008 H Hydrogen
(270) Bh Bohrium
29 63.546 Cu Copper
(281) Rg Roentgenium
2 4.003 He Helium
38 87.62 Sr Strontium
85 (210) At
41 92.906 Nb Niobium
52 127.60 Te
(281) Ds Darmstadtium
22 47.867 Ti Titanium
6 12.011 C Carbon
(278) Mt Meitnerium
51 121.76 Sb
18 39.948 Ar Argon
30 65.38 Zn Zinc
60 144.24 Nd Neodymium
47 107.87 Ag Silver
40 91.224 Zr Zirconium
15 30.974 P Phosphorus
14.007 N Nitrogen
82 207.2 Pb Lead
46 106.42 Pd Palladium
39 Y
77 192.22 Ir
21 44.956 Sc
3 6.94 Li Lithium
28 58.693 Ni Nickel
78 195.08 Pt Platinum
34 78.96 Se
5 10.81 B Boron
53 126.90 I
49 114.82 In Indium
44 101.07 Ru Ruthenium
80 200.59 Hg
39.098

ES IST ELEMENTAR

Wie bereits erwähnt, kehrte die Atomtheorie im 19. Jahrhundert zu ihren Ursprüngen zurück und etablierte sich als wissenschaftlicher Mainstream. Der englische Chemiker John Dalton erklärte die Komplexität der Materie durch die Kombination von Atomen verschiedener Elemente. Die Atome eines jeden Elements hatten ein jeweils anderes Gewicht, angefangen mit dem leichtesten Element, Wasserstoff. Dalton stellte eine Liste seiner Elemente zusammen, bei der er sich in einigen Details irrte – so hielt er beispielsweise eine Reihe von Verbindungen für Elemente –, doch angesichts der Tatsache, dass Dalton mit einer Ausrüstung arbeitete, die selbst nach damaligen Standards unzureichend war, waren seine Ergebnisse erstaunlich gut.

Daltons Tabelle
John Dalton stellte jede Substanz, die er für ein Element hielt, mit einem Symbol dar, und gab für jede ein relatives Gewicht im Vergleich zu Wasserstoff an.

Er spekulierte auch über die Art und Weise, wie sich einige Elemente mit anderen zu Verbindungen zusammenschlossen, also Stoffen, bei denen zwei oder mehr Elemente stets in denselben Verhältnissen verbunden waren. Wieder lag er nicht völlig richtig, denn er nahm fälschlicherweise an, dass sich diese Elemente in der kleinstmöglichen Anzahl miteinander verbanden. So wusste er beispielsweise, dass Wasser eine Kombination aus Wasserstoff und Sauerstoff war, nahm aber an, ein Wassermolekül bestünde nur aus einem einzigen Sauerstoff- und einem einzigen Wasserstoffatom, während wir heute wissen, dass Wasser doppelt so viel Wasserstoff wie Sauerstoff enthält, was zu der inzwischen wohlbekannten Formel H_2O führte.

Dalton legte das Fundament für die moderne Atomtheorie; es gelang ihm jedoch nicht, das nächste strukturelle Niveau zu erreichen. Schon damals wusste man, dass einige Elemente Ähnlichkeiten mit anderen Elementen aufwiesen. Zum Beispiel reagieren die Metalle Natrium und Kalium – die beide 1807 von dem englischen Chemiker Humphry Davy isoliert wurden – beide heftig, wenn sie mit Wasser in Kontakt kommen. Es war zu vermuten, dass sich in der Natur der Elemente eine zugrunde liegende Struktur widerspiegelte, und es sollte nicht lange dauern, bis Wissenschaftler über den dahinterstehenden Mechanismus Vermutungen anstellten.

JOHN DALTON: Dalton, ein weitgehend autodidaktisch gebildeter Mann, verbrachte einen Großteil seines Arbeitslebens als Privatlehrer. Daneben bildete er sich eingehend in Meteorologie, Physik und Chemie weiter.

Zwei Pioniere in dieser Hinsicht waren der deutsche Chemiker Johann Döbereiner und der englische Chemiker John Newlands. In den 1820er-Jahren entdeckte Döbereiner Ähnlichkeiten zwischen verschiedenen Gruppen aus drei Elementen, die er als Triaden bezeichnete, beispielsweise die Metalle Lithium, Natrium und Kalium, oder die sehr reaktiven Elemente Chlor, Brom und Jod. Leider war es ihm nicht möglich, dieses Muster auf alle bekannten Elemente auszudehnen. Dasselbe Problem hatte Newlands, der in den 1860er-Jahren einem Beispiel Isaac Newtons folgte.

Auf Newton geht die Vorstellung zurück, dass der Regenbogen die sieben Farben Rot, Orange, Gelb, Grün, Blau, Indigo und Violett enthält. Es gibt eigentlich keinen plausiblen Grund dafür, das Farbspektrum ausgerechnet in sieben Farben einzuteilen – vermutlich nahm Newton an, dieser Zahl wohne ein spezieller natürlicher Charakter inne, ein Parallele zu den sieben Tönen einer Oktave in der Musik. Ganz ähnlich versuchte Newlands, ein Schema zu konstruieren, bei dem die Elemente mit zunehmendem Atomgewicht sieben verschiedenen Stufen zugeordnet wurden, die beim achten Element oder der Oktave wieder auf ein Element mit ähnlichen chemischen Eigenschaften zurückkamen.

VOM WERT DER WERTIGKEITEN

Döbereiner wie auch Newlands machten den Fehler, einen philosophischen Ansatz zu wählen – und damit zu versuchen, der Natur ein willkürliches Muster überzustülpen –, statt den wissenschaftlichen Ansatz zu wählen und unvoreingenommen nach einem Muster zu suchen und zu schauen, was die Daten hergeben. *Eine* Unterscheidung, auf die man in der zweiten Hälfte des 19. Jahrhunderts stieß, war die der Wertigkeit oder Valenz (ein Name, der sich erst in den 1880er-Jahren einbürgerte).

Wertigkeit ist eine Eigenschaft, die angibt, wie sich verschiedene Elemente miteinander verbinden. Ein bestimmtes Element kann nämlich nicht mit einer beliebigen, sondern nur mit einer bestimmten Zahl anderer Atome eine Verbindung eingehen. *Eine* Möglichkeit, Wertigkeit zu definieren, besteht darin, sich anzuschauen, mit wie vielen Atomen Wasserstoff, einem einfachen Element, dem eine Valenz von 1 zugeordnet wird, eine Verbindung mit einem anderen Element eingeht. Wie bereits erwähnt, verbindet sich Sauerstoff zum Beispiel mit zwei Wasserstoffatomen; also hat Sauerstoff die Wertigkeit 2. Stickstoff verbindet sich mit 3, Kohlenstoff mit 4 Wasserstoffatomen. Der Valenzbegriff reicht jedoch über eine Verbindung mit Wasserstoff hinaus. Kohlendioxid weist zum Beispiel zwei Sauerstoffatome mit der Valenz 2 und ein Kohlenstoffatom mit der Valenz 4 auf.

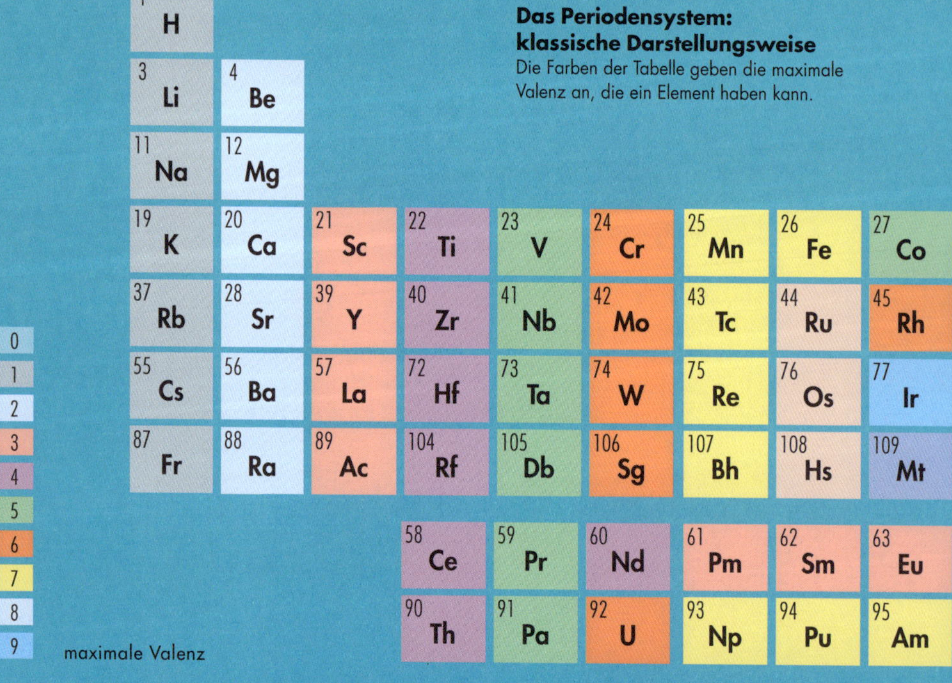

Das Periodensystem: klassische Darstellungsweise
Die Farben der Tabelle geben die maximale Valenz an, die ein Element haben kann.

Obgleich die Dinge nicht so einfach sind, wie diese Erklärung klingt – so gibt es zum Beispiel auch Kohlenmonoxid, bei dem das Kohlenstoffatom mit einem einzelnen Sauerstoffatom verbunden ist –, so liefert sie doch ein natürliches Muster, mit dessen Hilfe sich eine Tabelle von Beziehungen zwischen Elementen konstruieren lässt, die der Realität näherkommt als Newlands Oktaven. Der Chemiker Lothar Meyer entwarf eine ästhetisch weniger ansprechende, aber präzisere Tabelle, indem er Elemente einfach anhand ihrer Wertigkeiten gruppierte.

Zur gleichen Zeit beschäftigte sich auch der russische Chemiker Dmitri Mendelejew mit der Struktur, die durch die Wertigkeit und andere Merkmale von Elementen vorgegeben wurde. Erstmals versuchte er 1869, ein Periodensystem zu entwickeln, und innerhalb weniger Jahre gelangte er zu einer Tabelle, die dem modernen System schon recht nahe kam. Die Aussagekraft dieses Musters war derart groß, dass Mendelejew zur Überzeugung kam, anhand seines Systems lasse sich die Existenz von bislang noch nicht entdeckten Elementen vorhersagen.

NOBELPREIS FÜR CHEMIE: Im Jahr 1906 wurde Mendelejew für den Nobelpreis vorgeschlagen, unterlag jedoch, weil ihm eine Stimme im Nobelpreiskomitee fehlte.

Freie Stellen in seinem Periodensystem benannte Mendelejew nach dem in der Tabelle darüberstehenden Element und stellte ihnen das Präfix «eka» (Sanskrit für «eins») voran. So sagte Mendelejew beispielsweise die Existenz eines Elements voraus, das heute den Namen Germanium trägt, und nannte es Ekasilizium; und dies 17 Jahre, bevor das Element tatsächlich entdeckt wurde.

								2 He
			5 B	6 C	7 N	8 O	9 F	10 Ne
			13 Al	14 Si	15 P	16 S	17 Cl	18 Ar
28 Ni	29 Cu	30 Zn	31 Ga	32 Ge	33 As	34 Se	35 Br	36 Kr
46 Pd	47 Ag	48 Cd	49 In	50 Sn	51 Sb	52 Te	53 I	54 Xe
78 Pt	79 Au	80 Hg	81 Tl	82 Pb	83 Bi	84 Po	85 At	86 Rn
110 Ds	111 Rg	112 Cn	113 Nh	114 Fl	115 Mc	116 Lv	117 Ts	118 Og
64 Gd	65 Tb	66 Dy	67 Ho	68 Er	69 Tm	70 Yb	71 Lu	
96 Cm	97 Bk	98 Cf	99 Es	100 Fm	101 Md	102 No	103 Lr	

Spektrallinien
Dunkle Linien im elektromagnetischen Spektrum zeigen, bei welchen Frequenzen Licht absorbiert wird, wenn es durch ein gasförmiges Element tritt.

WAS DAHINTERSTECKT

Mendelejew und seine Zeitgenossen hatten keine Ahnung, aus welchem Grund das Periodensystem funktioniert, oder warum es eine derart seltsame asymmetrische Form hat. Grund dafür war ein Muster, das nicht dem menschlichen Geist entspringt, sondern auf eine fundamentale Eigenschaft der Natur zurückgeht – die Verteilung von Elektronen in einem Atom.

Wie bereits erwähnt, entdeckte Rutherfords Team den Atomkern, was den Eindruck erweckte, das Atom sei ähnlich wie das Sonnensystem aufgebaut, wobei der Atomkern der Sonne entsprach und die Elektronen ihn wie Planeten auf ihren Umlaufbahnen umkreisten. Aber dieses Modell wurde bereits vor mehr als 100 Jahren wieder aufgegeben. Dank seiner Einfachheit und seiner sympathischen Parallele zum Sonnensystem ist es nichtsdestotrotz bis heute das geläufigste Bild für den Aufbau des Atoms geblieben, doch die Realität sieht ganz anders aus.

Wir verdanken unser heutiges Verständnis der Entwicklung der Quantenphysik, die vom dänischen Physiker Niels Bohr vorangetrieben wurde, der zu Beginn dieser Entwicklung bei Ernest Rutherford in Manchester arbeitete. Bereits früh erkannte Bohr, dass das Sonnensystemmodell nicht funktionieren konnte, denn im Gegensatz zu Planeten sind Elektronen elektrisch geladen. Wenn ein elektrisch geladenes Teilchen wie ein Elektron beschleunigt wird, gibt es Energie in Form von Photonen ab. So funktioniert beispielsweise eine Radioantenne – beschleunigte Elektronen geben Photonen mit Energien im Radiowellenbereich ab.

Sich auf einer Umlaufbahn zu befinden, bedeutet ständige Beschleunigung – nicht etwa, weil der kreisende Körper auf seiner Umlaufbahn immer schneller wird, sondern, weil er ständig seine Richtung ändert, und das ist in sich eine Form von Beschleunigung. Infolgedessen würde ein Elektron, das sich auf einer Kreisbahn oder einer elliptischen Bahn bewegt, ständig Energie verlieren und schließlich in den Kern stürzen.

Bohr knüpfte an die zentrale Idee der Quantenphysik an, dass Energie nicht in kontinuierlich variierenden Mengen abgegeben werden kann, sondern in gequantelten Paketen, sogenannten Energiequanten. Er stellte die These auf, Elektronen würden nicht auf Umlaufbahnen kreisen, sondern hätten feste Energieniveaus, zwischen denen sie hin- und herspringen konnten, indem sie jedes Mal ein einzelnes Photon emittierten. Auf den dazwischenliegenden Niveaus konnten sie sich nicht aufhalten und daher auch nicht in einer Spirale in den Kern stürzen. Diese Vorstellung wurde von dem bekannten Phänomen gestützt, dass Elemente beim Erhitzen ein eigenes Farbspektrum abstrahlten oder spezielle Farben absorbierten, wenn Licht durch das erhitzte Gas geschickt wurde. Das war die Grundlage der Spektroskopie, einer Wissenschaft, die es ermöglicht, die Elemente in Sternen nachzuweisen, ohne jemals in deren Nähe zu kommen. Tatsächlich wurde das Element Helium im Rahmen einer Spektralanalyse in der Sonne entdeckt und nach *helios*, der griechischen Bezeichnung für Sonne, benannt. Bohrs Theorie erklärte, warum nur bestimmte Farben ausgesandt oder absorbiert wurden, da die Farben des Lichts mit der Energie der Photonen korrespondieren. Wenn daher nur gewisse Energiesprünge erlaubt waren, dann korrespondierten diese mit bestimmten Farben.

Wir stellen uns heute vor, dass Elektronen in «Schalen» existieren – dabei handelt es sich um unterschiedliche Energieniveaus, zwischen denen sie hin- und herspringen, und jede dieser Schalen kann eine Reihe sogenannter «Orbitale» beherbergen. Dabei handelt es sich nicht um Umlaufbahnen oder Orbits, sondern um unterschiedliche Aufenthaltswahrscheinlichkeiten des Elektrons in Abhängigkeit zur Zeit. Die verfügbaren Orbitale hängen von der Anzahl der Eigenschaften des Elektrons ab.

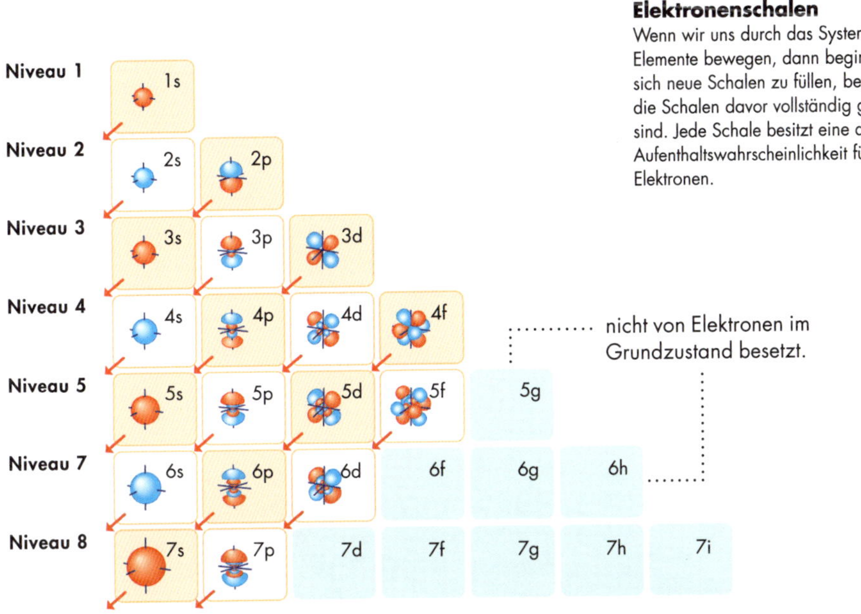

Elektronenschalen
Wenn wir uns durch das System der Elemente bewegen, dann beginnen sich neue Schalen zu füllen, bevor die Schalen davor vollständig gefüllt sind. Jede Schale besitzt eine andere Aufenthaltswahrscheinlichkeit für die Elektronen.

DAS ELEKTRONENMUSTER

Für die chemischen Eigenschaften eines Atoms ist die Anzahl der Elektronen in der Außenschale entscheidend, und in der Weise, wie diese Elektronen diese Schalen auffüllen können, spiegelt sich der recht seltsame Aufbau des Periodensystems wider. Wie Elektronen die Schalen auffüllen, wenn die Elemente immer schwerer werden, ist nicht unmittelbar intuitiv verständlich.

Die innerste Schale um den Kern fasst nicht mehr als zwei Elektronen. Darum zeigt das Periodensystem diese beiden seltsamen, nach oben herausragenden Zacken: Wasserstoff mit einem Elektron in der ersten Schale und Helium mit einer mit zwei Elektronen gefüllten Schale. Eine gefüllte äußere Schale führt dazu, dass ein Element kaum mit anderen Elementen reagiert. Das erklärt, warum die Elemente auf der rechten Seite des Periodensystems, die Edelgase, besonders wenig reaktiv sind.

Die nächste, nach außen folgende Schale, also die zweite Schale, kann insgesamt acht Elektronen fassen, was zu der recht unkomplizierten zweiten Periode (Zeile) der Tabelle führt, die acht Elemente enthält; dabei reicht die Spannbreite von einem Elektron in dieser Außenschale (Lithium) bis zu acht (Neon) beim zweiten Vertreter der Edelgase. Dann nimmt die Komplexität zu. Aufgrund des recht seltsamen Aufbaus des Periodensystems (siehe Seite 100–101) könnte man meinen, die dritte Schale enthalte ebenfalls nur acht Elektronen, denn die dritte Zeile umfasst ebenfalls acht Elemente, doch tatsächlich kann diese Schale 18 Elektronen aufnehmen. Wenn es sich um die äußere Schale handelt, beträgt die maximale Füllmenge jedoch acht Elektronen, ganz gleich, wie viele sie tatsächlich fassen kann. Infolgedessen füllt sich die dritte Schale zunächst so lange, bis acht Elektronen erreicht sind; danach wird die vierte Schale aufgefüllt. Sobald das geschieht, ist die vormals äußere Schale keine Außenschale mehr, sodass sie nun bis zu ihrer Kapazitätsgrenze aufgefüllt werden kann.

Das Ergebnis ist ein gestaffelter Füllungsprozess. Die vierte Zeile weist 18 Elemente auf – die vierte Schale wird bis auf acht Elektronen gefüllt, und dazu kommen die verbliebenen zehn Plätze in der dritten Schale hinzu. Ebenso weist die fünfte Zeile 18 Elemente auf, indem die vierte Schale mit zehn und die fünfte Schale mit acht weiteren Elektronen aufgefüllt wird. Aber selbst dann ist die fünfte Schale noch nicht vollständig gefüllt, denn sie kann im Prinzip 32 Elektronen fassen. Wenn wir zur sechsten Zeile kommen, gibt es insgesamt 32 Elemente, bei denen die vierte Schale vollständig gefüllt ist, die fünfte teilweise, und sich acht Elektronen in der äußeren Schale befinden.

Die Größe der sechsten Zeile ist in der konventionellen Darstellung des Periodensystems nicht direkt offensichtlich, da ein Block von 14 Elementen, von Cer bis Lutetium, als eigener Balken (unten) gesondert dargestellt wird. Diese sogenannten Lanthanoiden (oder Lanthaniden) – benannt nach dem Element ganz links neben dem herausgelösten Block – sind teilweise versetzt worden, um die Breite des Periodensystems zu reduzieren und es so besser handhabbar zu machen. Diese Struktur unterstreicht zudem die Art und Weise, wie sich die äußere Schale zuletzt auffüllt, was mit sich bringt, dass die verbliebenen Elemente in der Zeile von Hafnium bis Radon mit den äquivalenten Säulen in der Tabelle korrespondieren. Diese Elemente sind sich chemisch ähnlich, weil sie dieselbe Anzahl von Elektronen auf der Außenschale tragen.

OGANESSON: Element 118 ist nach dem russischen Kernphysiker Juri Oganesjan benannt, dessen Technik zur Herstellung der Elemente 105 bis 118 verwendet wurde.

Die siebte Zeile enthält 32 Elemente, die einen äquivalenten Auffüllmechanismus verwenden. Sämtliche Elemente in dieser Zeile sind inzwischen erzeugt worden, auch wenn diejenigen auf der rechten Seite alle nur eine sehr kurze Lebensdauer haben, bevor sie radioaktiv zerfallen. Im Prinzip könnte man eine weitere Zeile anfügen, doch die Lebensdauer dieser Elemente wäre derart kurz, dass sich kaum ein Nutzen erkennen lässt. Oganesson, das gegenwärtig schwerste Element mit der Ordnungszahl 118, hat eine Halbwertszeit von weniger als einer Millisekunde, und bis zu dem Zeitpunkt, an dem dieser Text entstand, waren nur sechs derartige Atome erzeugt worden.

Element 118
Elektronenstruktur des schwersten bekannten Elements, Organesson, das insgesamt 118 Elektronen aufweist. Solche ultraschweren Elemente sind instabil, weil ihr Kern so groß ist, dass die Starke Kraft mit ihrer kurzen Reichweite ihn nicht zusammenhalten kann.

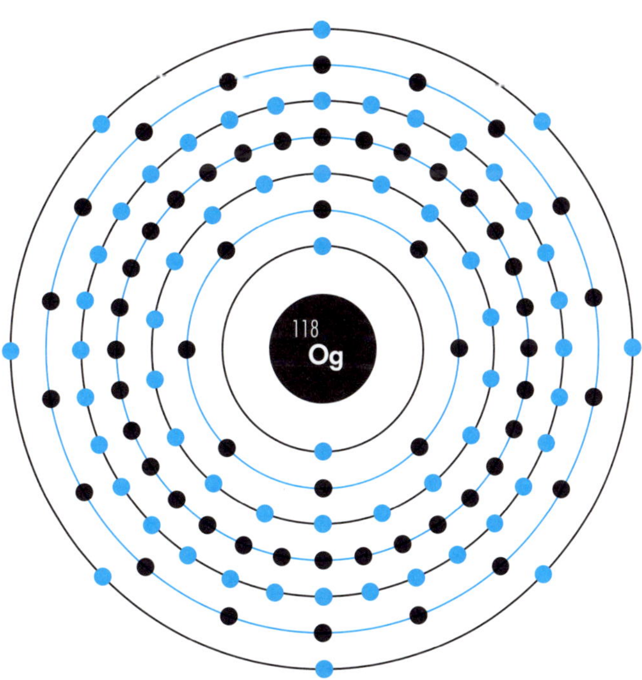

H														
Li	Be													
Na	Mg													
K	Ca	Sc												
Rb	Sr	Y												
Cs	Ba	La	Ce	Pr	Nd	Pm	Sm	Eu	Gd	Tb	Dy	Ho	Er	Tm
Fr	Ra	Ac	Th	Pa	U	Np	Pu	Am	Cm	Bk	Cf	Es	Fm	Md

Von Metallen und Nichtmetallen
Die meisten Elemente sind entweder Metalle oder Nichtmetalle, und dazwischen gibt es einige «Metalloide», wie Silizium und Germanium.

METALLE UND NICHTMETALLE

Wir haben uns klargemacht, wie die Elektronenhülle um ein Atom das chemische Verhalten eines Elements und den Aufbau des Periodensystems selbst beeinflusst. Nun, da wir die Tabelle vollständig vorliegen haben, lässt sich ansatzweise erkennen, wie verschiedene Gruppierungen von Elementen Form annehmen.

Eine Unterscheidung, die wir regelmäßig verwenden, ohne uns viele Gedanken darüber zu machen, ist diejenige zwischen Metallen und Nichtmetallen. Im Allgemeinen stellen wir uns Metalle als harte, aber formbare, glänzende Stoffe vor, die im Allgemeinen gute elektrische Leiter sind. Astronomen sind deutlich großzügiger und benutzen den Begriff «Metall» für jedes Element mit Ausnahme von Wasserstoff und Helium. Dahinter steckt, dass der grundlegende Fusionsprozess in einem Stern die Umwandlung von Wasserstoff in Helium ist, was sich in der Stellung der beiden Elemente am Anfang des Periodensystems widerspiegelt. Schließlich geht der Stern zur Verschmelzung schwererer Elemente über, und sobald dies geschieht, sprechen Astronomen von der Produktion von «Metallen».

Im konventionelleren Sinne des Begriffs sind – wenn man den Ausreißer Wasserstoff ignoriert – alle Elemente auf der linken Seite der Tabelle Metalle, dann folgt ein diagonales Band von Metalloiden (im Periodensystem oben pink eingefärbt) und anschließend eine deutlich kleinere Gruppe von Nichtmetallen. Zu diesen Metallioden gehören die Halbleiter Silizium und Germanium.

Diese Anordnung spiegelt die Art und Weise wider, in der Substanzen Elektrizität leiten. In elektrischen Leitern, wie den Metallen, sind in je-

														He
									B	C	N	O	F	Ne
									Al	Si	P	S	Cl	Ar
Ti	V	Cr	Mn	Fe	Co	Ni	Cu	Zn	Ga	Ge	As	Se	Br	Kr
Zr	Nb	Nb	Tc	Ru	Rh	Pd	Ag	Cd	In	Sn	Sb	Te	I	Xe
Hf	Ta	Ta	Re	Os	Ir	Pt	Au	Hg	Ti	Pb	Bi	Po	At	Rn
Rf	Db	Sg	Bh	Hs	Mt	Ds	Rg	Cn	Nh	Fl	Mc	Lv	Ts	Og

dem Atom ein oder zwei Elektronen nur locker an ihr Atom gebunden und können sich relativ frei durch das Kristallgitter des Stoffs bewegen. Bei Halbleitern braucht man zusätzliche Energie, zum Beispiel ein einfallendes Photon, um ein äußeres Elektron aus der Hülle zu befreien und zum Leitungselektron zu machen. Die Elektronen in Nichtmetallen neigen nicht dazu, sich vom Atom zu lösen und zur elektrischen Leitung beizutragen. Wie wir bereits gesehen haben, gibt es einige bedeutende Ähnlichkeiten innerhalb der Säulen (besser bekannt als Gruppen) des Periodensystems – das war der erste Anlass für eine derartige Tabellierung. So kann man beispielsweise feststellen, dass sich Lithium, Natrium und Kalium oder Magnesium und Calcium oder Silber und Gold oder Fluor, Chlor, Brom und Jod oder die Edelgase in der Säule ganz rechts chemisch sehr ähnlich verhalten. Es ist jedoch selten, dass sich oberflächliche Ähnlichkeiten kontinuierlich durch eine ganze Gruppe ziehen.

«SELBST EIN WISSENSCHAFTLER KOMMT NICHT DARUM HERUM, BEIM PERIODENSYSTEM AN EINEN ZOO VON EINZIGARTIGEN TIEREN ZU DENKEN, DIE VON DR. SEUSS ERFUNDEN WURDEN.»
NEIL DEGRASSE TYSON

WAS IST SCHON EIN NAME ...

Die Namen der Elemente lassen sich grob in vier Gruppen einteilen: traditionelle Namen, die man Stoffen zuschrieb, bevor man das Konzept der Elemente kannte, relativ früh «wissenschaftlich nachgewiesene» Elemente, obskure Zwischenelemente und künstlich erzeugte Elemente, die in der Natur nicht vorkommen, was für die jüngsten Einträge zutrifft.

Bei den Namen, die aus jenen goldenen alten Zeiten stammen, stoßen wir recht oft auf Elemente, deren chemisches Symbol – der ein- oder zweibuchstabige Identifikationscode in den Kästchen des Periodensystems – nicht zum modernen Namen des Elements passt, denn diese Symbole gehen auf eine klassische Terminologie zurück. So ist beispielsweise wohlbekannt, dass sich die Bezeichnung für Eisen, Fe, von dem lateinischen Begriff *ferrum* ableitet. Ebenso geht die Bezeichnung für Kupfer, Cu, auf das lateinische *cuprum* zurück, Ag für Silber auf *argentum*, Au für Gold auf *aurum*, Sn für Zinn auf *stannum* und Pb für Blei auf *plumbum*. Aber wenn Sie glauben, Sie bräuchten nur ein Lateinlexikon, dann kompliziert Quecksilber die Lage, das mit Hg für Hydragyrum abgekürzt wird; das ist jedoch kein richtiges Latein, sondern eine latinisierte Version des griechischen *hydragyros* (*flüssiges Silber*, also unserem Queck-Silber ähnlich).

Marmorskulptur der griechischen Göttin Pallas Athene.

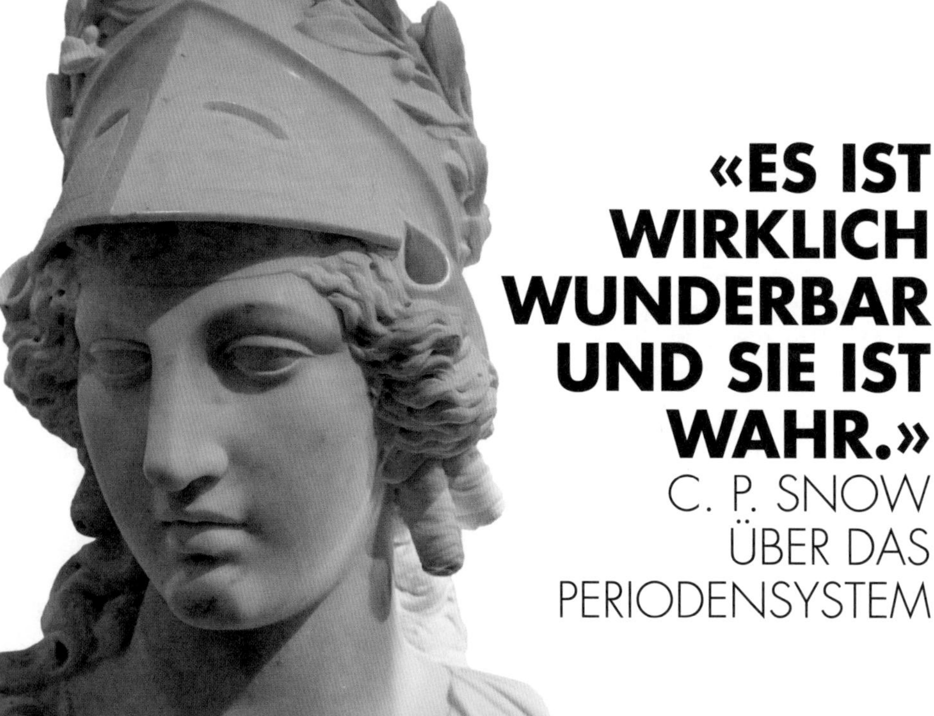

«ES IST WIRKLICH WUNDERBAR UND SIE IST WAHR.»
C. P. SNOW ÜBER DAS PERIODENSYSTEM

Die Namen für die ersten Elemente, die von Wissenschaftlern isoliert wurden, leiteten sich häufig von den Substanzen ab, in denen sie enthalten waren. So wurde das erst 1886 isolierte Fluor beispielsweise nach Fluorit (Flussspat) benannt, einem Mineral, das Fluor in Form von Calciumfluorit enthält. Fluorit leitet sich vom lateinischen *fluere* ab, «fließen», da es beim Schmelzen von Eisen als Flussmittel gebraucht wurde.

Andere Namen aus dieser Epoche gehen auf die Inspiration der beteiligten Wissenschaftler zurück. Das Element in der Gruppe, das direkt unter Fluor steht, Chlor, wurde von Humphrey Davy nach einer latinisierten Version des griechischen *khloros*, «hellgrün», nach der Farbe des Gases benannt. Ähnlich verdankt das schlecht riechende Brom seinen Namen der griechischen Bezeichnung für «Gestank» und Jod der griechischen Bezeichnung für eine violette Färbung. Brom war nicht das einzige Element, dessen starker Geruch betont wurde – Osmium leitet sich von dem griechischen Wort für «Geruch» ab. Wenn nicht auf die Wirkung des Elements auf die Sinne zurückgegriffen wurde (wie auch bei dem irisierenden Element Iridium), konnte die Inspirationsquelle etwas ferner liegen. Palladium, beispielsweise, wurde nach dem Asteroiden Pallas benannt, dessen Name wiederum auf die griechische Göttin Pallas Athene zurückgeht.

Später im 19. Jahrhundert beginnen sich Örtlichkeiten in die Bezeichnungen einzuschleichen. Ein Element, dessen Namensfindung besonders verschlungen war, ist Germanium. Clemens Winkler, der dieses Element 1886 entdeckte, wollte es ursprünglich Neptunium nennen, um die Entdeckung des Planeten Neptun zu feiern. Er musste jedoch feststellen, dass jemand den Namen Neptunium bereits an ein anderes Element vergeben hatte. Dessen Entdeckung erwies sich aber als inkorrekt, sodass «Neptunium» wieder frei wurde und sich schließlich zu Uran und Plutonium als drittes der planeteninspirierten radioaktiven Elemente gesellen sollte. Winkler nutzte schließlich das neu vereinte Deutschland als Inspirationsquelle, wobei er auf den römischen Namen Germania für einen Teil des Gebietes zurückgriff. Beispiele für andere, auf Örtlichkeiten basierende Namen bei den früher isolierten Elementen sind Scandium für Skandinavien, Europium für Europa, Polonium für Polen und die großartige Kollektion von Yttrium, Terbium, Erbium und Ytterbium, die alle nach der schwedischen Kleinstadt Ytterby benannt sind, wo Mineralien gefunden wurden, die diese Elemente enthielten. Der unterhaltsamste Name ist zweifellos Thulium, benannt nach Thule. Ursprünglich war das der klassische Name für ein geheimnisvolles Land, das sechs Tagereisen mit dem Segelboot weiter nördlich von Britannien lag und dem griechischen Historiker Polybius zufolge der nördlichste Punkt der Welt war. Das Element wurde von Per Teodor Cleve versehentlich so benannt. Er hielt Thule nicht nur fälschlicherweise für den antiken Namen von Skandinavien, sondern wollte das Element eigentlich Thullium nennen, doch das zweite L ging verloren.

Die Namen der neueren, künstlich erzeugten Elemente, die in der Natur nicht existieren, lassen sich in drei Gruppen einteilen: Die Elemente sind nach dem Ort ihrer Entdeckung, ihrem Entdecker oder einfach nach einem großen Wissenschaftler benannt. Zu dem auf Örtlichkeiten basierenden Namen gehören Americum, Berkelium, Californium, Lawrencium und Livermorium (nach dem Lawrence Livermore Laboratory), Darmstadtium (nach Darmstadt) und Nihonium (nach Nihon, der japanischen Bezeichnung für Japan). Die Entdecker bilden eine deutlich kleinere Gruppe. Seaborgium steht für Glenn Seaborg, der bemerkenswerterweise zehn künstliche Elemente entdeckte, und Oganesson für Juri Oganesjan, der sechs dieser superschweren Elemente isolierte.

Und schließlich sind da noch die Elemente, die nach berühmten Physikern benannt sind; dazu gehören beispielsweise Curium (Marie Curie), Einsteinium (Albert Einstein), Fermium (Enrico Fermi), Mendelevium (Dmitri Mendelejew), Rutherfordium (Ernest Rutherford), Bohrium (Niels Bohr), Meitnerium (Lise Meitner), Roentgenium (Wilhelm Röntgen) und Copernicum (Nikolaus Kopernikus).

DIE TOPOLOGIE DES PERIODENSYSTEMS

Das uns vertraute Periodensystem, das auf Mendelejews Darstellung beruht, ist vielleicht ein klassisches Muster mit Kultstatus, das sich auf den ersten Blick erkennen lässt, aber es ist nicht die einzige und möglicherweise auch nicht die beste Art, die Elemente darzustellen. Entsprechend sind zahlreiche andere Versuche der Darstellung erarbeitet worden. Es ist ein wenig wie bei Projektionen der Weltkarte: Wenn wir die kugelförmige Erde auf einer ebenen Fläche abbilden wollen, gibt es eine Reihe von Möglichkeiten dazu; genauso gibt es nicht nur eine einzige Möglichkeit, das Muster abzubilden, das durch die elektronische Struktur der Elemente vorgegeben wird.

Wie bereits erwähnt, ist es möglich, die zusätzlichen Elemente der Lanthanoide und Actinoide in eine erweiterte sechste und siebte Zeile einzufügen, sodass das Periodensystem volle 32 Säulen umfasst. Aber das ist nur der Anfang. Einige Neuformatierungen orientieren sich stärker an der Art und Weise, wie die Elektronenschalen aufgebaut sind. Beispielsweise ordnet das sogenannte Janet-Periodensystem die Elemente so an, dass berücksichtigt wird, wie die verschiedenen Schalen und Unterschalen aufgefüllt werden; das führt zu einer eleganteren Struktur, die die Elemente noch immer nach ihren chemischen Eigenschaften gruppiert, aber deutlich macht, wohin genau die zusätzlichen Elektronen gehen, wenn wir uns durch das System bewegen.

Elemente-Spirale
In dieser interessanten Neuformatierung des Periodensystemmusters sitzt Silizium in der Mitte, während die Elemente spiralförmig von Wasserstoff (rechts) ausgehen und die Lanthanoiden und Actinoiden eine vom Hauptdiagramm abgeteilte Halbinsel bilden.

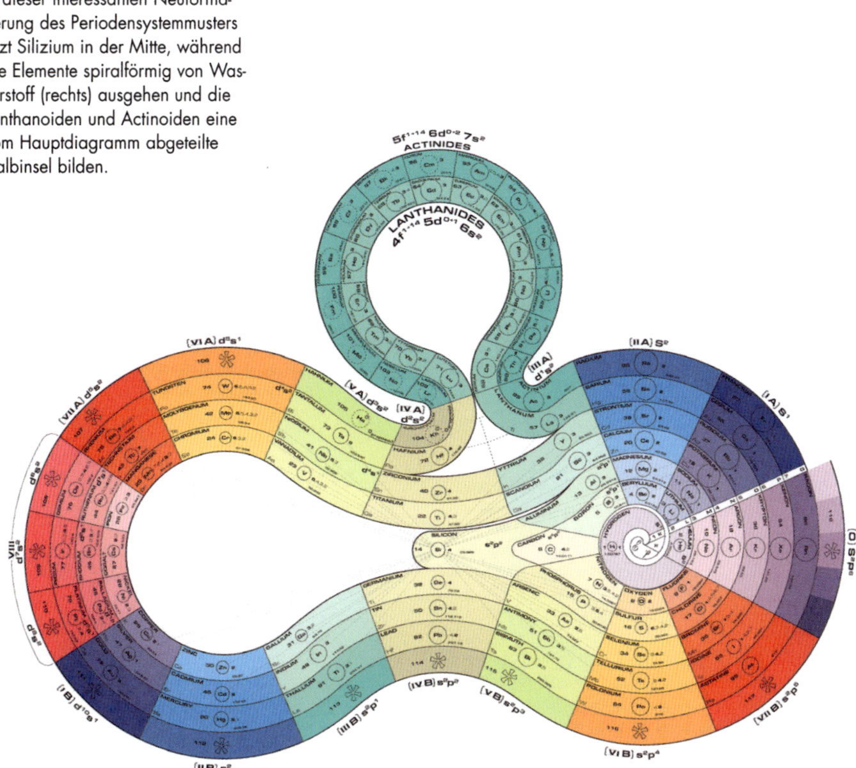

Andere Vorschläge sind exzentrischer und ordnen Elemente in Spiralform an (mit Ausstülpungen für die Lanthaniden und Actiniden), oder erzeugen dreidimensionale Formate mit Würfeln, Kugeln, Pyramiden und mehr. Einige dieser Darstellungen sind eher Kunstwerke, als dass sie echte neue Einblicke in die Ordnung der Elemente ermöglichen würden, doch andere tragen zu einem tieferen Verständnis dieses wesentlichen Teils der Chemie bei.

Das Periodensystem stellt den Weg dar, den die chemischen Elemente zurückgelegt haben – von alltäglichen Substanzen, die aus dem Boden gegraben wurden, bis zu Substanzen mit einem zugrunde liegenden Muster, das von der Wissenschaft identifiziert wurde. Unser nächstes Muster hat eine ähnliche Wandlung durchgemacht. Wohl schon seit grauer Vorzeit beschäftigten sich Menschen mit dem Wetter, doch erst in jüngerer Zeit hat die Wissenschaft die komplexen Muster entdeckt, die ihm zugrunde liegen.

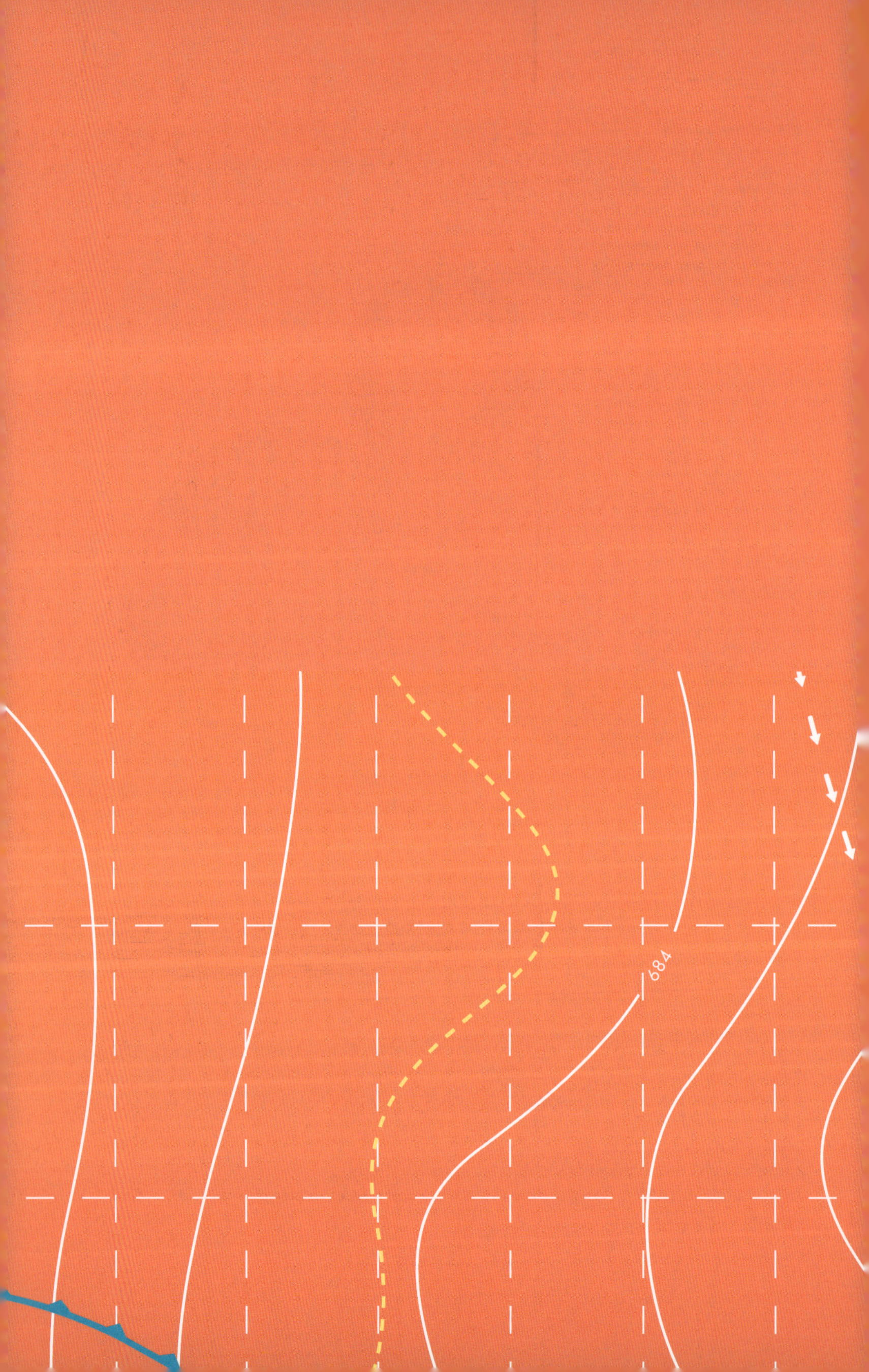
684

6 WETTERMUSTER

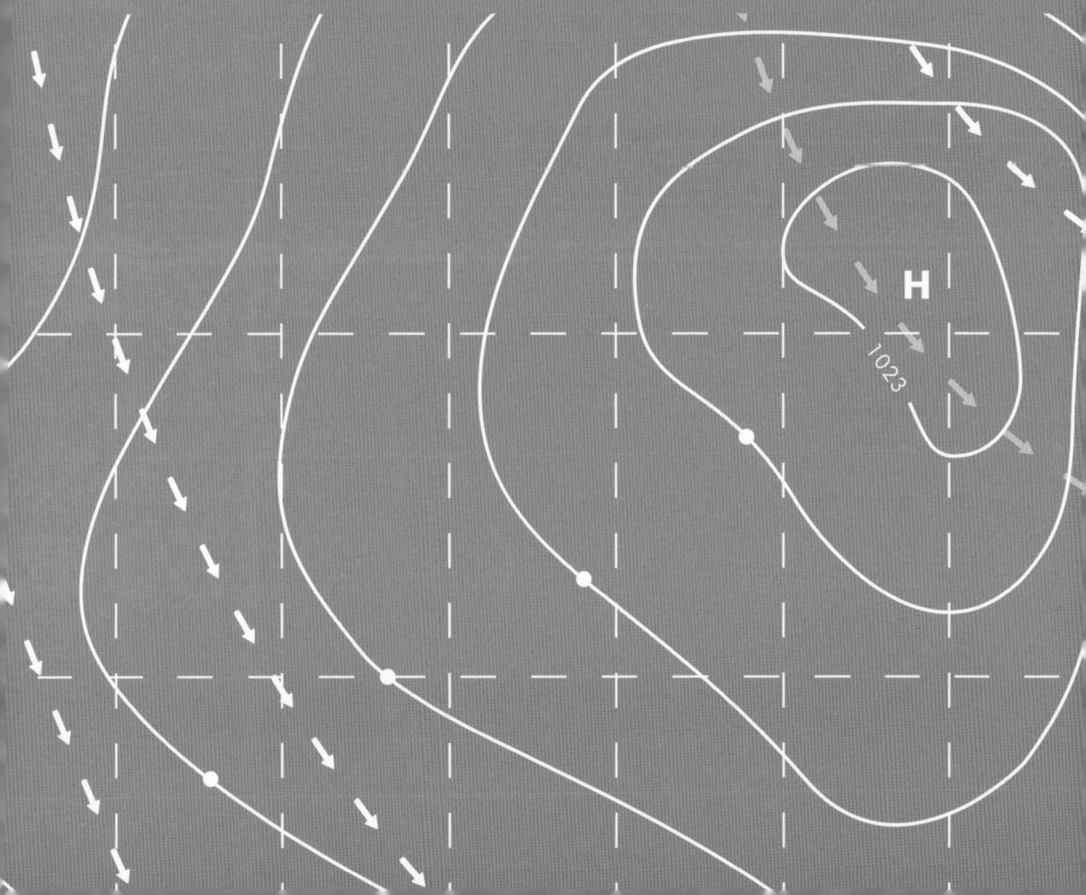

Vilhelm **Bjerknes**
1826–1951

WETTER VERSTEHEN

Wettervorhersagen können wie Zauberei erscheinen, doch die Fähigkeit, vorherzusagen, was in einem chaotischen System als Nächstes passieren wird, basiert auf der Kenntnis von grundlegenden Mustern, auf die wir uns stützen können; so zum Beispiel auf den Jetstream in der Atmosphäre und den Golfstrom im Meer. Diese großräumigen Wettermuster haben einen bedeutenden Einfluss auf das regionale Klima, während die kleinräumigeren, sich rasch verändernden Hoch- und Tiefdruckgebiete für die tagtäglichen Veränderungen verantwortlich sind, die einen schönen Tag oder einen lebensgefährlichen Sturm mit sich bringen können. Und auch wenn wir im Lauf von Jahrtausenden ein gewisses Gespür für diese Muster entwickelt haben, machten es erst die vom norwegischen Meteorologen Vilhelm Bjerknes eingeführten numerischen Wettervorhersagen möglich, dieses Gespür in wissenschaftliches Verständnis umzuwandeln.

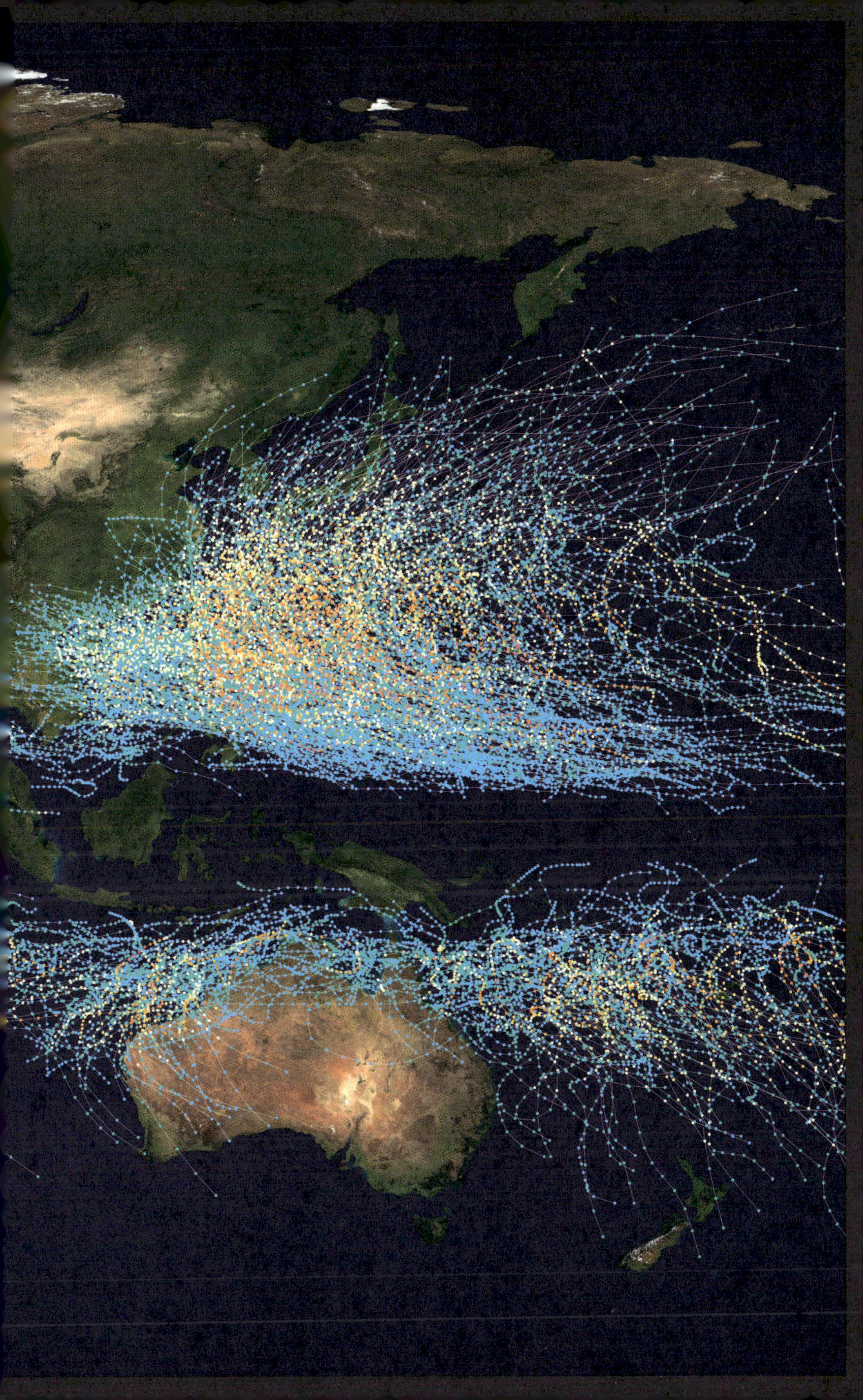

WETTER SPIELT EINE WICHTIGE ROLLE FÜR UNS

Unser gesamtes Leben wird vom Wetter beeinflusst. Für Bauern können Wettermuster den Unterschied zwischen einem vollen Brotkorb und Hunger bedeuten, und für alle Menschen, die unter extremen Wetterbedingungen zu leiden haben, können Witterungsereignisse eine Frage von Leben und Tod sein. Deshalb wurden Wetterphänomene schon lange vor Beginn wissenschaftlicher Untersuchungen aufmerksam beobachtet. Wir kennen noch immer alte Wetterreime, in denen sich die Bedeutung des Wetters für landwirtschaftlich geprägte Gesellschaften widerspiegelt. Einige basieren auf soliden Fakten, andere sind nichts weiter als Folklore ohne jeden realen Hintergrund. Ein gutes Beispiel für Wetterregeln und -traditionen mit einem wahren Kern ist der alte Reim «Abendrot – Schönwetterbot', Morgenrot, schlecht' Wetter droht». Der Reim spiegelt die Bedeutung des Luftdrucks beim Wettergeschehen wider. Ein roter Himmel geht in der Regel mit einem relativ hohen atmosphärischen Druck einher. Hoher abendlicher Atmosphärendruck hat die Tendenz, sich in eine Region hineinzubewegen und relativ gutes Wetter zu bringen; morgens befindet sich der hohe Atmosphärendruck jedoch eher auf dem Abzug, und das Wetter verschlechtert sich. In der Nähe des Meeres wurden früher gerne auch Algen beobachtet, um das Wettergeschehen vorhersagen zu können. Das mag zwar exotisch klingen, hat aber ebenfalls einen faktischen Hintergrund: Algen reagieren auf Luftfeuchtigkeit. Trockene Algen absorbieren relativ leicht Feuchtigkeit aus der Luft und werden bei steigender Luftfeuchtigkeit biegsamer. Algen, die ihre Flexibilität wiedergewannen, galten daher als Hinweis auf heranziehenden Regen.

Dagegen gibt es aber auch Traditionen, die keinerlei Beziehung zum realen Wettergeschehen haben. Dazu gehört der nordamerikanische Groundhog Day («Murmeltiertag»): Demnach flüchtet ein Murmeltier, wenn es seinen Schatten sieht – wenn also die Sonne scheint – zurück in seinen Bau, weil der Winter dann noch sechs weitere Wochen anhalten wird, während der Winter bald weicht, wenn es keinen Schatten gibt. Diese Tradition kam mit den Pennsylvania-Deutschen nach Amerika, und das Tier, welches für diese «Wettervorhersage» verwendet wurde, war ursprünglich ein Dachs. Das Verhalten des Murmeltiers wurde viele Jahre lang protokolliert, sagt das zukünftige Wetter aber nicht besser voraus als ein Münzwurf. Der Groundhog Day spiegelt eine ältere Tradition wider, der zufolge das Wettergeschehen bei bestimmten religiösen Festlichkeiten die Zukunft bestimmte. Der Tag fällt auf den 2. Februar, das Fest Mariä Lichtmess, ein wichtiges Datum im Kalender der frühen Christen.

Der größte Teil des Wettergeschehens spielt sich in den untersten Schichten der Atmosphäre ab, die die Erde umgibt.

DIE BEDEUTUNG DER ERDATMOSPHÄRE

Wir sehen die Atmosphäre als selbstverständlich an. Oft sehen wir in ihr kaum mehr als eine Gasschicht, die unseren Planeten umhüllt. Diese Schicht bildet jedoch ein komplexes System, und deshalb ist Meteorologie – die wissenschaftliche Wettervorhersage – alles andere als einfach.

Die Atmosphäre selbst ist ein Gasgemisch. Sauerstoff macht dabei rund 21 Prozent aus, während der Hauptbestandteil mit 78 Prozent der relativ reaktionsträge Stickstoff ist. Dazu kommen eine Reihe anderer Gase, vor allem Argon und Kohlendioxid, sowie Wasser, und zwar gasförmig als Wasserdampf wie auch in Form von Tröpfchen, außerdem feste Bestandteile, von Rußpartikeln bis zu Bakterien – all das gehört zu der Hülle, die unseren Planeten umgibt. Diese Hülle ist jedoch alles andere als homogen.

Die Atmosphäre wird in fünf Schichten unterteilt, von denen nur eine einzige einen gebräuchlichen Namen besitzt – die Stratosphäre. Sie bildet die zweite Schicht der Erdatmosphäre und liegt über der untersten Schicht, der Troposphäre. Die Troposphäre umfasst die ersten 18 Kilometer über dem Meeresniveau und schrumpft in Gebirgsregionen auf nur 10 km zusammen. Daher findet der größte Teil des Wettergeschehens in dieser Schicht statt. Da die Atmosphäre umso dünner wird, je weiter man sich von der Erdoberfläche entfernt (eine zwangsläufige Folge der mit der Höhe abnehmenden Schwerkraft, die die Atmosphäre an Ort und Stelle hält), befinden sich rund 75 Prozent aller atmosphärischen Gase – und 90 Prozent der Masse der Atmosphäre – in der Troposphäre. Die Wettermuster in der Troposphäre sind es, die unser Leben beeinflussen.

UNTER DRUCK

Auch wenn unsere Vorfahren im Lauf der Zeit eine Vielzahl von Wetterphänomenen beobachtet und daraus Regeln abgeleitet haben, bedarf es Messungen, um die Ursache dieser Phänomene aufzuklären. Viele der zur Wetterprognose nötigen Messungen sind uns vertraut, doch die wichtigste Messgröße – der Luftdruck – erscheint geheimnisvoller, denn wir erleben ihn nicht direkt. Der Luftdruck ist ein Maß für die Kraft, mit der Gasmoleküle auf eine Oberfläche auftreffen. In einem Behälter bewegen sich die Gasmoleküle wirr durcheinander und üben Druck gleichmäßig auf alle Seiten aus. In der Atmosphäre ist das jedoch anders. Auf jedem Bereich der Erdoberfläche lastet eine riesige Luftsäule, und der atmosphärische Druck geht zum größten Teil auf das Gewicht dieser Säule zurück.

Für sich betrachtet bedeutet «Luftdruck» für die meisten Menschen nicht viel, es sei denn, sie sind Meteorologen. Sind 1085 Millibar, zum Beispiel, ein hoher oder ein niedriger Luftdruck? Tatsächlich handelt es sich um den höchsten jemals gemessenen Luftdruck, während ein

Wetterkarte
Die dünnen Linien auf der Karte sind Isobaren und die Zahlen geben den Luftdruck an – je höher die Zahl, desto höher der Druck. Die dickeren Linien mit den Halbkreisen und Dreiecken zeigen Fronten an.

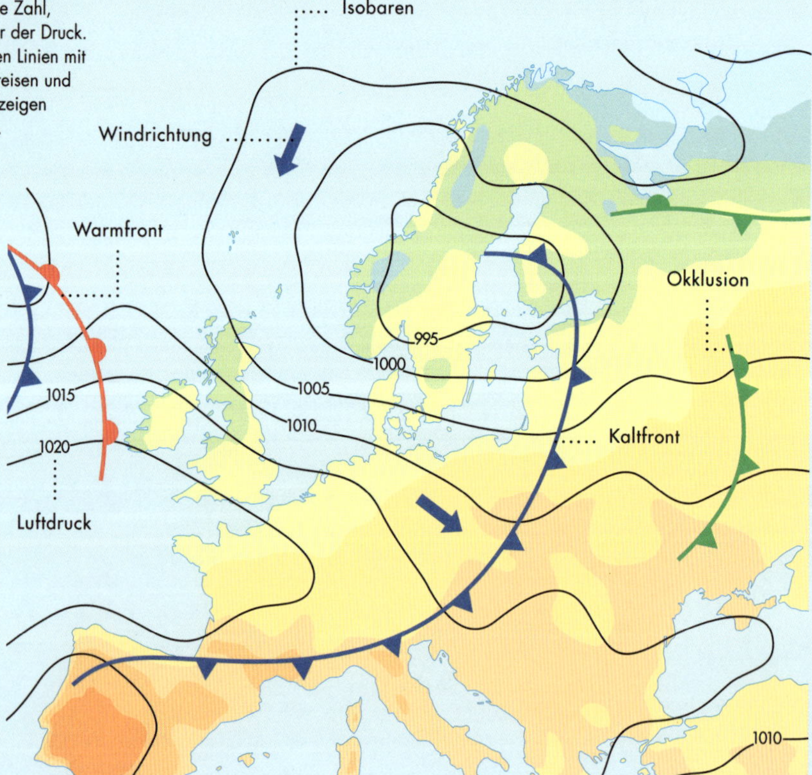

typischer Luftdruck bei rund 1015 Millibar liegt. Diese Zahlen haben, für sich allein betrachtet, jedoch nur eine geringe Aussagekraft; wichtig ist der Druckunterschied zwischen zwei Regionen, der zu Wind und Luftbewegungen führt, oder die Luftdruckänderungen an einem bestimmten Ort. Auf Wetterkarten sind Druckniveaus als Linien, sogenannte Isobaren, eingezeichnet, das Äquivalent von Höhenkonturen auf einer gewöhnlichen Landkarte. Isobaren verbinden Punkte mit demselben Luftdruck. Dicht beieinander liegende Isobaren signalisieren starke Luftdruckveränderungen auf kleinem Raum, was im Allgemeinen für eine dramatische Wetteränderung spricht.

MILLIBAR: Ein Tausendstel eines Bars, eine Einheit des Drucks, die nahe am mittleren Luftdruck auf Meereshöhe liegt. Ein Millibar entspricht 100 Pascal oder 100 Newton pro Quadratmeter.

Ein anderes Muster, das man auf Wetterkarten sieht, ist die Wetter-«Front». Eine Front kennzeichnet Grenzen zwischen zwei Luftmassen unterschiedlicher Temperatur und Feuchtigkeit. Solche Grenzen neigen dazu, Wetterwechsel mit sich zu bringen, sodass Meteorologen ihre Bewegung genau im Auge behalten.

Eine Warmfront bildet sich, wenn warme, feuchte Luft aus den Tropen in eine Region mit kühlerer, trockenerer Luft vordringt. Wenn die warme Luft einströmt, gleitet sie auf die kältere Luft auf, weil sie weniger dicht und daher leichter ist. An der Grenze zwischen beiden Luftmassen bildet sich eine Übergangszone, in der sich der Wasserdampf in der warmen Luft abkühlt, was häufig zu lang gestreckten Regenbändern führt. Auf Wetterkarten wird eine Warmfront gewöhnlich durch eine Reihe von Halbkreisen (rot, wenn die Karte koloriert ist) längs der Frontlinie dargestellt, die sich in Richtung der Symbole bewegt.

Dicht hinter einer Warmfront folgt oft eine Kaltfront, mit der kühlere, trockenere Luft in einen wärmeren Wetterbereich eindringt. Diese kalte Luftmasse verdrängt die warme Luft nach oben und führt in der Regel zu noch viel stärkeren Niederschlägen als bei einer Warmfront, klärt dadurch aber die Luft, sodass es nach einem heftigen Schauer oft aufklart und der Himmel blau wird. Auf der Wetterkarte wird eine Kaltfront häufig als eine Reihe Dreiecke (blau, wenn die Karte koloriert ist) längs der Frontlinie dargestellt.

Eine dritte Möglichkeit, die man auf Wetterkarten recht oft sieht, ist eine Okklusionsfront. Hier hat eine Kaltfront eine Warmfront eingeholt und die Luftmassen vor sich angehoben; sie zwingt so die warme Luft weiter nach oben und erzeugt Regenschauer und dicke Wolken. Auf der Karte wechseln sich «warm»- und «kalt»-Symbole längs der Frontlinie einer Okklusionsfront ab.

Wo ein Hoch mit gutem Wetter herrscht, sinkt kältere Luft über einem Bereich der Erdoberfläche, der oft Tausende von Kilometern im Durch-

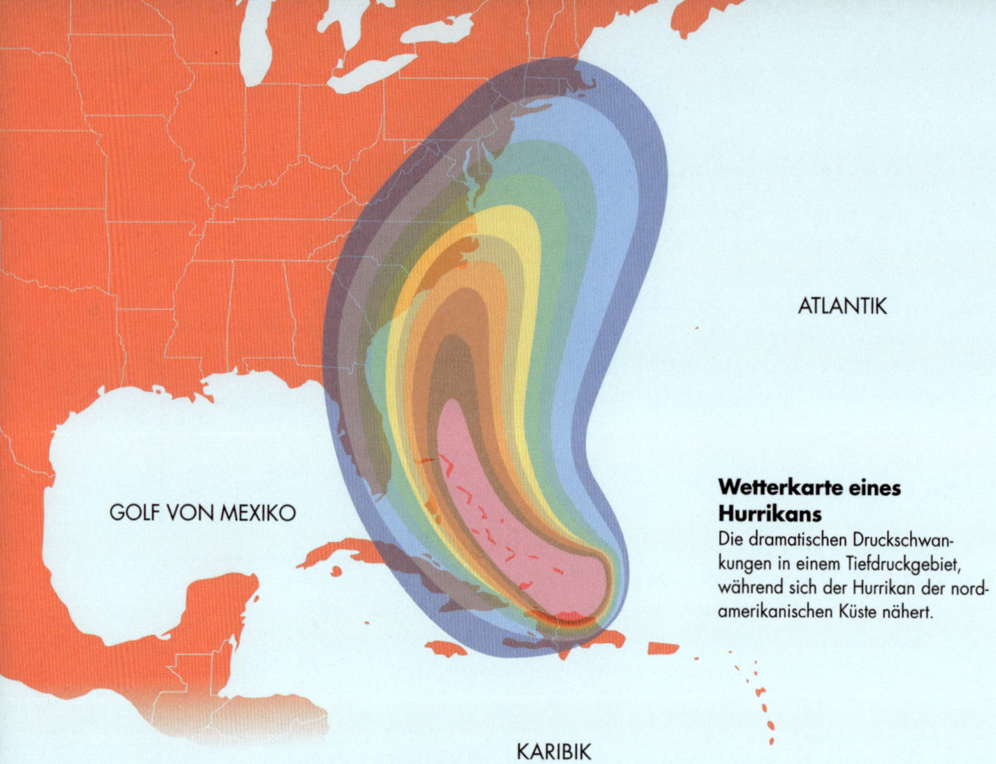

Wetterkarte eines Hurrikans
Die dramatischen Druckschwankungen in einem Tiefdruckgebiet, während sich der Hurrikan der nordamerikanischen Küste nähert.

messer misst, nach unten, und wenn sich der kalte Luftstrom dem Boden nähert, strömt er seitlich nach außen ab und ruft Wind hervor, der sich vom Zentrum des Bereichs fortbewegt. Aufgrund des Coriolis-Effekts, der durch die Erdrotation hervorgerufen wird (gleich mehr darüber), beginnt diese Luftströmung sich in der nördlichen Hemisphäre spiralförmig im Uhrzeigersinn, in der südlichen Hemisphäre gegen den Uhrzeigersinn zu drehen.

Niedriger Luftdruck tritt in der Regel kleinräumiger über einem begrenzten Areal auf. In einer Region mit niedrigem Luftdruck steigt warme Luft in einer Säule auf. Beim Aufsteigen kühlt sie sich ab und regnet sich dabei nicht selten aus (daher die Verbindung zwischen Tiefdruck und schlechtem Wetter). Wenn sich die Luft nahe dem Boden in die Säule hineinbewegt, bewegt sie sich spiralförmig im entgegengesetzten Drehsinn wie das Hochdruckgebiet: In Tiefdruckgebieten bewegt sich die Luft in der nördlichen Hemisphäre gegen den Uhrzeigersinn und in der südlichen Hemisphäre im Uhrzeigersinn. Aufgrund dieser spiralförmigen Bewegungen wird ein Tiefdruckgebiet manchmal als Zyklon bezeichnet, ein Hochdruckgebiet als Antizyklon.

Die Corioliskraft spiegelt die Tatsache wider, dass sich die Luft auf einer sich drehenden Erde befindet. Wäre die Erde in Ruhe (stationär), gäbe es keine rotierenden Säulen hohen bzw. niedrigen Drucks, doch weil unser Planet sich dreht, führt dieser Effekt dazu, dass sich die Luftsäulen (aus unserer Sicht) in die entgegengesetzte Richtung zur Erdrotation drehen.

JAHRESZEITLICHE MUSTER

Als die Atmosphäre genauer untersucht wurde, stellte man fest, dass einige großräumige Muster das Wetter rund um die Welt beeinflussen. Die erste Regelmäßigkeit, die man bemerkte, ist dermaßen Teil unseres Lebens, dass wir es im Allgemeinen überhaupt nicht als Wetterphänomen ansehen: die Jahreszeiten. Wir wissen, dass sich die Erde auf einer fast kreisförmigen Ellipse um die Sonne bewegt, doch sie weist dabei eine Neigung auf. Bezogen auf die Ebene, in der sich die Erde um die Sonne bewegt, bildet die Erdachse einen raumfesten Winkel von 23,5° mit der Vertikalen. Diese Neigung bringt es mit sich, dass die nördliche Hemisphäre der Erde die Hälfte des Jahres stärker zur Sonne weist, während in der anderen Hälfte des Jahres die südliche Hemisphäre stärker sonnenwärts orientiert ist.

Dieser kleine Unterschied in der Orientierung führt zur Entstehung der Jahreszeiten. Ein halbes Jahr treffen Licht und Energie der Sonne bevorzugt auf die Nordhalbkugel, während der anderen Jahreshälfte auf die Südhalbkugel. Darum herrscht in Europa und in Nordamerika beispielsweise im Dezember Winter, in Australien und Südamerika hingegen Sommer. Im Nordsommer, wenn der nördliche Teil der Erde auf die Sonne gerichtet ist, muss das Sonnenlicht im Vergleich zum Nordwinter nicht ganz so weit durch die Atmosphäre wandern, bis es auf die Erdoberfläche trifft.

Diese leichte Neigung reicht aus, um den größten Teil der Wetterunterschiede zwischen Hochsommer und Hochwinter hervorzurufen. Das wird an den Polen am deutlichsten, die nur ein halbes Jahr lang direkte Sonneneinstrahlung erhalten. So ist die Sonne am Nordpol beispielsweise nur zwischen dem 21. März und dem 23. September zu sehen. Für alle, die sich dort aufhalten, befindet sich die Sonne für den Rest des Jahres unter dem Horizont, sodass eine sechsmonatige Phase des Dämmerlichts und der Nacht resultiert.

Mitternachtssonne im Sommer nahe einem der Pole; dann bleibt die Sonne die ganze Nacht hindurch sichtbar.

Der Golfstrom macht die nordeuropäischen Küsten deutlich wärmer als viele andere Regionen auf demselben Breitengrad und ermöglicht subtropischen Pflanzen, weiter nördlich als in ihren üblichen Habitaten zu gedeihen.

LUFT- UND WASSERSTRÖMUNGEN: DAS GROSSE GANZE

Andere bedeutende Regelmäßigkeiten sind weniger offensichtlich, da es sich um unsichtbare Strömungsphänomene handelt, die uns jedoch schon seit Jahrhunderten begleiten. Die frühesten Phänomene, die beobachtet – wenn auch nicht verstanden – wurden, waren Wetterphänomene auf dem Jupiter. Jupiters auffälligstes Merkmal ist der Große Rote Fleck in der Atmosphäre des Planeten, in den die Erde rund dreimal hineinpassen würde. Der Rote Fleck existiert auf diesem Planeten schon seit vielen Jahrhunderten. Wie wir später noch sehen werden, hat das mathematische Konzept des Chaos einen bedeutenden Einfluss auf unser modernes Verständnis von Wetterphänomenen, und *ein* Merkmal eines chaotischen Systems ist, dass spontan lang anhaltende Inseln der Ruhe auftreten können, die stabile Strömungen darstellen. Der Große Rote Fleck ist ein derartiges Merkmal des Wetters auf Jupiter; auf der Erde sind die uns am besten vertrauten Strömungsmuster dieser Art die sogenannten Jetstreams (Starkwindbänder).

Ein Jetstream ist ein schnell fließender «Luftstrom», der entsteht, wenn hoch oben in der Atmosphäre ein Bereich warmer Luft auf eine Region kalter Luft trifft, sodass ein beträchtlicher Druckunterschied resultiert. Es gibt vier bedeutende Starkwindbänder, die in 10 bis 12 Kilometern Höhe über der Erdoberfläche verlaufen und vom Coriolis-Effekt (siehe oben) von ihrer natürlichen geradlinigen Bahn abgebracht und abgelenkt werden. Der erste, dem diese Starkwindbänder auffielen, war der japanische Meteorologe Wasaburo Ooishi, der den Einfluss dieser Strömungen auf Wetterballons beobachtete. Der praktische Einfluss dieser schnellen und starken Luftströmungen wurde jedoch erst im Zweiten Weltkrieg entdeckt, als US-Bomber Schwierigkeiten hatten, ihre Ziele anzupeilen, als sie in den Jetstream über Tokio eintraten. Relativ zur umgebenden Luft hatten sie eine Geschwindigkeit von 650 Kilometer pro Stunde, doch die Windgeschwindigkeit hatte zur Folge, dass sie sich mit 880 km/h über den Boden bewegten.

Ein Äquivalent solcher Jetstreams im Wasser ruft ebenfalls lang anhaltende Wettermuster hervor. Am besten bekannt ist der Golfstrom. Diese Bezeichnung spiegelt die Ähnlichkeit des Systems mit einem technischen Förderband wider. Winde, die über den Nordatlantik streichen, kühlen das bereits sehr kalte Wasser weiter ab; es sinkt in der Folge ab und strömt in größerer Tiefe Richtung Äquator. Gleichzeitig wird Oberflächenwasser im Golf von Mexiko von der Sonne erwärmt, und dieses warme Wasser strömt nach Norden und ersetzt das kalte Wasser, das tief unter ihm zurückströmt.

DER GOLFSTROM: Eine warme Meeresströmung, die im Golf von Mexiko beginnt, rund um Florida zieht und sich die nordamerikanische Küste entlang bewegt, bevor sie den Atlantik Richtung Europa überquert und dort einige der nördlichen Küsten erwärmt.

Das warme Wasser des Golfstroms bringt es mit sich, dass der Nordwesten von Europa rund 9 °C wärmer ist, als er es ohne Golfstrom wäre, denn das Klima in dieser Region sollte eigentlich eher dem von Sibirien ähneln. Dieses globale Förderband, das in der Fachsprache als thermohaline Zirkulation bezeichnet wird, transportiert große Mengen an warmem Wasser aus den Tropen in nördliche Breiten. Im Film *The Day After Tomorrow* (2004) wurde der Kollaps des «nordatlantischen Förderbandes» höchst dramatisch geschildert. Das Szenario im Film war jedoch nicht realistisch, weil alles viel zu schnell geschah, doch das zugrundeliegende Konzept ist keine reine Fiktion. Einige Hinweise sprechen dafür, dass sich das Förderband als Begleiterscheinung des Klimawandels verlangsamen könnte. Wenn immer mehr Süßwasser aus schmelzendem Inlandeis ins Meer gelangt, sinkt die Dichte des kalten Wassers, das abtauchen und nach Süden strömen sollte, denn Süßwasser hat eine geringere Dichte als Salzwasser. Anders, als im Film dargestellt, ist diese Verlangsamung aber ein sehr allmählicher Prozess; vermutlich wird es rund 100 Jahre dauern, bis sich die Stärke des Golfstroms um ca. 25 Prozent verringert, und die damit einhergehende Veränderung wird in ihrer Wirkung durch die vorhergesagte globale Erwärmung mehr als ausgeglichen werden.

Die Jetstreams und der Golfstrom
Die Luftströmungen in der Erdatmosphäre werden als Starkwindbänder oder Jetstreams bezeichnet, während der Meeresstrom der Golfstrom ist. In beiden Fällen handelt es sich um großräumige Langzeitsysteme, die Wetterphänomene über weite Entfernungen beeinflussen.

DAS WETTER: JUNGEN UND MÄDCHEN

Ein weiteres großräumiges Wettermuster ist El Niño (spanisch für «der Junge»; hier konkret «das Christkind»), auch südliche Oszillation genannt. Bei dieser Druckschaukel oder -wippe handelt es sich um zwei klimatisch gekoppelte Zirkulationssysteme, die einen regelmäßigen Wetterzyklus durchlaufen, bei dem der Luftdruck in der einen Region fällt, während er in der anderen steigt. Die *El Niño-Southern Oscillation (ENSO)* ist ein System, das den Pazifik überquert und den hohen Luftdruck, wie er im Südost-Pazifik auftritt, mit dem niedrigen Luftdruck rund um Indonesien verknüpft. Daraus resultiert eine Veränderung der Passatwinde, die über den Ozean streichen und zu einer Verlagerung von Warmwasser führen; all dies zusammengenommen hat dramatische Auswirkungen auf die lokalen Wetterbedingungen.

Während El Niño oszilliert, verändert sich die Druckdifferenz zwischen der südamerikanischen und der indonesischen Seite des Systems. Wenn sich der hohe Luftdruck abschwächt, lassen die östlichen Passatwinde über dem Pazifik nach und können sogar ihre Richtung umkehren. Von der indonesischen Küste bewegt sich warmes Wasser nach Osten und erwärmt das Wasser an der Westküste von Südamerika. Das erhöht die Wahrscheinlichkeit für schwere Regenfälle und Überflutungen längs der südamerikanischen Küste. Solche Starkregenereignisse können zu Schlammlawinen führen, die ganze Dörfer unter sich begraben.

Auf der indonesischen Seite führt dies zu geringeren Niederschlägen als gewöhnlich, was Dürreperioden in Australasien, vor allem in Teilen Australiens, nach sich ziehen kann. Die ausgedehnte Trockenperiode, die El Niño mit sich bringt, erhöht zudem die Gefahr von Waldbränden. Diese können sehr verheerend sein; die Waldbrände in Indonesien während der El Niño-Ereignisse von 1997, 2006 und 2019 pumpten mehr Kohlendioxid in die Atmosphäre, als der ganze Planet normalerweise in einem Jahr produziert.

Gelegentlich kippt die Oszillation aber auch in die andere Richtung und führt dazu, dass kühleres Wasser Richtung Indonesien strömt. Dabei handelt es sich zwar lediglich um das andere Extrem der Oszillation, dennoch hat sie einen eigenen Namen, La Niña (das Mädchen), erhalten. Wenn La Niña auftritt, so kehren sich die typischen Effekte um, und es kommt zu heftigen Niederschlägen in Indonesien und Australien sowie zu einer trockenen Witterung an der südamerikanischen Küste. Dieses ausgeprägte Wetterphänomen beeinflusst nicht nur die Länder, die direkt auf seinem Weg liegen. Die zusätzliche Warmluft, die während El Niño am östlichen Ende des Systems erzeugt wird, steigt auf und verlagert den von Japan kommenden Jetstream. Das führt zu trockenerem, wärmerem Wetter im Nordwesten von Nordamerika. Die Verlagerungen der Wettermuster können auch eine Zunahme der Re-

El Niño
Unter El Niño-Bedingungen führen Veränderungen in der Verteilung von warmem Wasser und beim Luftdruck über dem Pazifik zu Ungleichgewichten beim Wettergeschehen.

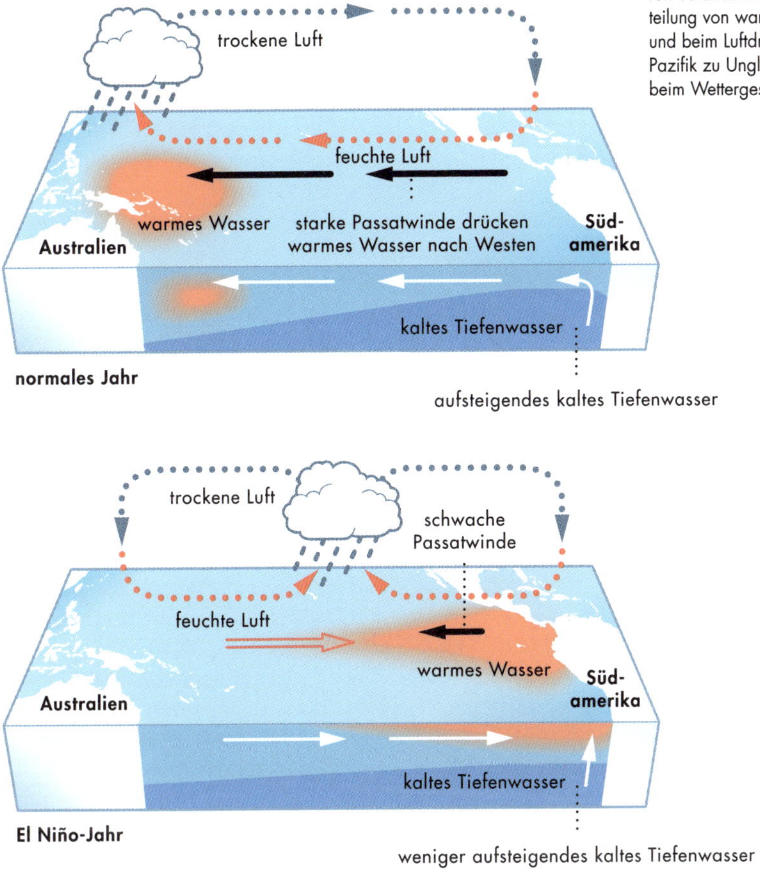

trockene Luft
feuchte Luft
warmes Wasser
starke Passatwinde drücken warmes Wasser nach Westen
Australien
Süd-amerika
kaltes Tiefenwasser
normales Jahr
aufsteigendes kaltes Tiefenwasser

trockene Luft
schwache Passatwinde
feuchte Luft
warmes Wasser
Australien
Süd-amerika
kaltes Tiefenwasser
El Niño-Jahr
weniger aufsteigendes kaltes Tiefenwasser

genfälle über Ostafrika nach sich ziehen und Überflutungen und Ernteausfälle bewirken, während in Westafrika zu wenig Regen fällt und Dürren drohen.

Über dem Nordatlantik gibt es ein entsprechendes schwächeres Phänomen, das als Nordatlantische Oszillation bezeichnet wird. Sein El Niño-Äquivalent ist die «negative Phase» der Oszillation, wenn es einen nur wenig ausgeprägten Druckgradienten gibt, während die häufigere positive Phase La Niña entspricht. Das führt im Nordwesten zu Wintern mit relativ feuchtem, mildem Wetter, während der Mittelmeerraum relativ trocken bleibt. Wenn sich die Oszillation in ihrer negativen Phase befindet, hat Nordeuropa unter deutlich kälteren Wintern zu leiden, während weiter südlich gelegene Regionen feuchter als gewöhnlich sind.

WETTERVORHERSAGEN

Wenn es darum geht, Wettergeschehen der Öffentlichkeit zu präsentieren, ist das typische Mittel die Wetterkarte; sie kam mit der Entwicklung des elektrischen Telegrafen auf, der es ermöglichte, breit gestreute Wetterbeobachtungen zu einem Gesamtbild zusammenzufügen. Die Londoner *Times* veröffentlichte am 1. April 1875 die erste Wetterkarte; sie zeigte das Wetter im Vereinigten Königreich vom Vortag.

Wetterkarten werden heutzutage von Computern aus Daten generiert, die von Wettersatelliten, Bodenstationen und Wetterballons gesammelt werden. Preisgünstige und leicht handhabbare Ballons werden überall noch immer zu Tausenden eingesetzt, um Wetterentwicklungen zu überwachen. Auch Flugzeuge liefern Daten aus der Atmosphäre: Viele Verkehrsflugzeuge führen automatische Wetterstationen mit sich, die Daten an Bodenstationen schicken, und Flugzeugbesatzungen ergänzen diese Daten auf dem Flug – in der Regel alle zehn Längengrade – häufig durch visuelle Beobachtungen und helfen Meteorologen, sich ein Bild von den herrschenden Wetterverhältnissen zu machen.

So wichtig diese Mechanismen auch sind, sind es doch die Wettersatelliten, die die entscheidenden Daten liefern. Weniger als drei Jahre, nachdem Sputnik, der erste von Menschen geschaffene Satellit, auf seine Umlaufbahn geschossen wurde, folgte ihm TIROS I, der erste von vielen Wettersatelliten, die bald den Globus umkreisen sollten. Seitdem TIROS im April 1960 ins All startete und körnige Schwarzweiß-Fernsehbilder der Wolkendecke zur Erde sandte, wird immer weiter fortgeschrittene Raumfahrttechnologie auf eine Umlaufbahn um die Erde gebracht,

die unsere Wettersysteme vom All aus überwacht. Satelliten beobachten das Wettergeschehen im sichtbaren wie auch im Infrarotbereich, um die Wärmeabstrahlung von Boden und Luft sichtbar zu machen. Einige Satelliten verwenden darüber hinaus Lidar und benutzen Laser in ähnlicher Weise wie Radar: Sie senden Pulse aus und registrieren die reflektierten Photonen, um auf diese Weise Partikel in der Luft zu entdecken, die die Lichtdurchlässigkeit verringern können, sodass sich die Region darunter aufheizt.

Viele dieser Satelliten sind geostationär und umkreisen die Erde in einer Höhe von 36 000 Kilometer. In jeder Höhe ist eine bestimmte Geschwindigkeit erforderlich, um einen Satelliten auf seiner Umlaufbahn zu halten. Tatsächlich fällt ein Satellit aufgrund der Schwerkraft auf die Erde zu, doch zur gleichen Zeit bewegt er sich mit der richtigen Geschwindigkeit seitwärts, sodass er die Erde ständig verfehlt. In 36 000 Kilometer Höhe ist die benötigte Geschwindigkeit gleich der Rotationsgeschwindigkeit der Erde; daher können in dieser Höhe kreisende Satelliten sich verändernde Wetterbedingungen über immer demselben Abschnitt der Erdoberfläche beobachten.

Wettersatelliten leisten zwar einen großen Beitrag zu den Daten auf modernen Wetterkarten, doch weitere Informationen stammen von einem Äquivalent am Boden – dem Wetterradar. Dieses Radar liefert eine stärker lokale Sicht als ein Wettersatellit und registriert die Menge des Niederschlags in einem Umkreis von rund 250 Kilometer um die Radarquelle. Das Radar strahlt Mikrowellen in Richtung der Wolken ab, und die gestreute Strahlung wird an der Quelle ausgewertet und zeigt Ort und Menge des Niederschlags an.

Links: Hurrikan Florence, von der Internationalen Raumstation aus gesehen.

Rechts: Computerkontrollschirme in einer mobilen Wetterradarstation.

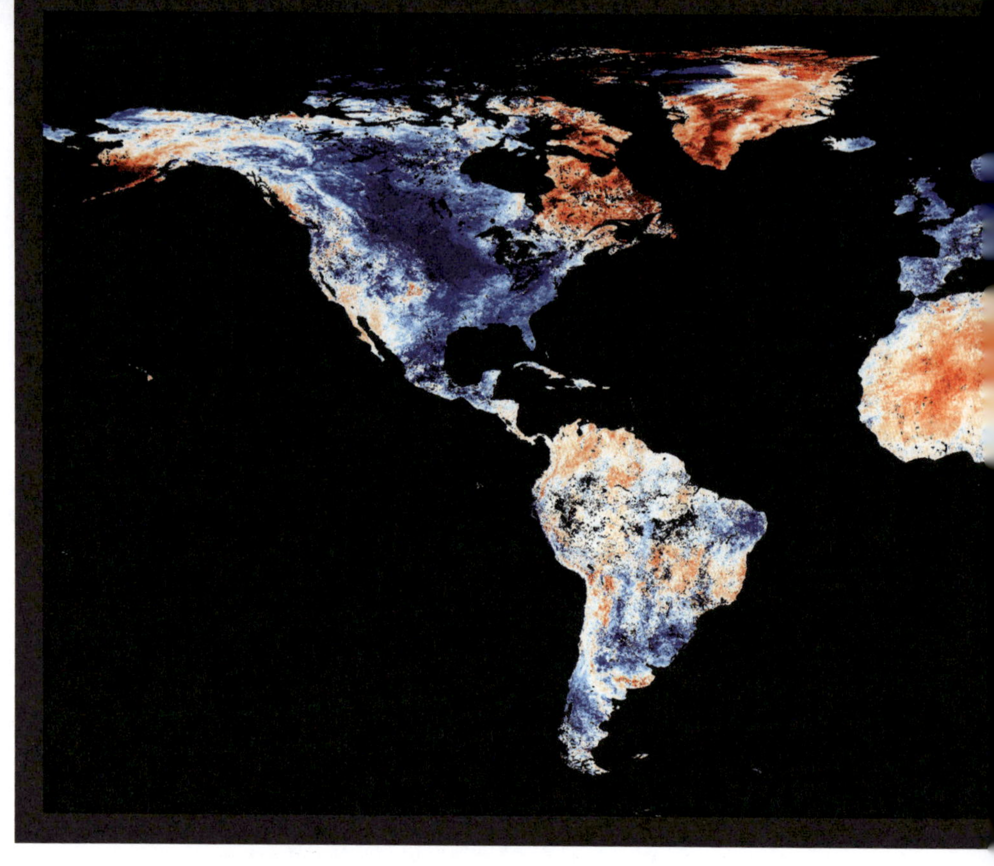

MATHEMATISCHE MUSTER

Wettervorhersagen im 21. Jahrhundert erfordern das Einspeisen gewaltiger Datenmengen in riesige Supercomputer, die in Sekundenschnelle Milliarden Berechnungen anstellen. Diese Computer simulieren die Wettersysteme der Erde und sagen vorher, wie sich diese Systeme im Lauf der nächsten paar Stunden oder Tage entwickeln werden. Der Erste, der während des Ersten Weltkriegs versuchte, einen mathematischen Ansatz zur Modellierung von Wettermustern zu verwenden, war der britische Mathematiker Lewis Fry Richardson, doch solche Ansätze wurden erst mit Computerunterstützung wirklich praktikabel.

Moderne Computer-Wettermodelle unterteilen den Globus in ein System verzerrter rechteckiger Zellen (die Verzerrung beruht auf der Kugelform der Erde), und nehmen an, über jeder Zelle türme sich eine Reihe imaginärer Boxen. Das entspricht dem dreidimensionalen Äquivalent der Einteilung einer ebenen Fläche in ein Gitternetz. Das Modell leitet dann aus den gegenwärtigen Bedingungen ab, wie sich die Wettergrößen von Box zu Box verändern werden. Je kleiner und zahlreicher die Boxen sind, desto präziser ist die Vorhersage (zumindest über eine kurze Zeitspanne) – aus diesem Grund erfordern moderne Wetterprognosen die größten und leistungsfähigsten Supercomputer.

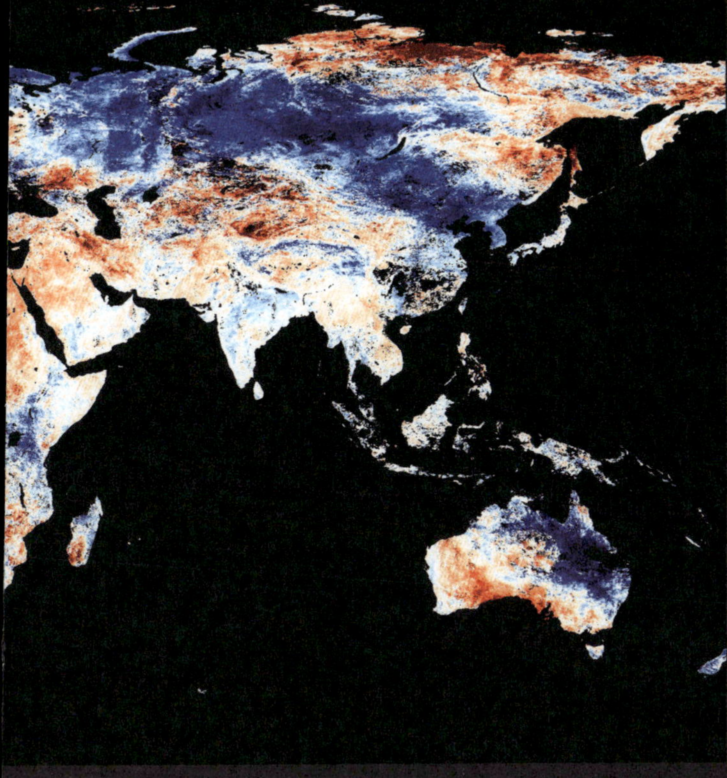

Wetter weltweit
Die moderne Wettervorhersage basiert auf der Fähigkeit, numerische Wetterdaten aus der ganzen Welt zusammenzuführen. Diese Wetterkarte zeigt globale Temperaturen im Vergleich zu den Durchschnittstemperaturen während einer besonders kalten Periode.

Gegen Ende des 20. Jahrhunderts kam es zu einer großen Veränderung in der Art und Weise, wie Wettervorhersagen erstellt wurden, und dies führte zu einer signifikant erhöhten Genauigkeit bei Prognosen für die nächsten 24 Stunden bis fünf Tage. Frühere Computerprognosen hatten sich auf einen einzelnen Lauf gestützt, um vorherzusagen, wie sich die Dinge entwickeln würden. Die Meteorologen ließen das Modell einmal durchlaufen und erhielten ein Ergebnis. Leider reagieren Wettersysteme schon auf kleine Veränderungen derart empfindlich, dass die Wahrscheinlichkeit für eine Fehlprognose recht hoch war.

Um zu verstehen, warum es so schwierig ist, Wettermuster präzise vorherzusagen, muss man einen kurzen Blick auf die Physik werfen, die dem Ganzen zugrunde liegt. Im 17. Jahrhundert führte Isaac Newton eine neue Sicht der Wirklichkeit ein, die heute manchmal als Uhrwerk-Universum bezeichnet wird. Dahinter stand die Idee, dass wir, falls es genügend Daten gibt, in der Lage sein sollten, exakt zu verstehen, wie sich das Muster entfaltet, und somit das sich entwickelnde Wetter genau vorherzusagen. In neuerer Zeit ist jedoch gezeigt worden, dass so etwas prinzipiell unerreichbar ist.

Wettervorhersagen werden immer ein Problem bleiben, und das erklärt sich durch die Chaostheorie. Dieses mathematische Gebiet entwickelte sich in der zweiten Hälfte des 20. Jahrhunderts. In seinem Zentrum

Die Fähigkeit, präzisere Wettervorhersagen zu erstellen, ermöglicht frühere Warnungen vor Extremwettern wie solchen, die von El Niño ausgelöst werden.

steht die Vorstellung von einem chaotischen System. In einem solchen System führt bereits eine kleine Veränderung in den Anfangsbedingungen zu stark veränderten Ergebnissen, wenn man das System über längere Zeit betrachtet. Dieses Verhalten wird oft mit dem Schlagwort «Schmetterlingseffekt» charakterisiert. Eine kleine Veränderung, wie der Flügelschlag eines Schmetterlings, kann einen großen Einfluss auf das Gesamtergebnis ausüben. Es ist kein Zufall, dass die Chaostheorie für die Wettervorhersage eine wichtige Rolle spielt. Der Mann, der diese Theorie formulierte, Edward Lorenz, war Meteorologe, und als er eines Tages feststellte, dass kleine Veränderungen in der Verteilung von Temperatur, Luftdruck und Windgeschwindigkeit zu völlig anderen Wettervorhersagen führen konnten, entwickelte er dieses Konzept.

Dies im Hinterkopf, gilt: Dank exzellenter Satellitenbeobachtung und moderner Vorhersagemethoden und -techniken sind Prognosen über 24 Stunden meist richtig und über drei bis fünf Tage weitgehend zuverlässig, aber alles, was diese Zeitspanne übersteigt, sind kaum mehr als bloße Mutmaßungen. Langzeit-Prognosen, ganz gleich, wie viel Computerleistung darin investiert wurde, sind und bleiben wenig aussagekräftig. Vielen von uns wurde schon einmal ein wunderbarer Sommer versprochen, der sich dann als totaler Flopp entpuppte. Das liegt zum Teil daran, dass eine langfristige Wettervorhersage nur das breite Bild vermittelt und das lokale Wettergeschehen sich sehr deutlich vom Landesdurchschnitt unterscheiden kann. Zudem ist es unmöglich, sich seiner Sache sicher zu sein, wenn man ein chaotisches System wie das Wetter so weit in die Zukunft extrapoliert. Doch selbst unter diesen Umständen hat sich die Qualität langfristiger Wetterprognosen in den letzten 20 Jahren stark verbessert – teilweise deshalb, weil wir inzwischen großräumige und langlebige Wetterstrukturen wie El Niño und das Nordatlantische Förderband besser verstehen.

COMPUTER UND MODELLE SCHLAGEN ZURÜCK

PROBABILISTISCHES WETTER: Eine Vorhersage, die eine «40-prozentige Regenwahrscheinlichkeit» prognostiziert, wird manchmal so missverstanden, dass es in 40 Prozent des betroffenen Gebiets oder 40 Prozent der Zeit regnet. Tatsächlich ist gemeint, dass 40 Prozent der Durchläufe (des Modells) Regen ankündigen.

Heute, da Meteorologen über erheblich mehr Computerleistung verfügen, lassen sie ein Modell viele Male durchlaufen, jedes Mal mit subtilen kleinen Veränderungen, die die Unsicherheiten in den Daten und in der Wetterentwicklung widerspiegeln. Das European Centre for Medium-Range Weather Forecasts *(Europäische Zentrum für mittelfristige Wettervorhersage)* im englischen Reading, beispielsweise, das internationale Ensemble-Vorhersagen liefert, lässt in der Regel pro Tag 50 Vorhersagen durchlaufen, die alle hinsichtlich ihrer Parameter leicht variieren. Die Ergebnisse mit ähnlichen Resultaten werden zusammengefasst, um die wahrscheinlichsten Vorhersagen herauszufinden.

Dieser Ensemble-Ansatz ermöglicht, sich ein viel besseres Bild von der Wahrscheinlichkeit verschiedener auftretender Wetterereignisse zu machen, und aus diesem Grund zeigen Wetterprognosen inzwischen Wahrscheinlichkeiten. Es ist zu einer stillen Revolution gekommen. Noch vor 30 Jahren waren Vorhersagen häufiger falsch als richtig. Wir grummeln vielleicht noch immer, wenn die Wettervorhersage nicht stimmt – doch wir haben weitaus seltener Grund zur Klage als in der Zeit vor Einführung der Ensemble-Prognosen.

Einige Mathematiker sind der Ansicht, der Einfluss von Chaos auf die Wettervorhersage werde übertrieben, da die meisten Fortschritte bei der Wettervorhersage seit den 1980er-Jahren das Ergebnis weitaus detaillierterer mathematischer Modelle und leistungsfähigerer Computer seien, auf denen man sie laufen lassen könne. Es gibt jedoch keinen Zweifel, dass sämtlichen Wettermustern die chaotische Natur des Wettersystems zugrunde liegt.

Das Wetter ist ein reales Muster, das einen großen Einfluss auf unser Leben ausübt. Beim nächsten Beispiel handelt es sich hingegen um ein imaginäres Muster, das nichtsdestotrotz für die Entwicklung der modernen Zivilisation eine große Rolle gespielt hat: die Zahlengerade.

«CHAOS IST GESETZLOSES VERHALTEN, DAS VOLLSTÄNDIG VON GESETZEN BESTIMMT WIRD.» IAN STEWART

7
ZAHLENGERADE

Georg **Cantor**
1845–1918

MATHEMATISCHE MUSTER

Eine Zahlenreihe – eine Folge von Zahlen, die einer einfachen Regel gehorcht, z. B. das Hinzufügen von 1 zur vorherigen Zahl – ist trotz ihrer scheinbaren Einfachheit ein bemerkenswert starkes Muster. Sie bildet den Kern der Mengenlehre, der Arithmetik und sogar der Mathematik des Unendlichen. Vor Erfindung des Taschenrechners war sie in anspruchsvollerer Form Grundlage für ein leistungsstarkes Instrument von Wissenschaftlern und Ingenieuren – den Rechenschieber. Erweitert man die Zahlengerade auf höhere Dimensionen, kommt man zu komplexen Zahlen, die sich von unschätzbarem Wert für mathematische Berechnungen erwiesen haben, und wenn man über die ganzen Zahlen und Brüche hinausgeht, wird man auf Zahlenreihen geführt, die hinter geometrischen und natürlichen Mustern stecken.

EIN UNENDLICHES LINEAL

Mit dem Lineal begegnen wir einem der ersten wissenschaftlichen Geräte, denen eine Regelmäßigkeit zugrunde liegt. Es ist in gleichen Abständen mit 1, 2, 3 usw. markiert. Dies ist ein kleiner Ausschnitt eines leistungsfähigen abstrakten Konzepts der Mathematik – ein unendlich langes Muster namens Zahlengerade. Stellen Sie sich eine Linie vor, die sich von Ihrem aktuellen Standort bis in den Weltraum erstreckt. Beschriften Sie Ihren Standort mit 0 und fahren Sie dann mit ganzen Zahlen 1, 2, 3 usw. fort, bei denen Sie auf der Linie eine Markierung setzen. Dies ist die Grundlage für den Aspekt der Mathematik, von dem wir am meisten Gebrauch machen – die Arithmetik.

MENGEN: Eine Menge ist ein mächtiges Hilfsmittel der Mathematik. So nennt man eine Zusammenfassung von Objekten, die gegenständlich sein können (z. B. Orangen) oder rein mathematisch (z. B. Zahlen).

Man sieht das am besten, indem man an die einfachsten Operationen der Arithmetik denkt: Addition und Subtraktion. Stellen Sie sich vor, Sie wollten 9 und 5 addieren. Was bedeutet das? In der realen Welt könnten Sie 9 Äpfel haben. Ein Freund gibt Ihnen 5 weitere dazu. Addition ist die Aktion des Zusammenlegens dieser beiden Mengen von Äpfeln. (Behalten Sie das Wort «Menge» im Gedächtnis, da wir darauf zurückkommen werden.) Wenn Sie jetzt wieder Ihre Äpfel zählen, erhalten Sie 14. Die Leistung der Mathematik besteht darin, von der Realität zu abstrahieren und ein allgemeines Muster für alle ähnlichen Aufgaben bereitzustellen.

«DIE MENSCHEN DER ANTIKE HABEN ARITHMETIK DURCH GEOMETRIE BETRIEBEN. WENN EINE ZAHL ALS EINFACH ANGESEHEN WURDE, DANN WAR SIE EINE STRECKE.»

LEWIS CAMPBELL

Zahlengerade, arithmetisch betrachtet
Auf der Zahlengeraden bedeutet Addieren einfach, die entsprechende Anzahl Schritte nach rechts zu gehen.

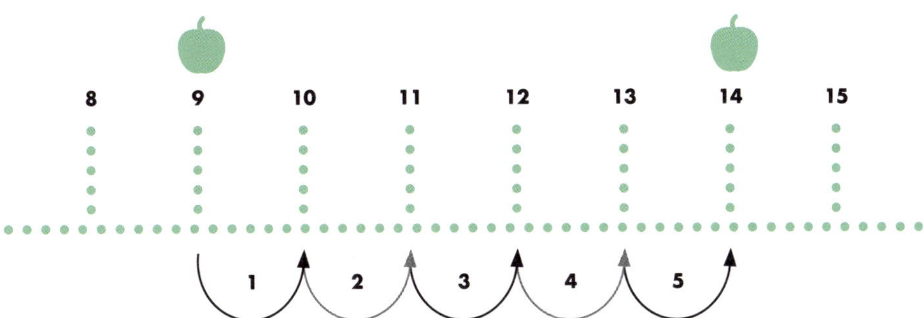

Die Zahlengerade liefert den Mechanismus für die Arithmetik. Wenn Sie bei 9 auf der Linie beginnen und 5 Markierungen nach rechts gehen, kommen Sie bei 14 an. Um diese Addition durchzuführen, mussten Sie also nur 5 Schritte der Linie entlanggehen. Es handelt sich lediglich um eine Verschiebung im Muster. In ähnlicher Weise kehrt die Subtraktion diesen Prozess um. Wenn Ihnen jemand 10 Äpfel stiehlt, sind noch 4 übrig. Auf der Zahlengeraden beginnen Sie bei 14 und bewegen sich 10 Markierungen nach links und erreichen die 4. Mit der Verschiebung nach links begegnen wir einem völlig neuen Konzept. Beim Gang nach rechts – Addieren – ist die Zahlenreihe endlos. Wenn es eine größte Zahl gäbe – nennen wir sie Das Ende –, könnte man immer noch eine Markierung weiter ziehen, zu Das Ende + 1. Wenn man von der 1 eine Markierung nach links zieht, trifft man auf die 0, wo die Linie ursprünglich begann.

An dieser Stelle geht die Zahlengerade über die Realität hinaus und zeitigt dadurch wertvolle Ergebnisse. Wenn man nur einen Apfel hatte und ihn verschenkt, bleibt keiner mehr (0); dann ist es sinnlos zu fragen, was das Ergebnis wäre, wenn man einen weiteren Apfel verschenkt. Aber in der Mathematik ist es ertragreicher, sich vorzustellen, dass die Gerade auch nach links immer weitergeht, so wie nach rechts. Wieder gibt es Markierungen für jede ganze Zahl. Um jedoch anzuzeigen, dass wir uns links von der Null befinden, setzen wir ein Minuszeichen (–) davor. Wir haben also –1, –2, –3 und so weiter. Nun können wir uns auf der ganzen Zahlengeraden nach links und rechts bewegen und damit Addieren und Subtrahieren.

Die abstrakte Skulptur in Form einer Lemniskate ruft ein Gefühl von Unendlichkeit hervor.

BIS ANS ENDE GEHEN

Das Muster der Zahlenreihe endet nie. Die meisten Kinder greifen jedoch die Idee auf, dass es ein Ende gibt. Es kommt vor, dass ein Kind eine ganze Reihe von immer größeren Zahlen aufsagt, bevor es stolz verkündet: «Unendlich!» Dies ist tatsächlich das Ende der Zahlengeraden, aber wie kann man die Tatsache, dass die Reihe ein Ende hat, damit vereinbaren, dass es keine größte Zahl gibt?

In Wirklichkeit ist «unendlich» gar keine Zahl. Es ist eher ein Ziel als eine Stelle auf dem sich wiederholenden Muster der Zahlengeraden. In der Schule haben Sie vielleicht das Unendliche als liegende 8 dargestellt: ∞, eine sogenannte Lemniskate. Dies ist eine bestimmte Art von Unendlichkeit, die auf den antiken griechischen Philosophen Aristoteles zurückgeht. Von ihm stammt eine hübsche Veranschaulichung der Natur der Unendlichkeit mithilfe der Olympischen Spiele.

Aristoteles fragte: «Sind die Olympischen Spiele real?» Natürlich sind sie es. «Dann», bohrte Aristoteles nach, «zeigen Sie mir diese Olympischen Spiele.» Und genau dies kann man nicht, es sei denn, man befindet sich zu einer bestimmten Zeit an einem bestimmten Ort. Es gibt ein Muster für die Existenz der Olympischen Spiele, aber an unserem Standort in diesem Muster können wir sie nicht sehen. Aristoteles beschrieb Unendlichkeit als eine *Möglichkeit*. Ewas Mögliches kann man nicht zeigen, aber es hat das Potenzial zu existieren, und wir können es nutzen, sobald wir ein weiteres Merkmal der Zahlengeraden einführen – Brüche.

Statt die Zahlengerade in ganzzahlige Abschnitte zu unterteilen, kann man jeden Abschnitt der Geraden in kleinere Teile zerlegen. Und das potenziell Unendliche des Aristoteles erlaubt dann etwas Überraschendes.

Stellen Sie sich vor, Sie würden einen Schritt nach rechts gehen, von 0 nach 1. Dann machen Sie einen halben Schritt von 1 nach 1 1/2. Dann halbieren Sie nochmals die Schrittlänge und gehen von 1 1/2 nach 1 3/4. Und immer so weiter. Wo landen wir auf dem Weg zum potenziell Unendlichen? Man könnte es für natürlich halten, dass man mit einer unendlichen Anzahl von Schritten das Ende der Geraden erreicht. Doch so wie wir die Schrittlänge reduzieren, kommen wir nie über die 2 hinaus. Der Grenzwert der Summe 1 + ½ + ¼ … ist 2. Praktisch können wir die 2 nie erreichen, aber diese potenziell unendliche Zahlenmenge, die durch ∞ dargestellt wird, würde uns zur 2 führen.

Dies ist ein bemerkenswertes Denkmuster, das eng mit einer Methode zusammenhängt, die einem Großteil der mathematischen Analysis beim sogenannten Integrieren zugrunde liegt; durch Integration berechnet man Flächeninhalte oder die von Kurven überstrichenen Flächen. Um zum Beispiel den Flächeninhalt eines Kreises zu berechnen, können wir uns vorstellen, den Kreis in regelmäßige Abschnitte zu unterteilen. Jeder Abschnitt ist näherungsweise ein Dreieck, und dessen Flächeninhalt ist leicht zu berechnen. Um zum exakten Resultat für den Kreisinhalt zu kommen, stellen wir uns eine Unterteilung mit immer mehr und immer schmaleren Dreiecken vor. Im Grenzwert von unendlich vielen, unendlich schmalen Abschnitten kommen wir dann zum Flächeninhalt des Kreises.

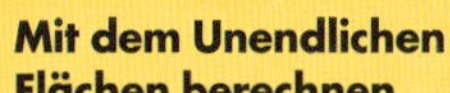

Mit dem Unendlichen Flächen berechnen
Näherung für den Flächeninhalt eines Kreises durch die Unterteilung in Kreissektoren. Je dünner die Sektoren sind, desto mehr ähneln sie einem Dreieck.

AUF INS EXPONENZIELLE

Das Muster der Zahlengeraden weist gleich große Inkremente auf – identische Schritte von 1 bis 2 bis 3 und so weiter. Aber im 17. Jahrhundert erkannte man, dass man durch stetig wachsende Schritte eine Zahlenreihe erzeugen konnte, die die größte praktische Schwierigkeit der Zahlengeraden ausräumte – Multiplizieren. Multiplikation ist mühsam, und Division geradezu schmerzhaft. (Manch einer erinnert sich vielleicht noch an die Schulzeit, wo mühseliges schriftliches Dividieren ohne Taschenrechner verlangt wurde.)

Die Multiplikation auf einer herkömmlichen Zahlengeraden besteht aus wiederholtem Addieren. Um 5 mit 4 zu multiplizieren, bewegt man sich auf der Zahlengeraden 5 Viererschritte nach rechts (oder um 4 Fünferschritte). Aber das ist nicht nur langsam, es wird auch schwierig, wenn man die ganzen Zahlen verlässt. Man kann zwar problemlos beispielsweise 3,7 zu 4,2 addieren, aber 3,7 mit 4,2 durch wiederholte Addition zu multiplizieren, erfordert schon sehr viel Fantasie.

Im Jahr 1864 fand der englische Mathematiker John Napier eine Lösung für dieses Problem, die er Logarithmen nannte. Ein Logarithmus macht mithilfe einer alternativen Zahlengeraden aus einer Zahl eine andere. Auf dem logarithmischen Zahlenstrahl werden die Abstände zwischen den Zahlen immer kleiner.

MIT LOGARITHMEN ARBEITEN

10^1 ist 10, der Logarithmus von 10 ist 1.

10^2 ist 100, also ist log(100) = 2.

Auf einer logarithmischen Skala oder Zahlengeraden ist die erste Markierung rechts von der 0 die 10, die zweite ist 100. Die Zahlen wachsen im Wortsinn exponentiell – ihr Wachstum ist durch einen *Exponenten* bestimmt: die Hochzahl der 10.

Um andere Werte zu erhalten, müssen wir uns von ganzzahligen Exponenten wegbewegen. Zum Beispiel ist $10^{1,5}$ ungefähr gleich 31,6. Man kann jede Zahl, die größer als 0 ist, durch eine Potenz von 10 darstellen. Der Grund, warum Napier diese merkwürdige Zahlengerade erfand, liegt darin, dass man, um zwei Zahlen zu multiplizieren, lediglich ihre Logarithmen addieren muss. Zum Dividieren subtrahiert man die Logarithmen.

Erinnern Sie sich, dass $10^1 = 10$ ist, 10^2 aber gleich 100.

Um 100 zu erhalten, multipliziert man 10 x 10.

Um von 10^1 zu 10^2 zu kommen addiert man 1 + 1 = 2.

Ganz ähnlich beim Multiplizieren von, sagen wir, 10 x 100 = 1000, also 10^3. Wir multiplizieren $10^1 \times 10^2$, das heißt, wir addieren die Exponenten 1 und 2, und erhalten 3.

Ausgangspunkt eines Logarithmus ist seine Basis, normalerweise 10, 2 oder eine Konstante namens e (man benutzt sie, weil sie in der Infinitesimalrechnung wichtig ist). Betrachten wir der Einfachheit halber die Basis 10. Der Logarithmus (kurz «log» geschrieben) zur Basis 10 einer beliebigen Zahl ist die Potenz (Hochzahl), zu der man 10 nehmen muss, um diese Zahl zu erhalten.

Eine gute Möglichkeit, sich das hier vorliegende Muster vorzustellen, besteht darin, sich den Exponenten als Dimension zu denken. Von 1 nach 2 zu gehen, entspricht dem Übergang von einer Linie zu einer Fläche. Der Schritt von 2 nach 3 führt uns zu einer dreidimensionalen Gestalt. Man kann sich 0 Dimensionen als Punkt denken, und dies hilft zu verstehen, was der Logarithmus von 1 sein muss. Etwas mit 1 zu multiplizieren, ändert die Zahl nicht. Die Hochzahl 0 zu einem anderen Exponenten zu addieren, verändert den Exponenten nicht. Also ist $1 = 10^0$. Geht man zu 4 und noch höheren Dimensionen über, oder sogar zu negativen oder gebrochenen, wird es mit der Vorstellung schwierig, aber für die mathematische Regelmäßigkeit stellt dies kein Problem dar. Zahlen kleiner als 1 erhält man durch Teilen von 1 durch 10^n, und man schreibt 10^{-n}.

Durch Verwendung dieser neuen Unterteilung der Zahlengeraden ließen sich Berechnungen viel einfacher durchführen und Logarithmen blieben in Gebrauch, bis sie in den 1970er-Jahren durch Taschenrechner ersetzt wurden. «Logarithmische Skalen» sind in wissenschaftlichen Diagrammen immer noch üblich, um stark veränderliche Zahlenwerte darzustellen. Kurz nachdem Napier sein Buch über Logarithmen veröffentlicht hatte, fand ein weiterer englischer Mathematiker einen Weg, um diese neue Ordnungsstruktur der Zahlengeraden aus der Welt der Theorie in die Wirklichkeit eines realen Instruments zu überführen.

Wer sich noch an die Zeit vor den elektronischen Taschenrechnern erinnert, wird wahrscheinlich mit dem Rechenschieber vertraut sein: seinerzeit das Ehrenabzeichen jedes Ingenieurs. Diese Erfindung stammt aus den 1620er-Jahren, als William Oughtred den logarithmischen Zahlenstrahl auf ein Paar Holzlineale übertrug und sie gegeneinander verschob, um Berechnungen durchzuführen.

«LOGARITHMEN, JENE ZAHLEN, DIE SO WICHTIG SIND, WEIL SIE DIE ARBEIT MÜHSAMER BERECHNUNGEN VERRINGERN.» THOMAS THOMSON

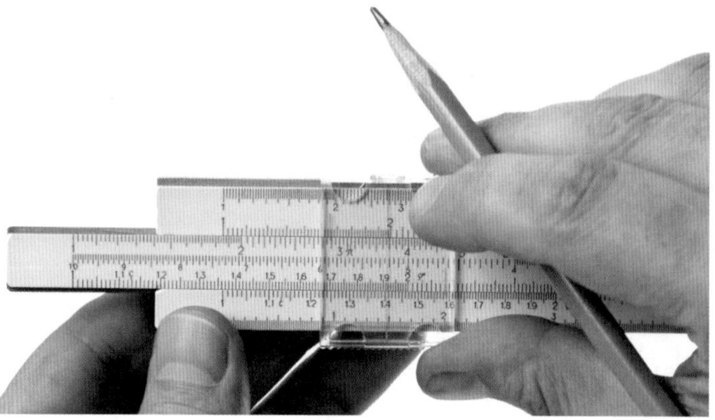

Der Rechenschieber machte die Stärke der Logarithmen für schnelle, wenn auch nur approximative Berechnungen unter Wissenschaftlern und Ingenieuren verfügbar.

Der Rechenschieber besteht aus zwei fest angeordneten logarithmischen Linealen und einem dritten zwischen den beiden, das in beide Richtungen verschiebbar ist. Über den dreien gibt es einen transparenten Schieberegler, mit dem man einen feinen senkrechten Strich als Markierung über die Lineale bewegen kann.

Es ist die Interaktion zwischen den drei verschiedenen Zahlenstrahlen, die den Rechenschieber funktionsfähig macht. Um die oben erwähnte Multiplikation von 3,7 mit 4,2 zu realisieren, würde man die mittlere Zunge so weit schieben, bis ihre 1 unter der 3,7 des oberen Lineals steht. Dann bewegt man die Markierung, bis sie über der 4,2 der mittleren Zunge steht. Auf dem unteren Lineal lässt sich dann die Antwort 15,5 ablesen. Das Resultat ist zwar nur näherungsweise korrekt, aber für praktische Zwecke gut genug, und vor allem viel schneller zu erhalten als mit schriftlicher Multiplikation.

«WO LEBEN IST, GIBT ES EIN MUSTER, UND WO ES EIN MUSTER GIBT, IST MATHEMATIK.»
JOHN D. BARROW

IMAGINÄRE ZAHLEN

Auch bei exponenzieller Verwendung bleibt der Zahlenstrahl ein eindimensionales Muster, zum Beispiel 1, 10, 1000… Bei der Beschreibung physikalischer Prozesse ist es jedoch häufig nützlich, dieses Muster auf zwei Dimensionen zu erweitern, zum Beispiel bei der Darstellung des Verhaltens einer Welle. Dies ließ sich durch die Einführung imaginärer Zahlen erreichen.

Mathematik spielt sich nicht in der physischen Welt ab. Im mathematischen Universum ist alles möglich, solange der Mathematiker die Regeln befolgt. Wir haben dies bei den negativen Zahlen kennengelernt, aber sie standen nur am Beginn von Exkursionen, die die Mathematik immer weiter von der Realität entfernen. Und doch erweisen sich manche dieser Ausflüge überraschenderweise als äußerst gewinnbringend.

Imaginäre Zahlen sind das Ergebnis der Frage: «Welche Zahl ergibt, mit sich selbst multipliziert, eine negative Zahl?» Solche Zahlen gibt es in der Realität nicht. Wenn Sie eine positive Zahl mit sich selbst multiplizieren, erhalten Sie eine positive; und wenn Sie eine negative Zahl mit sich selbst multiplizieren, ergibt sich ebenfalls eine positive. Also haben Mathematiker eine Zahl erdacht, die mit sich selbst multipliziert -1 ergibt. Diese Zahl wird mit i bezeichnet. Damit kann man beliebige imaginäre Zahlen darstellen, zum Beispiel $2i$ oder $-0{,}4i$.

Zunächst waren imaginäre Zahlen eine mathematische Neuheit. Doch erkannte man bald, dass sie ihr eigenes Zahlenschema bilden, das von der reellen Zahlengeraden völlig verschieden ist. Dies kann zweidimensional durch zwei senkrechte Zahlengeraden dargestellt werden, die sich bei 0 kreuzen. Damit ergibt sich ein Schema, das jeden Punkt in

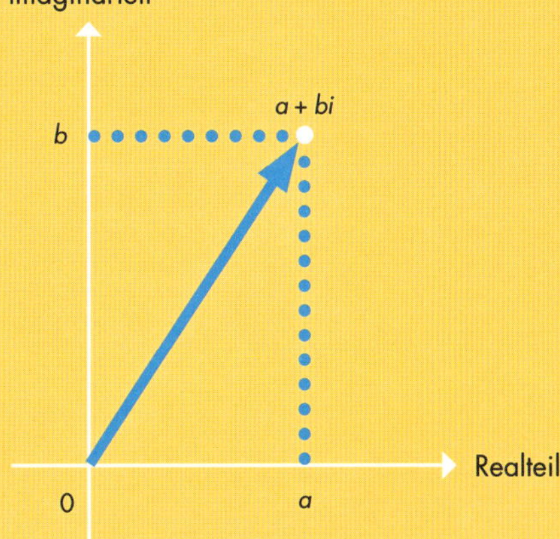

Komplexe Zahlen
Indem man auf einer Achse reelle und auf einer dazu senkrechten Achse imaginäre Zahlen abträgt, erhält man komplexe Zahlen als Punkte in der Ebene.

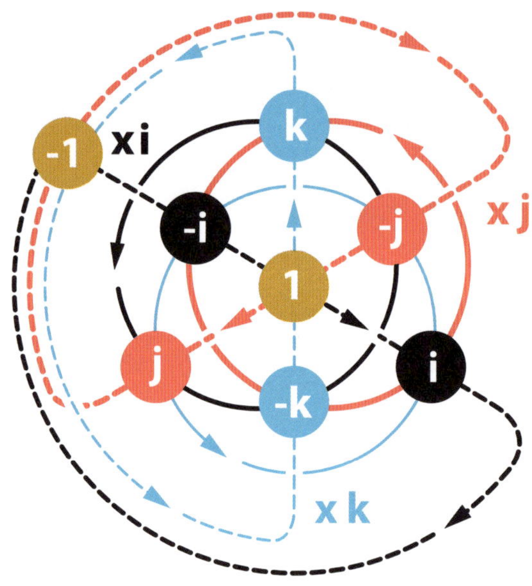

Quaternionenmultiplikation
Bei Quaternionen handelte es sich zwar um eine wertvolle Erweiterung der komplexen Zahlen, aber mit ihnen zu rechnen war schwierig, wie diese Abbildung der wechselseitigen Abhängigkeit der vier Einheiten bei Multiplikation zeigt.

der zweidimensionalen Ebene abdeckt, dargestellt durch eine «komplexe Zahl», die einen Real- und einen Imaginärteil hat, zum Beispiel 3 + 4*i* oder 2 – 3*i*. Komplexe Zahlen eignen sich ideal zur Darstellung von Wellen, weswegen sie in Physik und Elektrotechnik weit verbreitet sind.

Im 19. Jahrhundert wurde das Konzept um ein möglicherweise noch nützlicheres Muster erweitert, das als Quaternion bezeichnet wird und aus drei imaginären und einer reellen Einheit besteht, wodurch man ein vierdimensionales Muster erhält. Das mag wie eine sinnlose mathematische Spielerei erscheinen; Mathematiker verwenden ja gerne Tausende von Dimensionen für ihre Berechnungen, wenn es nützt. Die Quaternionen stehen jedoch für die drei räumlichen Dimensionen und die Zeit, spiegeln also viele physikalische Prozesse in der realen Welt wider.

Quaternionen erwiesen sich ohne Computer als schwierig handhabbar (Das obige Diagramm zeigt, welche komplexen Operationen erforderlich sind, um Quaternionen zu multiplizieren) und die Idee wurde zugunsten eines flexibleren mehrdimensionalen Ansatzes namens Vektorrechnung verworfen, der heute verwendet wird. Allerdings haben die Quaternionen demonstriert, wie Zahlengeraden über eine einzige reale Dimension hinausgehen und dennoch nützlich sein können.

AUF FIBONACCIS SPUREN

Eine der bekanntesten Zahlenreihen ist die Fibonacci-Folge, benannt nach dem italienischen Mathematiker Leonardo da Pisa, Spitzname Fibonacci, eine Kontraktion von *Filius Bonacci* (Sohn des Bonacci). Er lebte im 12. Jahrhundert. Fibonaccis größter Beitrag war die Popularisierung einer neuen Schreibweise für Zahlen in der westlichen Welt. Zu jener Zeit wurden die unhandlichen römischen Zahlzeichen standardmäßig verwendet; zum Beispiel das Addieren von XIV und VI (14 + 6) war in dieser Schreibweise alles andere als trivial. In einem Buch demonstrierte Fibonacci die Flexibilität und Kraft des hindu-arabischen Zahlensystems, das bereits in arabischen Ländern in Gebrauch war. Es enthielt die Null (für die es kein römisches Zahlzeichen gab), sowie Symbole für die ganzen Zahlen von 1 bis 9, und es verwandte ein Stellenwertsystem, um Potenzen von 10 anzuzeigen. In demselben Buch, dem *Liber Abaci* (Buch der Berechnung), stellte Fibonacci allerdings auch eine seltsam aussehende Zahlenfolge vor, die heute Fibonacci-Folge heißt. Statt der vertrauten Folge 0, 1, 2, 3, 4… beginnt diese Zahlenreihe mit 0, 1, 1, 2, 3, 5, 8, 13, 21…, wobei jede Zahl (nach den ersten beiden) durch Addition der beiden vorhergehenden erzeugt wird.

Fibonacci führte die Folge als das von Zuchtkaninchen erzeugte Fortpflanzungsmuster ein. In diesem Modell brauchen die Kaninchen einen Monat, bis sie geschlechtsreif sind. Jedes geschlechtsreife Paar produziert jeden Monat ein geschlechtsgemischtes Paar, und es sterben

Fibonaccis Kaninchen
In jeder Generation wird ein Pärchen geschlechtsreif (durch farbige Punkte markiert) und ein geschlechtsreifes Paar bekommt Junge.
(siehe Seite 148).

keine Kaninchen. Diese Annahmen sind zwar nicht realistisch, aber sie waren doch ein erster Versuch, eine mathematische Gesetzmäßigkeit auf eine Population anzuwenden. Im ersten Monat hat man ein Paar Kaninchen: 1 Paar. Im nächsten Monat werden sie geschlechtsreif: Es ist immer noch 1 Paar. Im folgenden Monat bekommen sie Junge, also gibt es jetzt 2 Paare. Einen Monat später bringen sie ein weiteres Paar zur Welt, während die ersten Jungen geschlechtsreif werden. Nun haben wir 3 Paare. Im nächsten Monat werden es 5 Paare und so weiter.

Obwohl die Folge keine realen Populationen modellieren kann, taucht sie in der Natur auf. Das Muster spiegelt ganz gut die Art und Weise wider, wie einige biologische Prozesse sich im Laufe der Zeit entwickeln, zum Beispiel folgt die Verteilung der Samen im Kopf einer Sonnenblume einer Fibonacci-Folge. Das gleiche sichtbare Muster lässt sich geometrisch darstellen, indem man die Folge in zwei Dimensionen als angenäherte «goldene Spirale» zeichnet, die bei jeder Viertelumdrehung im der Folge entsprechenden Verhältnis wächst. Dieses Muster findet man in der Natur vor, zum Beispiel im Gehäuse des Gemeinen Perlboots (ein Kopffüßer), sowie auch in den Proportionen von Spiralgalaxien.

DONUTS UND HENKELBECHER: In der Topologie gelten zwei Objekte als identisch, wenn das eine allein durch Verformen ohne Zerreißen in das andere überführt werden kann. Damit ist ein Donut topologisch von einer Tasse mit Henkel nicht zu unterscheiden.

EIN VERZWICKTES PROBLEM

Wir können die Variationen der Zahlengeraden verlagern in die Mathematik der Verzerrung vieldimensionaler Gebilde – die Topologie. Eines der Untergebiete ist die Knotentheorie, die uns zu einer neuen, wieder anderen Variante der Zahlengeraden führt. Mathematische Knoten unterscheiden sich von realen insofern, als die «Schnüre», aus denen sie geknüpft sind, keine Enden haben, bzw. als miteinander verklebt gelten. Die Knotentheorie bringt eine schnell anwachsende Zahlenfolge hervor, die die zahlreichen Muster widerspiegelt, die sich für jede vorgegebene Anzahl von «Kreuzungen» ergeben (darunter versteht man, wie oft die Schnur im Knoten sich selbst überkreuzt.)

Die Zahlenfolge der Knotentheorie durchläuft die Anzahl der Kreuzungen (hier von 0 bis 9) 1, 0, 0, 1, 1, 2, 3, 7, 21, 49, 165, … und zählt die Anzahl verschiedener Knoten mit der jeweiligen Kreuzungszahl. Hier ergibt sich das Muster aus den topologischen Erfordernissen beim Operieren in drei Dimensionen. Die Folge beginnt mit einem Sonderfall (dem «Unknoten»), einer geschlossenen Schnur ohne Überkreuzungen. Knoten mit nur einer oder zwei Kreuzungen gibt es nicht (daher die beiden Nullen). Der einfachste echte Knoten ist der Kleeblattknoten mit drei Kreuzungen. Ihn gibt es nur in einer einzigen Ausführung; desgleichen gilt für den Knoten mit vier Kreuzungen. Danach steigt die Anzahl der Variationen rapide an.

Knoten und Kreuzungen
Einige der einfachsten mathematischen Knoten.

In ihren Ursprüngen war die Knotentheorie nicht von praktischer Bedeutung – sie war mathematisch interessant, hatte aber keinerlei Anwendungen. Erst im 19. Jahrhundert versuchte der schottische Physiker Lord Kelvin, Atome als Äther-Knoten aufzufassen, aber ohne Erfolg. (Der Äther sollte eine unsichtbare Substanz sein, die den gesamten Raum erfüllt.) Das Gebiet ist im Wesentlichen ein theoretisches Konzept geblieben; allerdings gibt es Anwendungen in der Molekularbiologie.

Die DNA, das Erbgut-Molekül (siehe Kapitel 9), ist ein sehr langes Molekül, das in vielen Zellen die meiste Zeit eng ineinander verschlungen vorliegt. Erst wenn sich eine Zelle teilt, muss die DNA sich entrollen und in zwei Stränge auftrennen und jeweils ein neues Paar identischer Moleküle bilden. Bei diesem Prozess spielen Eiweißverbindungen namens Enzyme eine Rolle, die Teile des Moleküls ausschneiden, entwirren und wieder zusammensetzen. Die Knotentheorie konnte Biologen beim Verständnis dieses Prozesses zu Einsichten verhelfen.

«BEI EINEM KNOTEN MIT ACHT ÜBERKREUZUNGEN, DAS IST EIN KNOTEN DURCHSCHNITTLICHER GRÖSSE, SIND 256 VERSCHIEDENE ‹ÜBER- UND UNTERHAND›-ANORDNUNGEN MÖGLICH.» ANNIE PROULX

AUF DIE MENGE, FERTIG, LOS!

In der Einfachheit der unterschiedlichen Zahlengeraden liegt auch ihre Kraft; sie spiegelt sich in der Grundlage wider, die sowohl den Zahlen als auch der Arithmetik gemein ist: der Mengenlehre.

In der Mathematik ist eine Menge eine bestimmte Art von Muster: eine Gruppe von Objekten, die eine oder mehrere Eigenschaften gemeinsam haben. In der physischen Welt könnte man sich Dinge vorstellen, die orange gefärbt sind, oder alle Dinge, die man am Morgen bemerkt hat. In der Mathematik haben Mengen normalerweise numerische Eigenschaften. So gibt es zum Beispiel die Menge der ganzen Zahlen oder die Menge der Primzahlen. Oft lässt sich ein Teil einer Menge abspalten. Dieser bildet dann eine eigenständige Menge, eine Teilmenge der ursprünglichen Menge, – ein Begriff, der allgemein verwendet wird. So ist zum Beispiel die Menge der geraden Zahlen eine Teilmenge der Menge der ganzen Zahlen.

Mengen werden zur Definition natürlicher Zahlen verwendet, ähnlich dem Vorbild russischer Puppen, wobei jede Definition die vorhergehende umfasst. Die Zahl 0 wird durch die leere Menge dargestellt: eine Menge, in der sich überhaupt nichts befindet, mathematisch mit dem Symbol Ø bezeichnet. 1 ist die Menge, die nur die leere Menge als Element enthält: {Ø}. 2 ist die Menge, die die leere Menge und die Menge, die die leere Menge umfasst, enthält: {Ø,{Ø}}. Und so weiter.

Die Mengenlehre ist die Grundlage der Arithmetik und vieler anderer Aspekte der Mathematik, die die Zahlengerade untermauert. Wir müssen die Mengenlehre nicht im Detail kennen, aber ein nützlicher Aspekt ist die Mächtigkeit oder Kardinalität einer Menge, die ihre Größe beschreibt. Der Begriff ist deshalb so nützlich, weil wir damit herausfinden können, ob zwei Mengen dieselbe Größe haben, selbst wenn man nicht weiß, wie viele Gegenstände genau sich in den Mengen befinden. Zwei Mengen haben definitionsgemäß dieselbe Mächtigkeit, wenn man alle Elemente beider Mengen zu Paaren verbinden, also paarweise einander zuordnen kann.

Ein einfaches Beispiel wäre die Menge der Jahreszeiten und die Menge der Beine meines Hundes. Ich kann jedem Bein eine andere Jahreszeit zuordnen, also weiß ich, dass die beiden Mengen die gleiche Mächtigkeit haben, ohne jemals die Anzahl der Beine zu kennen. Kardinalität ist auch das Konzept, das wir beim Zählen realer Dinge benutzen. Wenn ich zum Beispiel acht Orangen habe, dann meine ich damit, dass ich jeder ganzen Zahl von 1 bis 8 eine Orange zuordnen kann, also hat diese Menge Orangen dieselbe Mächtigkeit wie diese Teilmenge der ganzen Zahlen, eine Aussage, die wir zu «Ich habe acht Orangen» verdichten.

Kardinalität ist essenziell, wenn es um unendliche Mengen geht. Unendlich ist, wie erwähnt, keine Zahl, und wir beschäftigen uns normalerweise mit potenzieller Unendlichkeit. Aber wenn wir jede positive ganze Zahl, sagen wir, auf der Zahlengeraden betrachten, haben wir es mit einer echten unendlichen Menge zu tun. Die Mächtigkeit dieser Menge bezeichnet man mit einem anderen Symbol als der liegenden Acht, nämlich mit $\aleph_0$, was Aleph Null ausgesprochen wird. (Aleph ist der erste Buchstabe des hebräischen Alphabets.)

Das Wissen über Mengen und Mächtigkeit hilft uns, besser zu verstehen, wie Zahlenreihen funktionieren, wenn die gesamte Reihe betrachtet wird und nicht nur ein Teil von ihr. Einige Teilmengen der positiven ganzen Zahlen sind endliche Mengen, zum Beispiel die Menge der ganzen Zahlen zwischen 3 und 47 (oder irgendeinem anderen Zahlenpaar). Andere Teilmengen dagegen sind unendlich, zum Beispiel die geraden Zahlen.

Eine überzeugende Demonstration ist die Menge der Quadratzahlen, also die Quadrate der positiven ganzen Zahlen. Die ganzen Zahlen sind 1, 2, 3, 4…, während die Quadratzahlen 1, 4, 9, 16… lauten. Mit im Endlichen verhafteten Denken scheint es uns, als gäbe es mehr ganze Zahlen als Quadratzahlen, zum Beispiel alle Zahlen wie 2, 3, 5, 6, 7, 8, 10, 11, 12, 13, 14, 15… Doch weil wir es mit Mengen zu tun haben, müssen wir mit Mächtigkeit arbeiten. Die positiven ganzen Zahlen lassen sich eineindeutig mit den Quadratenzahlen paaren. Für jede ganze Zahl existiert eine Quadratzahl, und umgekehrt. Also haben die beiden Mengen dieselbe Mächtigkeit. Zu den Eigenschaften einer unendlichen Menge gehört, dass sie echte Teilmengen mit derselben Mächtigkeit besitzt.

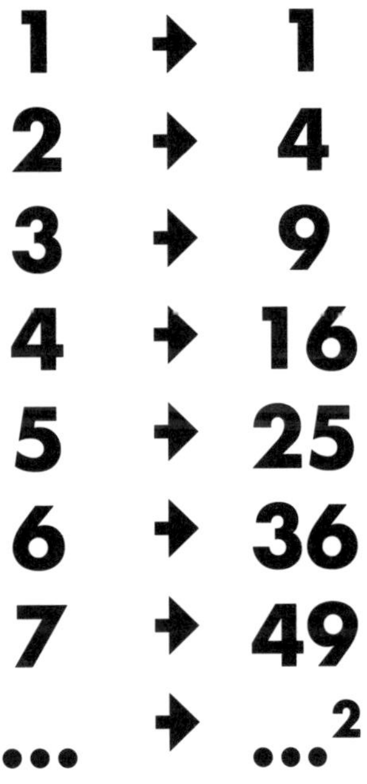

1 → 1
2 → 4
3 → 9
4 → 16
5 → 25
6 → 36
7 → 49
… → …^{2}

Kardinalität zum Quadrat
Jede positive ganze Zahl kann eineindeutig einer Quadratzahl zugeordnet werden. Das bedeutet: Die Menge der natürlichen (positiven, ganzen) Zahlen und die Menge der Quadratzahlen haben dieselbe Mächtigkeit.

SCHIRME FÜR DIE ZAHLENGERADE

Mit dem Konzept der Kardinalität und der unendlichen Mengen stoßen wir auf eines der faszinierenden Paradoxe der unendlichen Zahlengeraden: der Versuch, die Zahlenreihe trocken zu halten. Beginnen wir mit der Menge aller rationalen Zahlen. Rational ist jede Zahl, die sich als eine ganze Zahl geteilt durch eine andere ganze Zahl schreiben lässt. Der deutsche Mathematiker Georg Cantor hat bewiesen, dass diese Menge dieselbe Mächtigkeit wie die ganzen Zahlen hat. Cantor stellte sich eine Tabelle aller möglichen Brüche vor. Dann ersann er ein Verfahren, sie Schritt für Schritt durchzugehen. Wenn man ein solches Verfahren findet, kann man jedem Element in der Tabelle eineindeutig eine ganze Zahl zuordnen; dann haben beide Mengen dieselbe Mächtigkeit.

Schauen wir uns eine Menge an, der wir bereits begegnet sind: die Menge der Brüche, die sich als 1 geteilt durch eine Potenz von 2 schreiben lassen: ½, ¼, 1/8, 1/16… Auch hier können wir diese eins zu eins mit den ganzen Zahlen paaren, also haben die Mengen dieselbe Kardinalität. Aber erinnern Sie sich, dass die unendliche Summe 1 + ½ + ¼ + 1/8 + 1/16… sich zu 2 summiert, also ist die Summe aller oben erwähnten Brüche 1.

Tabelle der Brüche
In den Spalten wächst der Zähler (die obere Zahl), von links nach rechts gelesen, um 1, in den Zeilen, von oben nach unten, nimmt der Nenner (die untere Zahl) um 1 zu (diese Tabelle enthält jeden möglichen Bruch). Manche kommen mehrfach vor, die Werte in der Diagonalen sind alle 1.

1/1	2/1	3/1	4/1	5/1	6/1	7/1	8/1	9/1	10/1	...
1/2	2/2	3/2	4/2	5/2	6/2	7/2	8/2	9/2	10/2	...
1/3	2/3	3/3	4/3	5/3	6/3	7/3	8/3	9/3	10/3	...
1/4	2/4	3/4	4/4	5/4	6/4	7/4	8/4	9/4	10/4	...
1/5	2/5	3/5	4/5	5/5	6/5	7/5	8/5	9/5	10/5	...
1/6	2/6	3/6	4/6	5/6	6/6	7/6	8/6	9/6	10/6	...
1/7	2/7	3/7	4/7	5/7	6/7	7/7	8/7	9/7	10/7	...
1/8	2/8	3/8	4/8	5/8	6/8	7/8	8/8	9/8	10/8	...
1/9	2/9	3/9	4/9	5/9	6/9	7/9	8/9	9/9	10/9	...
1/10	2/10	3/10	4/10	5/10	6/10	7/10	8/10	9/10	10/10	...
...	...	...	...	...	...	...	...	...	...	...

Cantors Verfahren
Ein schrittweiser Weg durch die Tabelle der Brüche. Da man einen solchen Pfad finden kann, haben Brüche und natürliche Zahlen dieselbe Mächtigkeit.

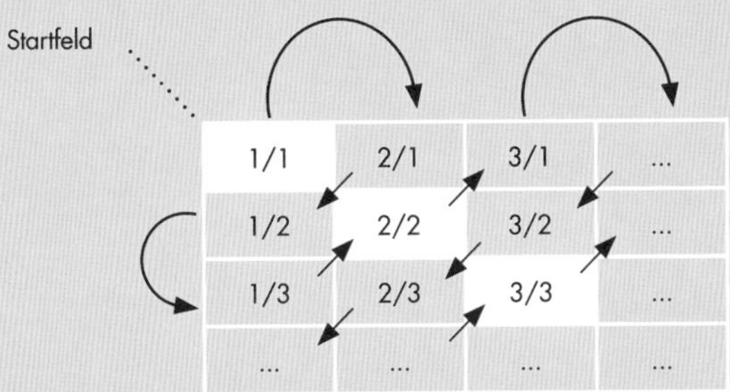

Stellen Sie sich vor, wir wollten die gesamte Zahlengerade vor Nässe schützen. Dazu statten wir jeden Bruch mit einem Regenschirm aus. Der Regenschirm hat eine einfache T-Form. Der erste Regenschirm, den wir ausgeben, überspannt eine halbe Einheit auf der Zahlengeraden. Der zweite ¼, und so weiter. Sobald jeder Bruch einen Regenschirm hat, ist die ganze Zahlenreihe abgedeckt. Ein Regenschirm erstreckt sich zur Hälfte in jede Richtung, so wird zum Beispiel der erste Regenschirm alle Zahlen abdecken, die eine Viertel Einheit links und eine Viertel Einheit rechts von dem senkrechten T-Stab liegen. In jeder Richtung überdeckt der Regenschirm einen anderen Bruch.

Da wir also einen Schirm für jede rationale Zahl ausgegeben haben, sollte die gesamte Zahlengerade von diesen Schirmen abgedeckt sein. Aber denken Sie daran, wie breit die Regenschirme sind. Ihre gesamte Breite bildet die unendliche Reihe ½ + ¼ + 1/8 + 1/16… Also können diese Regenschirme höchstens eine Strecke der Länge 1 abdecken. Eine Menge von Elementen mit einer Gesamtbreite von nur 1 schafft es, eine Linie zu überdecken, die sich bis ins Unendliche erstreckt! Deswegen ist Unendlichkeit so verwirrend.

Die Zahlengerade erscheint auf den ersten Blick als einfaches Werkzeug zum Addieren, steht aber für weit mehr. Die Art und Weise, wie etwas scheinbar Einfaches unser Verstehen verändert, ist auch bei unserem nächsten Muster wirksam, das als Kladogramm bezeichnet wird. Es spiegelt die genetischen Zusammenhänge in der belebten Natur wider.

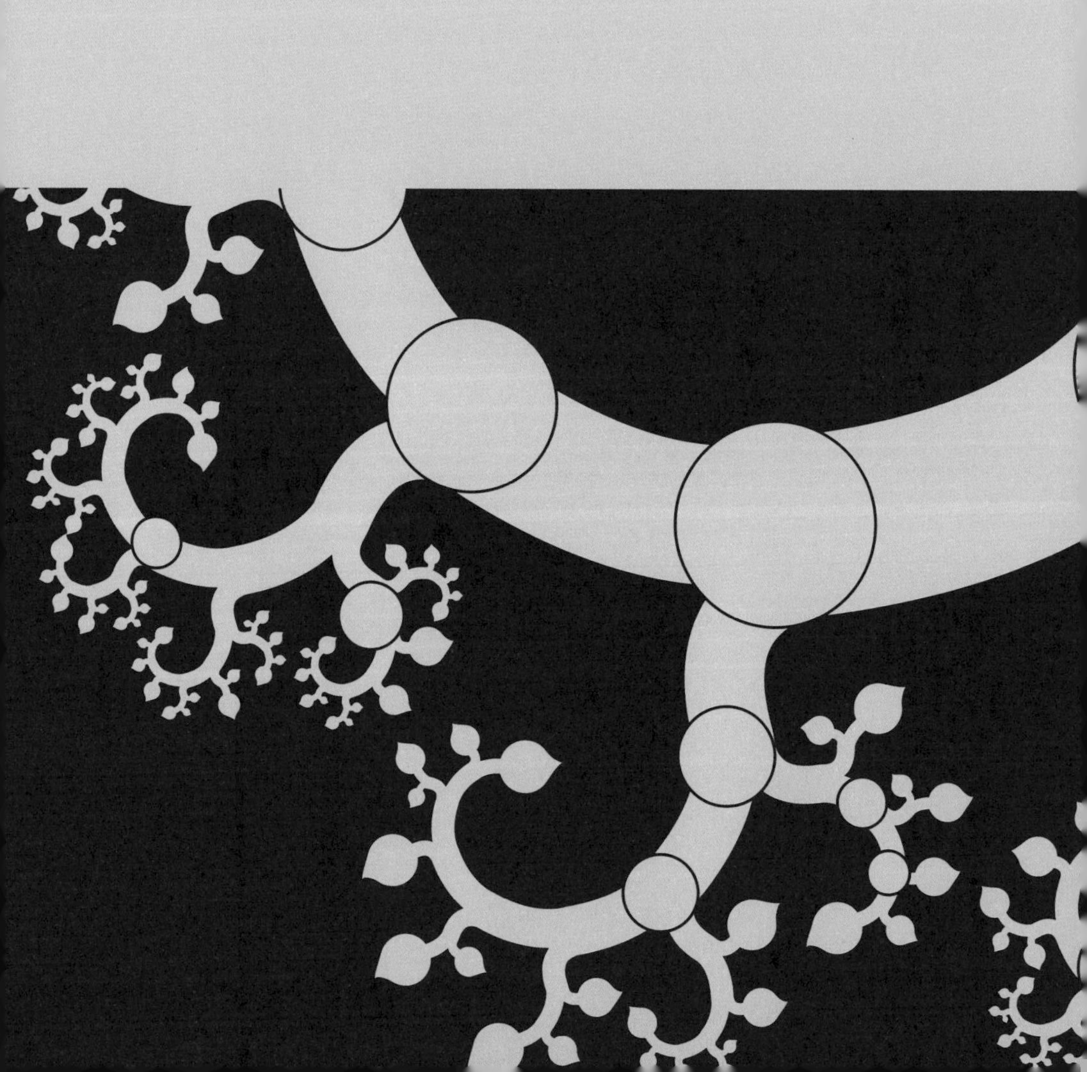

8
KLADOGRAMME

Charles **Darwin**
1809–1882

DIE VERZWEIGUNGS-MUSTER DER EVOLUTION

Als Charles Darwins bahnbrechendes Werk *Über die Entstehung der Arten* 1859 veröffentlicht wurde, wies es nur eine einzige Abbildung auf. Das baumartige Diagramm, das vom Boden der Seite emporwuchs, zeigte, wie Ähnlichkeiten zwischen Arten (Spezies) auf einen gemeinsamen Vorfahren hinweisen. Diese ursprüngliche Zeichnung war eine grobe Skizze, nicht mehr als eine Reihe von Linien, doch als die grundlegende Natur der Evolution immer deutlicher wurde, entwickelte sich die Komplexität derartige Diagramme weiter. Einige, wie diejenigen, die der deutsche Naturforscher Ernst Haeckel entwarf, hatten die Form eines echten Baumes mit beschrifteten Zweigen, während andere weitaus abstrakter waren. Bei allen ging es jedoch darum, die verwandtschaftlichen Beziehungen zwischen verschiedenen Arten deutlich zu machen. Solche Stammbäume erfüllen noch immer ihren Zweck, doch unser Verständnis der Zusammenhänge hat sich durch die Einführung des Kladogramms gewandelt, einer späteren Form der Stammbaumdarstellung, die anhand genetischer Daten darstellt, wie sich Arten im Lauf der Zeit herausgebildet haben. Kladogramme verdeutlichen das Muster der Evolution.

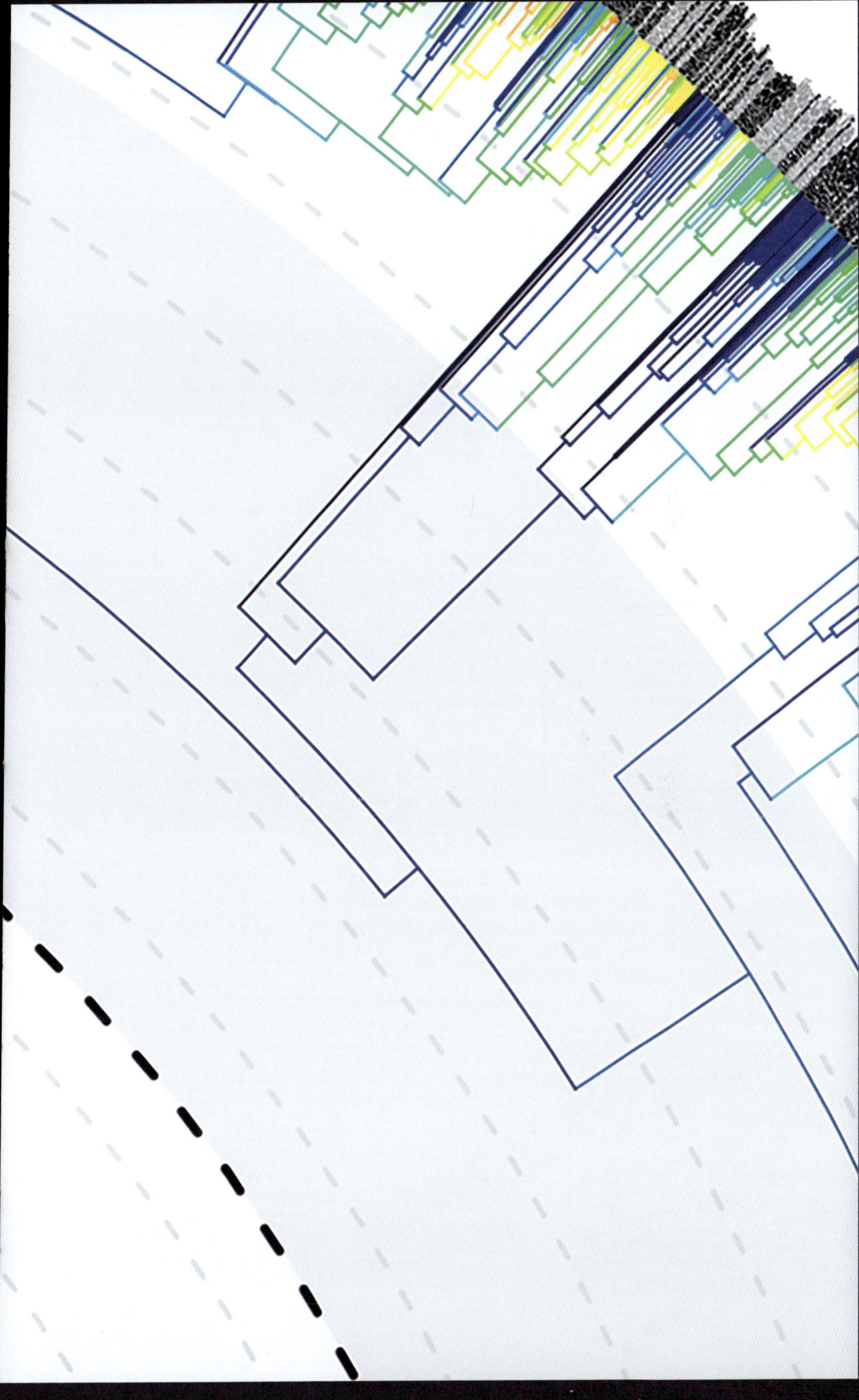

DIE EVOLUTION GEMÄSS DARWIN

Um das entscheidende Diagramm zu verstehen, das das Muster der Naturgeschichte darstellt, müssen wir uns zunächst mit der Entstehung des Konzepts der Evolution beschäftigen, das ihm zugrunde liegt. Das Kladogramm beruht auf der Art und Weise, wie sich verschiedene Arten aus einem gemeinsamen Vorfahren entwickelt haben. Für Charles Darwin begann alles mit Käfern und Steinen. Darwins Eltern hätten gern gesehen, wenn er Arzt geworden wäre, aber nach zwei unglücklichen Jahren als Medizinstudent im schottischen Edinburgh wechselte Darwin an die Cambridge University in England. Hier wollte er sich eigentlich auf Theologie spezialisieren, doch seine Faszination für Insekten und neue Erkenntnisse über das Alter der Erde drängte ihn in eine völlig andere Richtung.

Zu Beginn des 19. Jahrhunderts wurde allgemein angenommen, die Erde sei vor rund 6000 Jahren geschaffen worden und Veränderungen der Erdoberfläche seien von Katastrophen wie der biblischen Sintflut hervorgerufen worden. Ein neueres Konzept – der Aktualismus – ging jedoch von einer Welt aus, die sich im Lauf von Millionen Jahren allmählich verändert hatte.

AKTUALISMUS – früher auch als Uniformitarianismus bezeichnet: Die Vorstellung, dass die irdischen Strukturen das Ergebnis langfristiger, kontinuierlich wirkender Prozesse sind, statt von einzelnen, dramatischen Ereignissen, wie die konkurrierende Katastrophentheorie annahm.

Darwins Lehrer, der Botaniker und Geologe John Henslow, war aufgefordert worden, als Naturforscher an Bord der *HMS Beagle* zu gehen, die 1831 nach Südamerika auslaufen und fünf Jahre lang wissenschaftliche und vor allem geografische Untersuchungen betreiben sollte. Henslows Frau war von den Reiseplänen ihres Mannes jedoch nicht begeistert, daher überzeugte Henslow den Kapitän der *Beagle*, Robert FitzRoy (der die ersten Wetterprognosen erstellte), an seiner Stelle den jungen Darwin mit auf die Reise zu nehmen. Die Erfahrungen, die Darwin auf dieser Reise sammelte, sollten der Auslöser für seine Evolutionstheorie sein, mit deren Ausformulierung er die nächsten 20 Jahre verbrachte.

Damals ging man davon aus, dass sämtliche existierenden Tier- und Pflanzenarten seit der «Schöpfung», wie es in der Bibel hieß, unverändert geblieben waren. Die fossilen Überreste unbe-

Saumfingerechsen (Gattung *Anolis*) haben in Städten eine rasche evolutionäre Veränderung durchgemacht; dort haben diese Echsen Zehen mit mehr Lamellen als ursprünglich entwickelt, mit denen sie Wände und Fenster besser erklettern können.

Ein Zebrahengst und eine Ponystute können Nachkommen produzieren, die als Zebroide oder Zonies bezeichnet werden. Diese Hybriden sind jedoch nicht fortpflanzungsfähig und bilden keine eigene Art.

kannter Tierarten, auf die man stieß, stammten diesem Konzept zufolge von Tierarten, die während der Sintflut ausgelöscht worden waren; daher wurden Dinosaurier immer wieder als «antediluvianisch» – wörtlich «vorsintflutlich» – bezeichnet. Das war ziemlich kurzsichtig, denn es gab bereits viele Belege dafür, dass selektive Zuchtwahl bei domestizierten Tieren und kultivierten Pflanzen zu dramatischen Veränderungen führen konnte. Es sollte daher eigentlich kein allzu großer gedanklicher Sprung gewesen sein, sich vorzustellen, dass natürliche Einflüsse Effekte produzieren können, die durch natürliche Selektion im Lauf der Zeit zur Bildung neuer Arten führen können, so wie die künstliche Zuchtwahl durch menschliche Intervention zur Bildung neuer Rassen bzw. Sorten führte.

FOSSILIENBILDUNG: Zur Bildung von Fossilien kann es auf unterschiedliche Weise kommen. In den meisten Fällen geschieht dies, wenn im Wasser gelöste Mineralien in den Kadaver einsickern, dessen Weichteile ersetzen und ihn so allmählich versteinern lassen.

Ohne die Vorstellung, dass sich aus einem gemeinsamen Vorfahren verschiedene Tier- bzw. Pflanzenarten entwickeln können, wäre die Idee eines Stammbaums der Arten sinnlos – es ergäbe sich lediglich ein Satz paralleler Linien. Auf seiner Reise konnte Darwin jedoch mit eigenen Augen sehen, auf welche Weise sich verschiedene Tier- und Pflanzenarten rund um die Welt unterscheiden und sich überlegen, wie es zu diesen Unterschieden kommen konnte. Vor allem wurde ihm klar, dass isolierte Inseln es Arten unmöglich machten, in eine besser geeignete Umgebung abzuwandern, was heißt, dass sich eine Art, die sich nicht anpassen konnte, nicht lange überleben würde.

DIE REVOLUTION DER EVOLUTION

Ein Schlüsselerlebnis war für Darwin, die Variationen von Vogel- und Schildkrötenarten der verschiedenen Galápagosinseln zu sehen; das brachte ihn auf die Idee, dass eine auf einer Insel isolierte Art sich allmählich veränderte und an die speziellen Bedingungen ihrer Umwelt anpasste, um ihre Überlebenschancen zu erhöhen. Das widersprach dem zu seiner Zeit üblichen Denkmuster, das davon ausging, dass Arten seit ihrer Schöpfung unverändert geblieben waren.

ALFRED RUSSELL WALLACE: Im Jahr 1858 erhielt Darwin einen Brief des walisischen Naturforschers Wallace, in dem dieser eine Theorie vorschlug, die derjenigen, die Darwin zwanzig Jahre zuvor entwickelt hatte, sehr ähnlich war. Statt sich um die Priorität zu streiten, veröffentlichten sie ihre Ideen gemeinsam.

Darwin sollte viele Jahre brauchen, um sein bahnbrechendes Werk zu veröffentlichen, doch schon innerhalb eines Jahres nach Reisebeginn experimentierte er mit einer stammbaumartigen Darstellung, um die Verwandtschaftsbeziehungen verschiedener Spezies zu illustrieren. Im Zentrum von Darwins revolutionärem Konzept stand die Idee, dass Lebewesen, die sich individuell unterschieden, Merkmale an ihre Nachkommen weitergeben können. Wenn diese Merkmale das Überleben in einer bestimmten Umwelt (beispielsweise auf einer isolierten Insel) begünstigten, erhöhte dies die Wahrscheinlichkeit, dass sich diese Nachkommen ihrerseits fortpflanzten und diese Merkmale weitergaben, sodass sich eine Art allmählich in eine andere umwandelte.

Darwin hatte damit die eine Hälfte der Lösung gefunden. Er wusste, dass Evolution durch natürliche Zuchtwahl durchaus plausibel war. Damit seine Theorie funktionierte, mussten jedoch drei Voraussetzungen erfüllt sein: Erstens musste es spezifische Merkmale geben, die ein

Darwin- oder Galápagosfinken
Beispiele für unterschiedliche Schnabelformen bei verschiedenen Arten von Darwinfinken (aus Darwins Tagebuch von 1845).
Bei den Arten handelt es sich um:
1 Großschnabel-Grundfink
2 Mittelgrundfink
3 Zwergdarwinfink
4 Waldsänger-Darwinfink

Darwin stellte Variationen in Größe und Panzerform der Schildkrötenarten auf den verschiedenen Galápagosinseln fest, die von der Umwelt abhängig waren. Schildkröten wie diese auf Galápagos heimische Riesenschildkröte können älter als 100 Jahre werden.

Überleben in einer bestimmten Umgebung begünstigten. Diese Voraussetzung wurde von der Natur erfüllt. Zweitens erforderte seine Theorie Variationen zwischen Vertretern derselben Art. Und drittens bedurfte es eines Mechanismus, mit dessen Hilfe sich Merkmale von einer Generation zur nächsten übertragen ließen.

Eine zentrale Rolle bei seinen Überlegungen spielte eine Gruppe von rund 17 Tangarenarten auf den Galápagosinseln, die heute als Darwinfinken bekannt sind. Stellen Sie sich vor, eine Veränderung des Lebensraumes habe den größten Teil der Nahrung, also Samen, nur für diejenigen Finken verfügbar gemacht, die große, kräftige Schnäbel besaßen, um harte Schalen zu knacken. Wenn die Finken unterschiedliche Schnabelgrößen hatten, dann hatten solche mit kräftigen Schnäbeln höhere Überlebens- und damit auch Fortpflanzungschancen. Wenn die Nachkommen dieser Finken ebenfalls mit höherer Wahrscheinlichkeit größere Schnäbel als der Durchschnitt der Finkenpopulation

MERKMALE: Eigenschaften eines Lebewesens, die seine Fähigkeit zu überleben beeinflussen können. Das kann von der Schnabelgröße bis zur Intelligenz reichen.

Die bunt gefärbte Meerechse ist eine nur auf Galápagos vorkommende (endemische) Leguanart. Sie entwickelte sich in dieser speziellen ökologischen Nische und ernährt sich von Algen.

besaßen, würde der Anteil der Finken mit größeren Schnäbeln im Lauf der Zeit immer weiter zunehmen.

Inzwischen ist bekannt, dass die Basis der zweiten und dritten Voraussetzung genetisch bedingt ist: die Variation zwischen Lebewesen und die Weitergabe von Merkmalen von einer Generation zur nächsten. Wie das genau vonstattengeht, wird im nächsten Kapitel diskutiert, wo wir uns mit dem grundlegenden biologischen Informationsspeicher, der DNA, beschäftigen. An dieser Stelle reicht es zu wissen, dass die Evolution zu neuen Arten führen kann, wenn genetische Variation – unterstützt von Faktoren wie einer sich verändernden Umwelt – ein besseres Überleben ermöglicht.

«DIESE ERHALTUNG VORTEILHAFTER INDIVIDUELLER UNTERSCHIEDE UND VERÄNDERUNGEN UND DIESE VERNICHTUNG NACHTEILIGER NENNE ICH NATÜRLICHE ZUCHTWAHL.»

CHARLES DARWIN

DER REGENBOGEN DER EVOLUTION

Manchmal wird die Evolutionstheorie als umstritten dargestellt. Das Grundkonzept, dass sich Arten im Lauf von Generationen verändern und damit veränderte Umweltbedingungen widerspiegeln, ist jedoch nicht mehr als gesunder Menschenverstand. Nicht die wissenschaftliche Erkenntnis ist überraschend, sondern vielmehr, dass es so lange gedauert hat, bis die Evolutionstheorie zu einer gesicherten wissenschaftlichen Erkenntnis wurde.

Es gibt jedoch ein etwas künstliches Ordnungsschema, das noch immer für Verwirrung sorgt, und das ist die Einteilung von Organismen in Arten (Spezies). Selbst viele, die den «Darwinismus» ablehnen, akzeptieren, dass Organismen Merkmale weitergeben können, die ihren Abkömmlingen bessere Überlebenschancen verleihen, argumentieren jedoch, dass dies nur dazu führe, beispielsweise einen Löwen zu einem besseren Löwen oder einen Käfer zu einem besseren Käfer zu machen. Sie akzeptieren derartige evolutionäre Veränderungen innerhalb einer Art, glauben jedoch nicht, dass sich neue Arten entwickeln können, ein Prozess, der sich in den Verzweigungsmustern von Kladogrammen zeigt (siehe Seite 169 und 171).

Zweifler an der Evolutionstheorie haben ein Problem, weil das Konzept der «Art» nicht wirklich wissenschaftlich ist. Es stammt aus der Naturkunde, einem Gebiet, das sich ursprünglich der Katalogisierung von Organismen widmete, statt sich darum zu bemühen, ihre Existenz wissenschaftlich zu erklären. Auch wenn jeder Organismus zur selben Spezies wie seine Eltern gehört, ist es dennoch durchaus möglich, dass

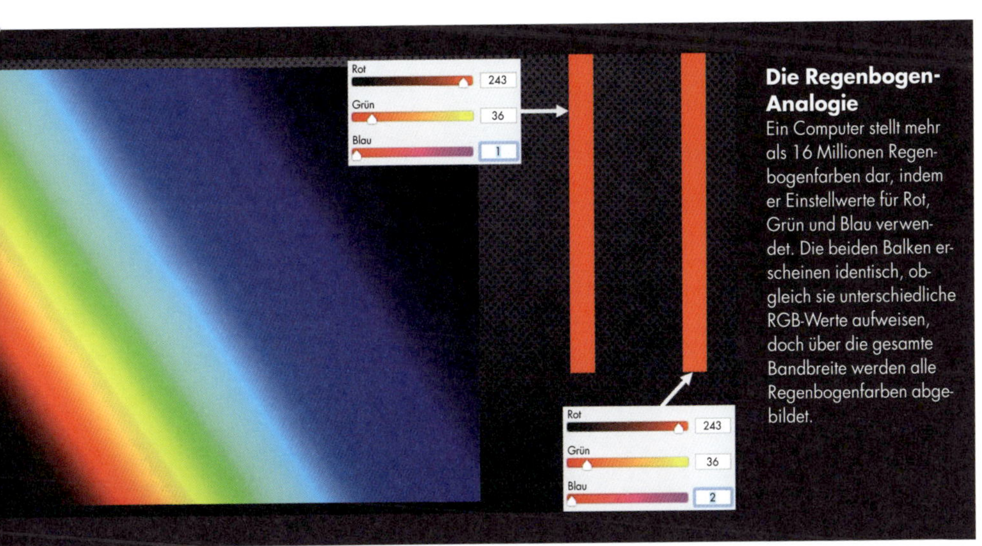

Die Regenbogen-Analogie
Ein Computer stellt mehr als 16 Millionen Regenbogenfarben dar, indem er Einstellwerte für Rot, Grün und Blau verwendet. Die beiden Balken erscheinen identisch, obgleich sie unterschiedliche RGB-Werte aufweisen, doch über die gesamte Bandbreite werden alle Regenbogenfarben abgebildet.

es im Lauf von Generationen zur Umwandlung von Arten kommt. Eine brauchbare Analogie, um dieses Paradox zu verstehen, ist das vertraute Farbmuster eines Regenbogens.

In der Schule lernen wir gewöhnlich, dass ein Regenbogen sieben eigenständige Farben aufweist (Rot, Orange, Gelb, Grün, Indigo, Blau und Violett), Das ist einfach nicht richtig. Diese Vorstellung geht auf Isaac Newton zurück; wahrscheinlich wünschte er sich sieben Regenbogenfarben, um eine Parallele zu den sieben Noten der Tonleiter zu haben. In Wirklichkeit enthält der Regenbogen Milliarden und Abermilliarden von Farben. Selbst auf einem normalen Computer umfasst das verfügbare volle Farbspektrum insgesamt 16,7 Millionen Farben, die zur Auswahl stehen. Stellen Sie sich vor, jede einzelne dieser vielen Farben repräsentiere eine Generation in einer Abstammungsreihe. Wenn wir zwei beliebige benachbarte Farben aus diesen 16,7 Millionen Farben herausgreifen, sind sie ununterscheidbar. Soweit es unsere Augen betrifft, haben sie genau die gleiche Färbung. Ebenso gehören zwei Generationen eines Organismus zur gleichen Art. *Beliebige* zwei Generationen. Doch wenn wir das Farbspektrum weit genug durchwandern, gelangen wir von Rot zu Orange und weiter zu Gelb und so fort. In derselben Weise gelangen wir, wenn wir viele Generationen überblicken, zu gänzlich verschiedenen Arten. Jedes Individuum gehört zur selben Art wie seine Eltern und seine Nachkommen, doch jede Generation weist kleine genetische Unterschiede auf. Im Lauf der Zeit sammeln sich diese an, bis der Unterschied so groß ist, dass eine neue Art entstanden ist. Im Lauf von rund vier Milliarden Jahren, in denen es Leben auf der Erde gibt, hat dieser Prozess die Veränderungen ermöglicht, die von einer Urzelle zu der Vielfalt an Lebensformen geführt hat, die heute unseren Planeten bevölkern.

Hunde veranschaulichen auf dramatische Weise das Ergebnis gezielter Auslese erwünschter Merkmale über Generationen hinweg. Mit der Zeit könnten sich neue Arten entwickeln, doch bislang gehören alle Hunde ein und derselben Art an.

Seescheiden zeigen, dass eine Reaktion auf die Umgebung zur Entwicklung einer weniger komplexen Form führen kann: Das sesshafte erwachsene Tier weist im Gegensatz zu der mobilen Larve keine Gehirnanlage mehr auf.

EIN ZUFALLSMUSTER

Es gibt eine klassische Darstellung, die immer wieder in verschiedenen Zusammenhängen verwendet wird und den Aufstieg des Menschen durch eine Reihe von zielgerichteten Evolutionsschritten zeigt, die vom Affen zum voll entwickelten *Homo sapiens* führen. Diese Darstellung als solche ist völliger Unsinn, denn die Evolution hat kein Ziel. Es gibt kein vorgefasstes Muster in der Evolution, sondern Evolution zeichnet sich gerade durch das Fehlen einer Gesetzmäßigkeit aus: durch Zufälligkeit.

Diejenigen, die Probleme mit der Evolutionstheorie haben, fühlen sich auch häufig unwohl bei der Vorstellung, dass etwas rein zufällig geschehen kann. Das führt uns zu der bereits erwähnten Tatsache zurück, dass Menschen überall nach Mustern suchen, um die Welt um sie herum besser zu verstehen. Wir akzeptieren nicht einfach, dass Dinge geschehen, wir wollen, dass es einen Grund für dieses Geschehen gibt. Wenn Dinge schiefgehen, suchen wir nach jemandem oder etwas, dem wir die Schuld dafür geben können. Wenn die Sache richtig läuft, loben wir die Beteiligten, ohne zu überlegen, dass der Erfolg vielleicht nur einem glücklichen Zufall zu verdanken ist.

Mit unserem nach Mustern suchenden, auf Ergebnisse konzentrierten Gehirn kann es uns leicht passieren, dass wir die Evolution als einen langfristig zielgerichteten Prozess ansehen, aber nichts könnte falscher sein. Tatsächlich *gibt* es eine Richtung im Sinne eines Überlebens der jeweils herrschenden Umweltbedingungen, es gibt jedoch keinen großen Sinnzusammenhang, und die Evolution folgt keinem Konzept einer «Höherentwicklung» im abstrakten Sinn. Es geht stets um kurzfristiges Überleben. Man könnte Evolution als eine Art gerichteter Zufälligkeit bezeichnen; es gibt kein Ziel, sondern lediglich eine Reihe lokaler Präferenzen.

Die Notwendigkeit, uns von unseren anthropozentrischen Vorstellungen zu verabschieden, was eine Höherentwicklung ist, zeigt sich am Beispiel der Seescheide. Diese einfachen Meeresbewohner beginnen ihr Leben als mobile Larvenformen, ähnlich wie Kaulquappen, und sie besitzen eine Gehirnanlage sowie ein Lichtsinnesorgan zur Orientierung. Im Lauf ihrer Entwicklung machen Seescheiden eine Metamorphose durch, setzen sich auf einem Felsen fest und werden dort für den Rest ihres Lebens sesshaft. Dabei bilden sie nicht nur ihr Lichtsinnesorgan zurück, sondern auch die Gehirnanlage, sodass das erwachsene Tier nur noch über ein rudimentäres Nervensystem verfügt. Diese Veränderungen ermöglichen der Seescheide zu überleben, lassen sie jedoch viele komplexe Funktionen verlieren. In gleicher Weise sucht die Evolution nicht nach immer mehr Raffinesse und Komplexität: Wenn es beim Überleben hilft, Funktionen zurückzubilden, dann schlägt die Evolution ohne Zögern diesen Weg ein. Die Evolution bewegt sich in zufälligen Schritten, aber die verfügbaren Optionen werden von den Umweltbedingungen vorgegeben.

HOMO FLORESIENSIS

Das vielleicht beste Beispiel dafür, dass dieses Diagramm einer linearen menschlichen Abstammungsreihe am Thema vorbeigeht, ist eine Menschenform, die vor rund 60 000 Jahren auf der kleinen Insel Flores im Osten von Indonesien lebte. Erst 2004 wurden die fossilen Überreste einer neuen Menschenart auf Flores entdeckt. Diese ausgestorbenen Homininen wurden «Hobbits» getauft, da sie nur rund einen Meter groß waren. Ihre Proportionen waren durchaus denen des modernen Menschen ähnlich, doch sie hatten einen sehr kleinen Hirnschädel, selbst im Vergleich zu früheren Homininenarten.

HOMININI: umfasst alle Vertreter der Gattung *Homo* sowie die ausgestorbenen Vorfahren dieser Gattung, nicht jedoch die gemeinsamen Vorfahren von *Homo* und Schimpansen. *Homo sapiens* ist der einzige heute lebende Vertreter der Hominini.

Bemerkenswert ist, dass diese Menschenart vor 60 000 Jahren lebte. Wir wissen, dass unsere eigene Art, *Homo sapiens*, bereits seit rund 300 000 Jahren auf Erden wandelt, also deutlich länger. Daher gab es noch «Hobbits», als die Erde bereits von modernen Menschen besiedelt war. Die «Hobbits» entwickelten sich bereits vor *Homo sapiens*, vermutlich aus deutlich größeren Vorfahren. Auf isolierten Inseln kommt es nicht selten vor, dass die Evolution als Reaktion auf die begrenzten Ressourcen zu Zwergformen führt; so hat man zum Beispiel auf Inseln Fossilien von Zwergelefanten und -flusspferden gefunden. Wahrscheinlich entwickelte sich der kleine *Homo floresiensis* aus einer Homininen-Art, die größer war und auch ein größeres Gehirn besaß (vermutlich *Homo erectus*). Die Inselform entwickelte im Lauf ihrer Evolution eine geringere Größe und ein kleineres Gehirn, weil das für ihr Überleben auf Flores von Vorteil war.

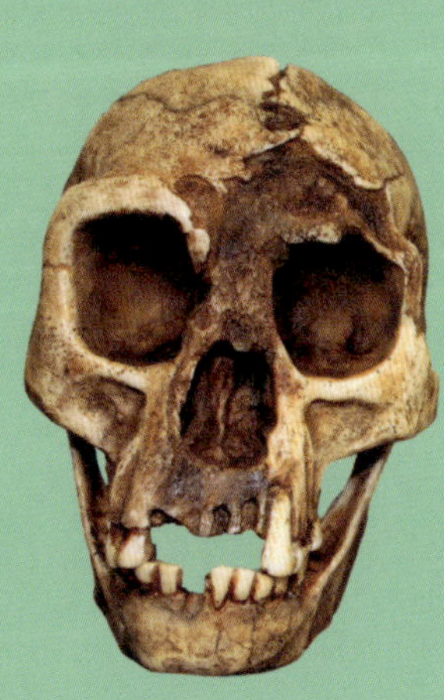

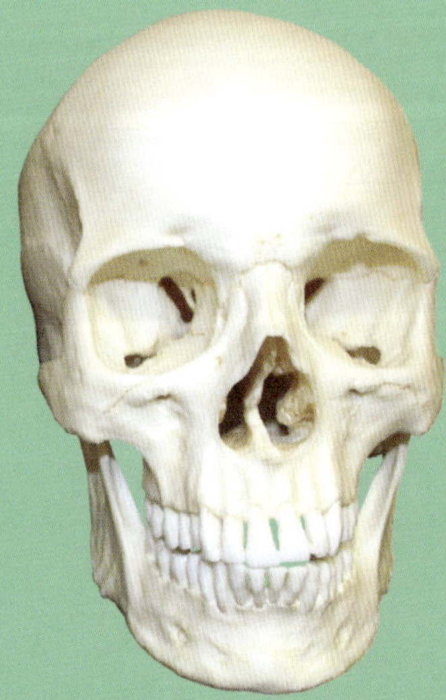

Ein Vergleich eines *Homo-floresiensis*-Schädels mit einem *Homo-sapiens*-Schädel zeigt die deutlich geringe Größe des ersteren, das gilt vor allem für den Hirnschädel.

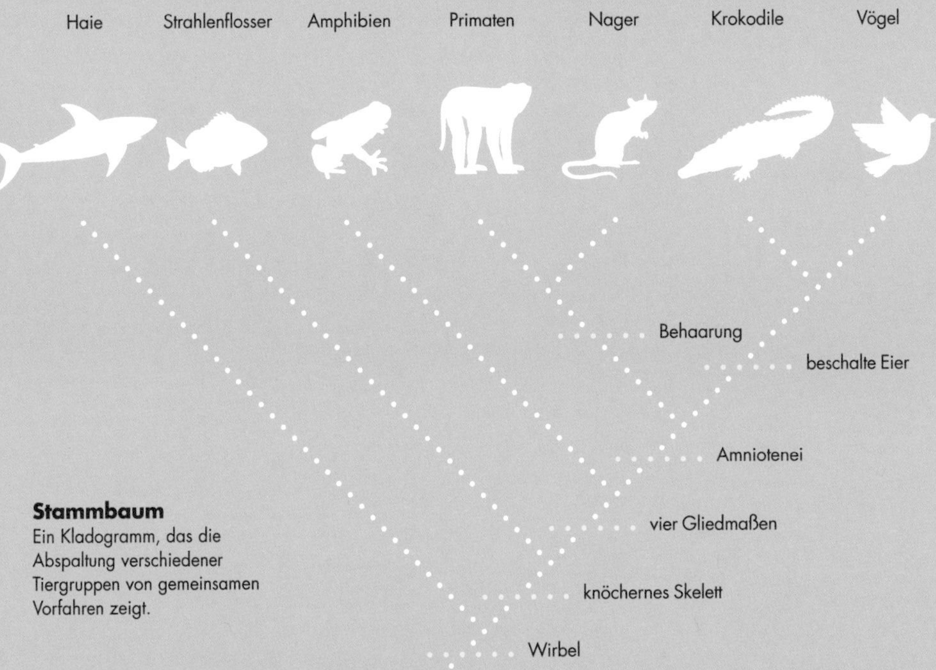

Stammbaum
Ein Kladogramm, das die Abspaltung verschiedener Tiergruppen von gemeinsamen Vorfahren zeigt.

DER GEMEINSAME VORFAHR

Kladogramme illustrieren unser gegenwärtiges Wissen über die Verwandtschaftsbeziehungen zwischen verschiedenen Organismengruppen. Auch wenn sie anders aufgebaut sind, erinnern sie in ihrem Konzept ein wenig an einen Stammbaum, denn sie verknüpfen verschiedene Arten, die einen gemeinsamen Vorfahren haben. Dieses Konzept eines «gemeinsamen Vorfahren» stellt eine wichtige Korrektur unserer Neigung dar, uns selbst in gewissem Sinne als Ziel der Evolution anzusehen. Wir müssen daran erinnert werden, dass wir nicht die einzigen Lebewesen sind, die sich im Lauf der Evolution entwickelt haben.

Historisch war es beispielsweise nicht ungewöhnlich, die anderen Großen Menschenaffen als unsere Vorfahren zu betrachten. Angeblich soll dieser Irrglaube bei einer berühmt-berüchtigten öffentlichen Diskussion über Evolution zwischen Bischof Samuel Wilberforce und dem Biologen sowie Darwinanhänger Thomas Huxley im Naturkundemuseum der Universität Oxford in die Welt gesetzt worden sein. Leider gibt es keinen präzisen Bericht über den Wortwechsel zwischen den beiden, doch angeblich wollte Wilberforce von Huxley wissen, ob dieser väterlicherseits oder mütterlicherseits vom Affen abstamme.

Tatsächlich stammen wir von keinem der anderen Großen Menschenaffen (Orang-Utan, Gorilla, Schimpanse, Bonobo) ab. Wie das Kladogramm zeigt, hat sich jede Art zu einem anderen Zeitpunkt von einem gemeinsamen Vorfahren abgespalten. Zuerst spalteten sich die Orang-Utans, dann die Gorillas ab, während die Trennung zwischen uns und unsere engsten Verwandten, den Schimpansen und Bonobos, erst in jüngerer Zeit stattfand. In allen Fällen erfolgte die Trennung von einem gemeinsamen Vorfahren und nicht von einem «primitiveren» der verfügbaren Menschenaffen. Zugegeben, wahrscheinlich ähnelte ein derartiger gemeinsamer Vorfahr mehr den anderen Menschenaffen als uns, denn wir sind ein besonders abartiger Menschenaffe mit kaum Fell, aber das macht unseren gemeinsamen Vorfahren in keiner Weise mehr zu einem Schimpansen oder Gorilla, als wir es sind.

Seit sich unsere Stammlinie von der Schimpansen- und Bonobolinie getrennt hat, haben sich Schimpansen und Bonobos, was geteilte genetische Marker angeht, tatsächlich stärker verändert als wir. Wie eine Untersuchung gezeigt hat, hatten sich von den 14 000 entsprechenden Genen, die bei Mensch und Schimpanse verglichen wurden, 233 Schimpansengene durch positive natürliche Selektion verändert, von den menschlichen Genen waren es hingegen nur 154. Inzwischen haben wir die Grenzen der natürlichen Evolution in einer Weise überschritten, wie es kein anderes Tier jemals getan hat. Während unsere Evolution einst von unserer Umwelt kontrolliert wurde, haben wir diese Umwelt inzwischen radikal umgestaltet (nicht immer zum Besseren).

Bonobos sind enge Verwandte der Schimpansen, doch ihre Sozialstruktur ist weitaus weniger aggressiv. Sie teilen einen gemeinsamen Vorfahren mit Schimpansen, und beide Gruppen teilen einen gemeinsamen Vorfahren mit uns.

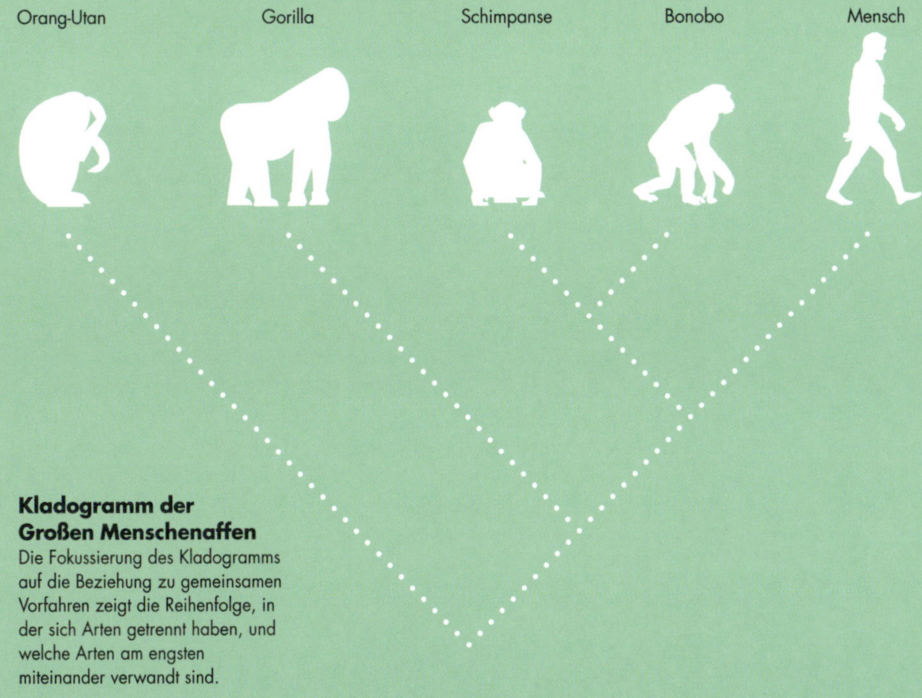

Kladogramm der Großen Menschenaffen
Die Fokussierung des Kladogramms auf die Beziehung zu gemeinsamen Vorfahren zeigt die Reihenfolge, in der sich Arten getrennt haben, und welche Arten am engsten miteinander verwandt sind.

HOMININENFOSSILIEN

In dem vorangegangenen Abschnitt gibt es einen wichtigen Vorbehalt, der besagt, dass wir uns aus einer Homininenart entwickelt haben, die nicht unsere eigene war. In den allermeisten Fällen ist es mangels DNA unmöglich zu entscheiden, ob Homininenfossilien in die Linie unserer direkten Vorfahren gehören oder aus welchem gemeinsamen Vorfahren sie sich entwickelt haben. Ursprünglich nahm man an, bei *Homo floresiensis* handele es sich um eine relativ kürzlich entwickelte Art, doch inzwischen geht man davon aus, dass die Art deutlich älter ist als der moderne Mensch und sich deutlich vor vielen anderen Homininen abgespalten hat. Zeitungen, die dies missverstehen, bringen daher regelmäßig Berichte, in denen ein neu entdecktes Fossil als «der älteste Vorfahr der Menschheit» bezeichnet wird. Das wurde zum Beispiel 2019 von einem Fossilfund behauptet, der als MRD bezeichnet wurde. Tatsächlich wurde lediglich ein 3,8 Millionen Jahre alter Schädel eines Homininen gefunden. Wir wissen jedoch nicht, ob dieses Fossil in unsere direkte Ahnenlinie gehört oder zu einer Art, die einen Seitenzweig bildete. Zweifellos haben wir einen gemeinsamen Vorfahren – jedes bislang auf der Erde entdeckte Lebewesen muss sich mit einer anderen Art einen gemeinsamen Vorfahren teilen. Das stellt jedoch nicht jede phylogenetisch alte Art in eine direkte Linie in unserem Kladogramm.

Wir können mit einiger Sicherheit ein Kladogramm zeichnen, das uns zu den anderen Großen Menschenaffen in Beziehung setzt, und grob ableiten, wann die einzelnen Abspaltungen stattfanden. Das ist so, weil wir genügend DNA von den heute lebenden Großen Menschenaffen besitzen, und dadurch, dass wir untersuchen, wie sich deren Gene von unseren Genen unterscheiden, lassen sich die entsprechenden Zeitpunkte ungefähr abschätzen. Der Großteil der Fossilbelege fehlt jedoch in den Hominini-Kladogrammen.

Fossilienbildung ist ein relativ seltenes Phänomen, und Fossilien sind Zufallsfunde. Statt eines hübschen Kladogramms, das die gesamte hominine Ahnengalerie des modernen Menschen zeigt, ist es, als hätte jemand 90 Prozent des Stammbaums geschwärzt und uns nur ein paar verteilte Äste übriggelassen – ohne Möglichkeit, herauszufinden, in welcher Verbindung sie zueinander stehen. Wir können ein Fossil mit radioaktiven Datierungsmethoden einigermaßen korrekt zeitlich einordnen, doch das sagt uns nichts über die verwandtschaftlichen Beziehungen zwischen Arten. Oft lässt sich der späteste Zeitpunkt angeben, an dem eine Art sich von einem gemeinsamen Vorfahren abgespalten hat, doch diese Art lässt sich häufig nicht in eine direkte Abstammungslinie einordnen.

HALBWERTSZEIT: Das Konzept der «Halbwertszeit» bezieht sich in der Regel auf radioaktive Elemente; dort gibt sie an, wie lange es dauert, bis die Hälfte der ursprünglichen Menge eines Elements zerfallen ist.

Je weiter wir in der Zeit zurückgehen, desto schwieriger wird es, sich ein Bild von verwandtschaftlichen Beziehungen zu machen. Wie bereits erwähnt, basieren die besten Kladogramme auf genetischer Information, bei der DNA aus heute lebenden und fossilen Exemplaren gewonnen und verglichen wird. Aus Science-Fiction-Thrillern sind wir mit der Idee vertraut, dass DNA aus Fossilien die Chance bietet, ausgestorbene Arten wieder zum Leben zu erwecken. So spielt *Jurassic Park*, beispielsweise, mit der Vorstellung, es sei möglich, Dinosaurier aus dem DNA-Material zu rekonstruieren, das sich in blutsaugenden, in Bernstein konservierten Insekten findet. Leider (oder zum Glück, wenn man sich daran erinnert, wie die *Jurassic-Park*-Filme unweigerlich enden) wird das niemals geschehen. DNA zerfällt mit der Zeit. Sie hat eine Halbwertszeit von rund 520 Jahren. Das heißt: Alle 520 Jahre, die wir in der Zeit zurückgehen, wird rund die Hälfte der noch ablesbaren DNA-Probe unlesbar. Geht man rund 1,5 Millionen Jahre oder weiter zurück, bleibt nichts Verwertbares mehr übrig. Die Dinosaurier starben vor etwa 60 Millionen Jahren aus. Daher basiert die Kladistik der Dinosaurier auf indirekten Hinweisen: einer Kombination aus der Datierung von Fossilien und dem Muster von Veränderungen in Skelettstruktur, Knochenform und weiteren morphologischen Merkmalen, die auf eine zugrunde liegende genetische Transformation verweisen. Dasselbe gilt für die älteren Homininen-Exemplare.

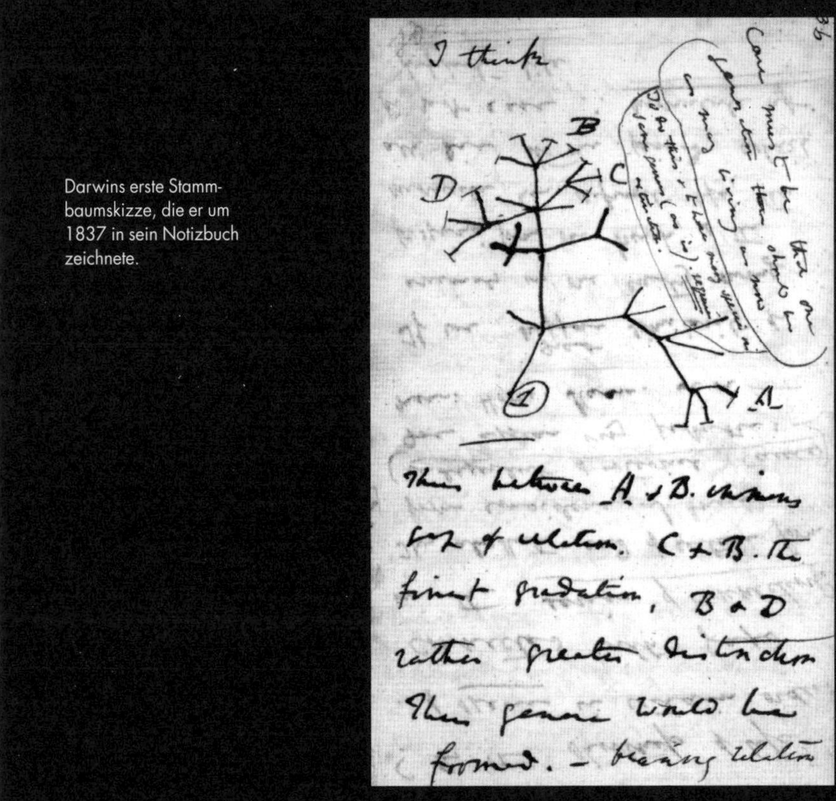

Darwins erste Stammbaumskizze, die er um 1837 in sein Notizbuch zeichnete.

VON KLEINEN SCHÖSSLINGEN ZU GROSSEN EICHEN

Um 1837 zeichnete Darwin eine einfache Baumstruktur – tatsächlich erinnert die Abbildung mehr an einen Strauch als einen Baum – in sein Notizbuch. Im Lauf der Jahre skizzierte er noch weitere 17 derartige Strukturen, bevor er 1859 in seinem Werk *Über die Entstehung der Arten* einen «Stammbaum» veröffentlichte. Diese Skizzen zeigen keine bestimmte Auswahl von Arten, sondern abstrakte Muster, die das Konzept eines Stammbaums demonstrieren sollen. Es gab schon zuvor Versuche, verschiedene Spezies per Stammbaum miteinander in Verbindung zu setzen; beispielsweise unternahm der Naturforscher Jean-Baptist Lamarck 1809 einen solchen Versuch. Darwin suchte jedoch nach einer anderen Art von Muster.

Es ist betont worden, dass seine Skizzen eher an eine Koralle mit ihren wiederholten Teilungen und Windungen als an einen Baum erinnern. Tatsächlich schrieb Darwin selbst in seinem Notizbuch: «ein Baum ist kein guter Vergleich – endlose Algenstücke, die sich teilen». Ein Baum hat einen einzelnen Stamm, von dem Äste abzweigen, doch das Abspaltungsmuster von Arten war deutlich vielfältiger – auf eine Abspaltung folgte die nächste und dann die übernächste. Das (einzige) Diagramm in Darwins *Über die Entstehung der Arten* erinnert noch weniger an einen Baum, sondern eher an einen Schauer zerfallender Teilchen.

Das hielt andere nicht davon ab, deutlich stärker an Bäume erinnernde Muster zu entwerfen. Der deutsche Naturforscher Ernst Haeckel ist das wohl bekannteste Beispiel. Haeckel war fasziniert von visuellen Mustern, die sich im Aufbau von Organismen zeigten. In seinem Buch *Kunstformen der Natur* finden sich viele wundervolle Illustrationen von Arten sowie ihren Varianten, Ähnlichkeiten und Unterschieden. Bei seinem Versuch, verschiedene Arten miteinander zu verknüpfen, missverstand Haeckel jedoch Darwins Konzept und hielt an einer Struktur fest, die immer baumartiger wurde und schließlich buchstäblich in einem Baum mit einem dicken Stamm gipfelte.

Haeckels Illustrationen waren echte Kunstwerke, doch Darwins Nichtbaum-Baum sollte zum vorherrschenden Muster werden – zu demjenigen, das in Richtung des modernen Kladogramms führte.

Stammbaum, gezeichnet von Ernst Haeckel, aus seinem Buch *Generelle Morphologie der Organismen* (1866).

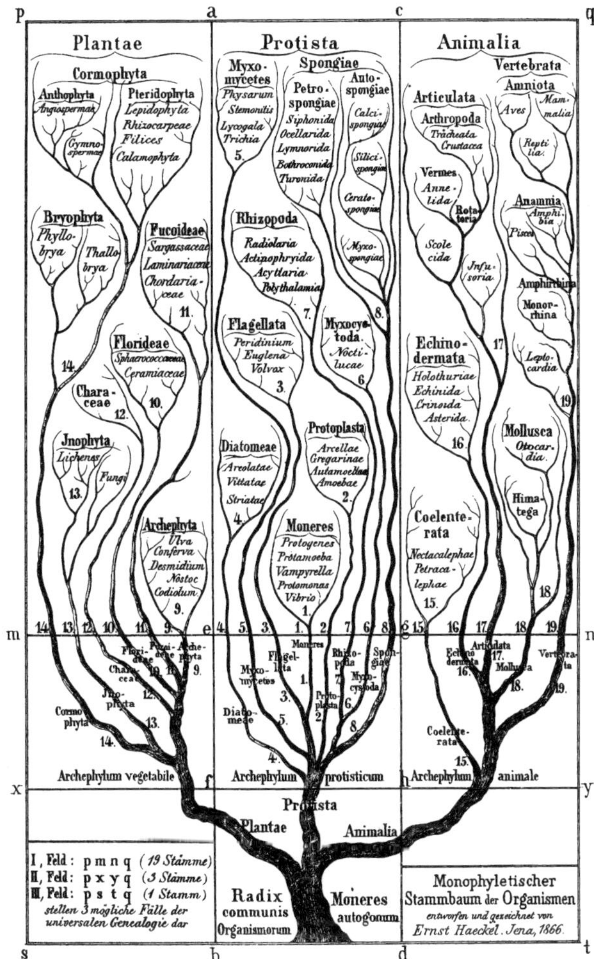

Chaetopoda – eine Klasse segmentierter Würmer – ist eine der vielen wunderbaren Illustrationen aus Ernst Haeckels Buch *Kunstformen der Natur* (1899).

VON GENEN UND MORPHOLOGIE ZU BAUMMUSTERN

Wie Darwins ursprünglicher Baum zeigt ein Kladogramm eine Beziehung zwischen Arten und ihren gemeinsamen Vorfahren, doch im Gegensatz zu einigen Mustern, die wir zuvor in diesem Buch gesehen haben, gibt es keine Standarddarstellung für Kladogramme. Sie können linear oder kreisförmig angeordnet sein. Sie können in jede Richtung weisen, die dem Wissenschaftler passt, der sie zeichnet (und das tun sie auch). Die einzige grundlegende Gewissheit ist, dass es beim Kladogramm wie bei Harry Becks klassischer Londoner U-Bahn-Karte aus dem Jahr 1931 (und denjenigen, die ihr folgten) um Beziehungen zwischen verschiedenen Arten (den Stationen der U-Bahn) geht. Genauso, wie das Muster der U-Bahn-Karte nichts über die Entfernung zwischen den Stationen sagt, zeigt das Kladogramm zwar, in welcher Reihenfolge sich die Arten von einem gemeinsamen Vorfahren abgespalten haben, sagt aber nichts darüber, wie nah oder fern diese Abspaltungen zeitlich liegen. Es gibt eine Vielzahl anderer Möglichkeiten, phylogenetische Information visuell darzustellen. In vielen frühen Darstellungen symbolisierten die «Knoten» des Diagramms – die Punkte, an denen ein neuer Ast abzweigt – die Vorfahren selbst. Das machte diese Bäume tatsächlich zu Stammbäumen. Dieser Darstellungstyp ist gut, wenn man alle Details der Ahnenreihe kennt, um die es geht. Aber wie wir bei dem Diagramm gesehen haben, das Menschen und die Großen Menschenaffen darstellt, besteht der Vorteil des Kladogramms darin, dass sich das Muster selbst dann darstellen lässt, wenn wir nicht wissen, welcher Spezies der gemeinsame Vorfahr von beispielsweise Schimpanse und Mensch angehörte. Bei Kladogrammen spielt die Gesamtstruktur die entscheidende Rolle, nicht die Knoten des Netzwerks.

Es gibt verschiedene Varianten von Kladogrammen, zum Beispiel Chronogramme, die so skaliert sind, dass eine längere Astlinie eine längere Zeitspanne zwischen Arten angibt, die sich von einer gemeinsamen Ahnenreihe abspalten, aber wie beim Stammbaum ist dieser Ansatz nicht immer praktikabel. Manchmal fehlen uns ganz einfach die nötigen Daten. Auch wenn sich in der Regel angeben lässt, wie alt ein bestimmtes Fossil ist, sagt uns das nicht, wie lange die Art existiert hat, und wenn man bedenkt, wie lückenhaft die Fossilbelege sind, ist es unwahrscheinlich, dass wir jemals in der Lage sein werden, manche Spezies zeitlich präzise einzuordnen.

Wie wir gesehen haben, kannte Darwin den logischen Hintergrund für seine sich ständig aufspaltenden Muster nicht. Rund ein Jahrhundert nach Erscheinen von *Über die Entstehung der Arten* sollte jedoch ein neues und bemerkenswertes Muster entdeckt werden, das die nötigen Daten für sämtliche Darstellungen evolutionärer Beziehungen lieferte: die Struktur der DNA.

Kladogramm verschiedener Arten
Kreisförmiges Kladogramm von David Hills, das Arten mit vollständig sequenziertem Genom zeigt.

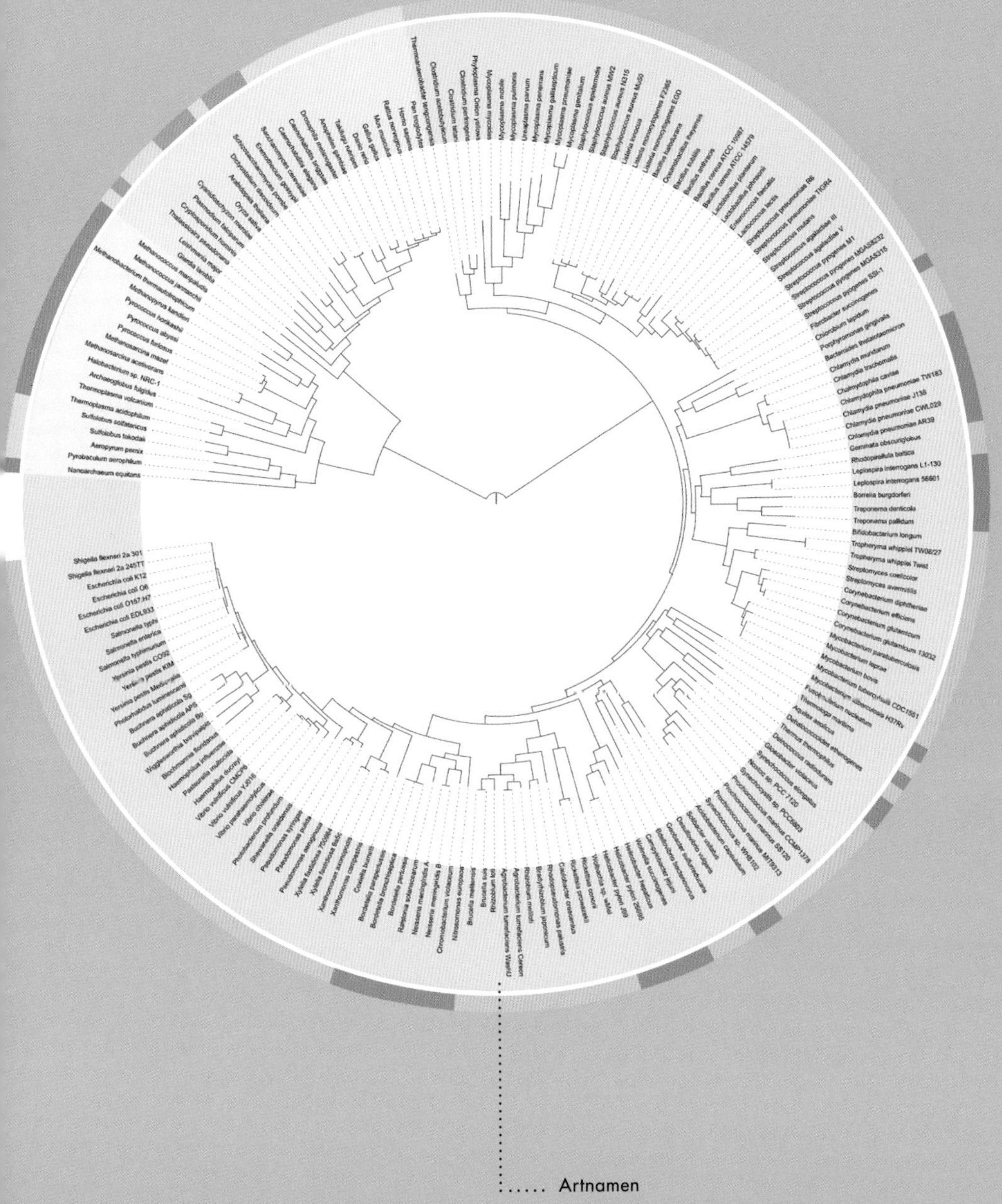

Artnamen

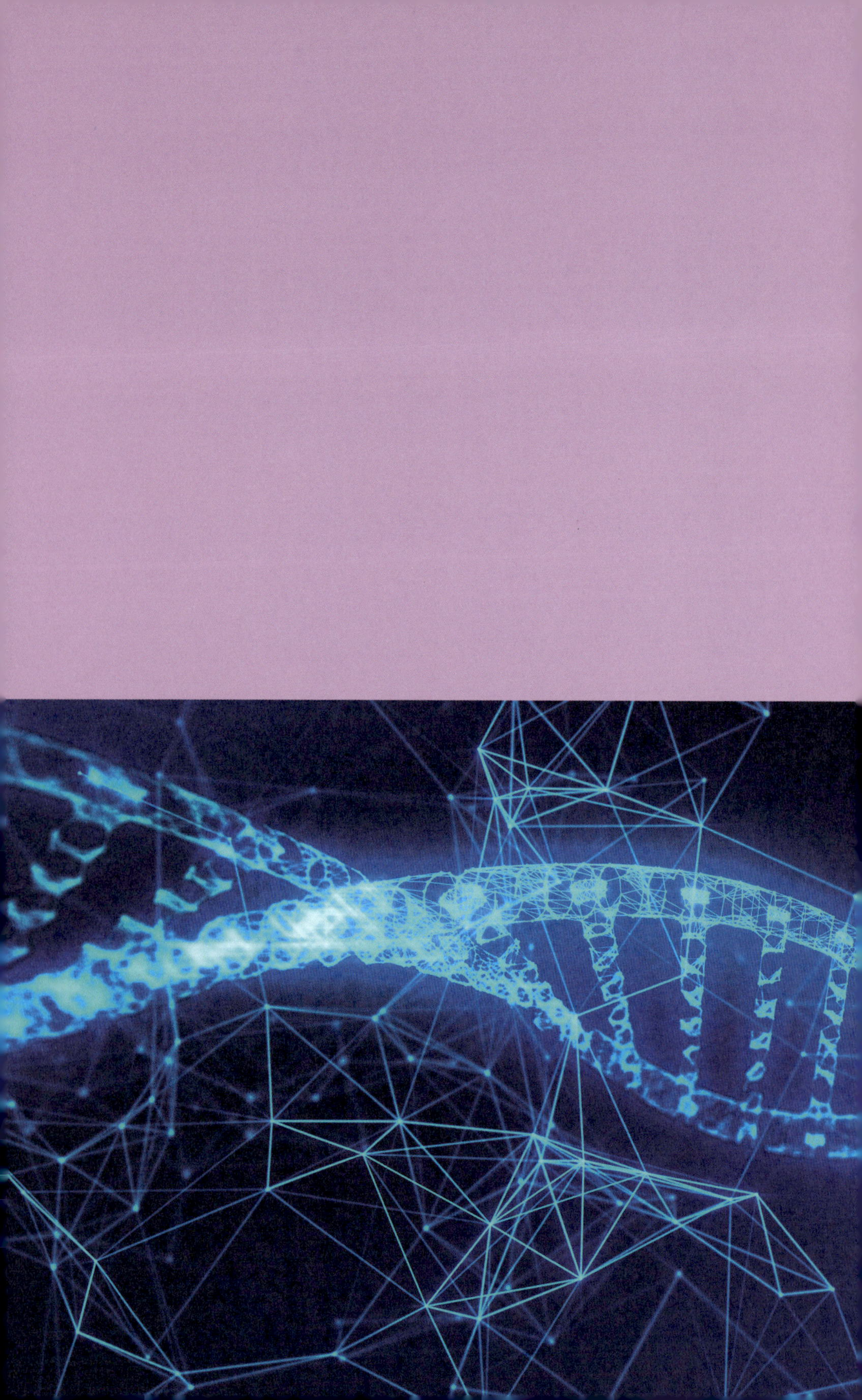

9
DNA: DIE DOPPELHELIX

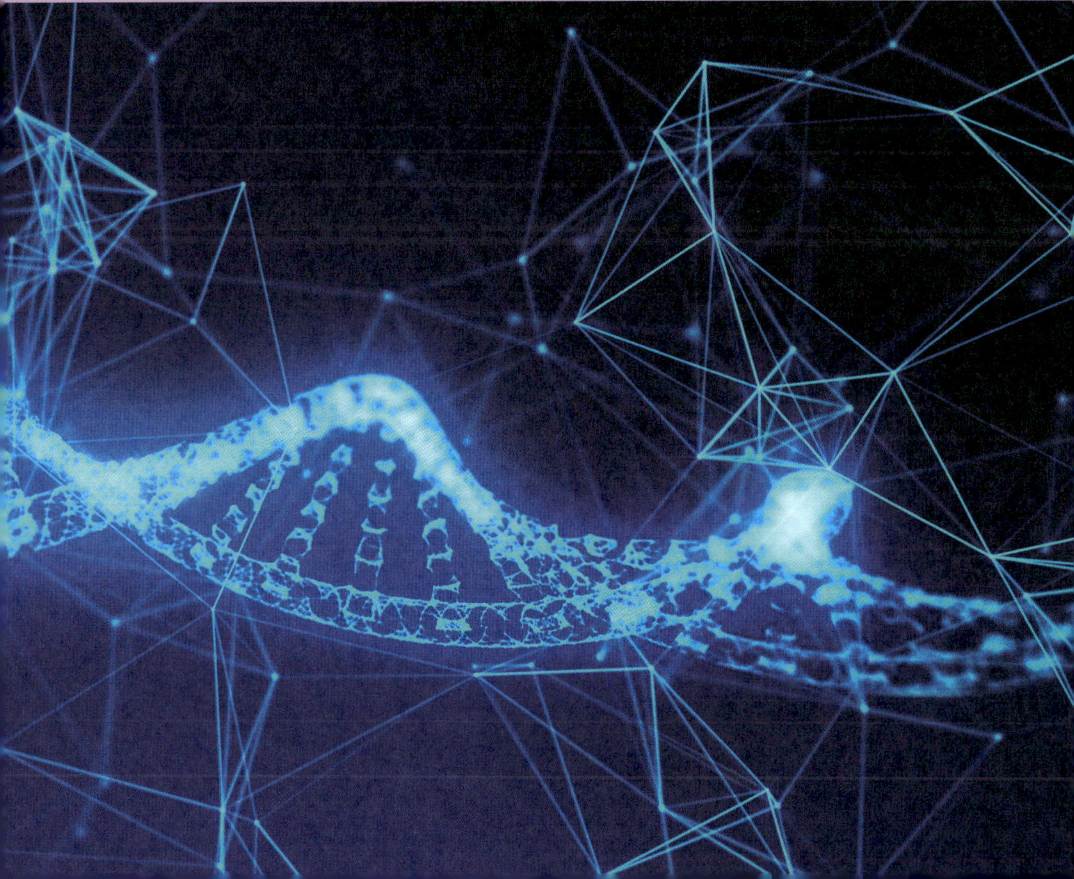

James **Watson** (left) 1928
Francis **Crick** (right) 1916–2004

DIE DNA

Im Jahr 1953 entschlüsselten Crick und Watson den Aufbau der DNA. Die Doppelhelix-Struktur ist inzwischen derart populär, dass man das Molekül schon allein an diesem einfachen Muster erkennt, doch es handelt sich um weit mehr als nur eine dekorative Schemazeichnung. Die räumliche Struktur liefert Hinweise auf die Funktion der DNA: Es handelt sich um einen Datenspeicher, bei dem die Struktur der Doppelhelix der Information entspricht, die dieser Speicher trägt; sie ist auch für den Mechanismus der Replikation des Moleküls verantwortlich, wenn eine Zelle sich teilt. Ein DNA-Molekül ist weit mehr als eine Ansammlung von Genen: Gene, die für unsere Proteine codieren, machen nur rund 2 Prozent des Genoms aus. Die DNA enthält außerdem Kontrollabschnitte, die sie in die Lage versetzen, die Entwicklung von Lebewesen so zu steuern, dass sie sich fortpflanzen und überleben. Sämtliche Organismen auf der Welt weisen einen ähnlichen Aufbau der DNA auf.

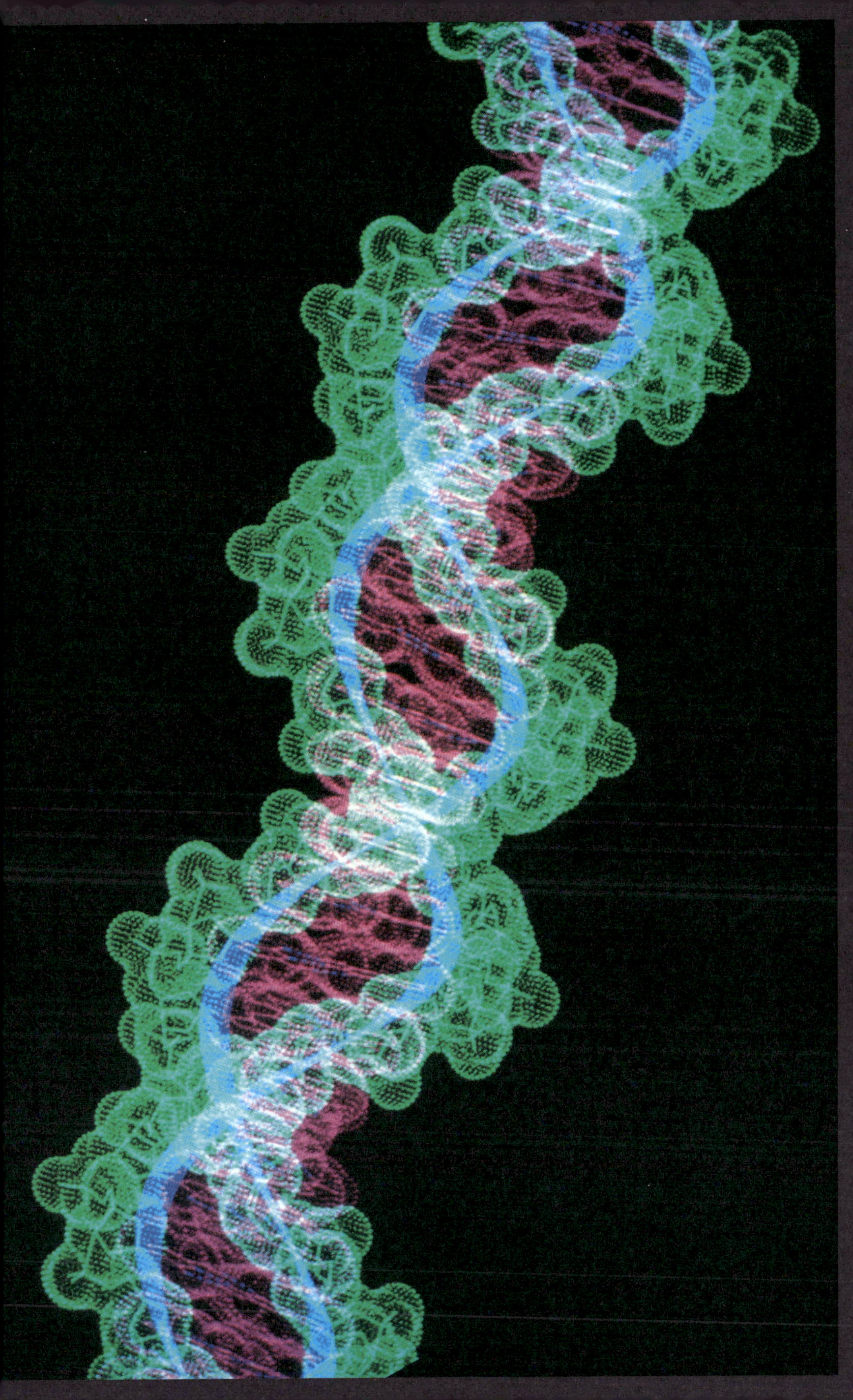

DAS INFORMATIONSMOLEKÜL

Die Helix-Form der DNA wird durch die asymmetrische Natur der Komponenten erzwungen, aus denen sie besteht – die schraubenförmige Drehung verhindert, dass Atome einander in die Quere kommen. Das Muster hinter dieser Form ist jedoch weitaus mehr als eine Frage räumlicher Zweckmäßigkeit. Die DNA stellt nämlich einen Informationsspeicher dar. Im Gegensatz zu einem von Menschenhand entworfenen Computerchip ist die DNA jedoch ein Informationsspeicher, der dem Zufalls- und Selektionsprozess der Evolution unterlag und heute für das Funktionieren praktisch aller Organismen verantwortlich ist.

DNA steht für Desoxyribonukleinsäure (engl. *deoxyribonucleic acid*). Das klingt zunächst nicht besonders eindrucksvoll. Es ist ein einigermaßen kompakter Name, vor allem, wenn man ihn mit anderen organischen Molekülen vergleicht. Die offiziellen Vorgaben für die Benennung chemischer Verbindungen können zu deutlich komplexer klingenden Namen führen, so wie in dem Beispiel auf der gegenüberliegenden Seite. Damit Chemiker nicht ins Stottern kommen, spricht man gewöhnlich von Tryptophan-Synthetase. Dieses Monster von einem Namen wäre trivial im Vergleich zu demjenigen der DNA, wenn wir irgendeine der vielfältigen Anordnungen von DNA-Molekülen vollständig benennen würden, die es in der Natur gibt. Denn DNA bezeichnet keine einzelne Verbindung, vielmehr handelt es sich um einen Oberbegriff – eine Basis für ein Muster. Jedes unserer Chromosomen, den Strukturen in unseren Zellen, die unsere Gene tragen, entspricht einem einzelnen DNA-Molekül. Das längste dieser Chromosomen, das menschliche Chromosom 1, enthält rund 10 Milliarden Atome. Und diese Atome treten nicht in einem einzigen, sich wiederholenden Muster auf, wie es bei vielen der großen organischen Verbindungen der Fall ist; vielmehr unterscheidet sich jedes dieser DNA-Muster von Art zu Art und sogar von Individuum zu Individuum.

Die meisten von uns wissen, dass Computer Informationen in Einheiten speichern, die als «Bits» (Kurzform von «binary digits») bezeichnet werden. Jedes Bit kann einen Wert von 0 oder 1 annehmen. Ein einzelnes Bit hat, für sich allein genommen, einen nur sehr begrenzten Informationsgehalt, doch wenn man Milliarden Bits verbindet, lässt sich der gesamte digitale Inhalt speichern, mit dem wir heute vertraut sind, von E-Books bis Streaming-Videos. Und das ist noch nicht alles: In einem Computer oder Mobiltelefon ist dieses Bit-Muster sowohl für die Daten als auch für den Code verantwortlich, der es ermöglicht, all die Rollen zu übernehmen, für die unsere Technologie verwendet wird. In der gleichen Weise nutzt unsere DNA eine sich wiederholende kurze Einheit, doch das biologische Äquivalent eines Bits kann vier verschiedene Werte annehmen. (Das macht es zu einer quartären statt binären Einheit; daher sollte man die fundamentale Einheit der DNA vielleicht besser als Quit bezeichnen.)

methionylglutaminylarginyltyrosylglutamylserylleucylphenylalanylalanylglutaminylleucyllysylglutamylarginyllysylglutamylglycylalanylphenylalanylvalylprolylphenylalanylvalylthreonylleucylglycylaspartylprolylglycylisoleucylglutamylglutaminylserylleucyllysylisoleucylaspartylthreonylleucylisoleucylglutamylalanylglycylalanylaspartylalanylleucylglutamylleucylglycylisoleucylprolylphenylalanylserylaspartylprolylleucylalanylaspartylglycylprolylthreonylisoleucylglutaminylasparaginylalanylthreonylleucylarginylalanylphenylalanylalanylalanylalanylglycylvalylthreonylprolylalanylglutaminylcysteinylphenylalanylglutamylmethionylleucylalanylleucylisoleucylarginylglutaminyllysylhistidylprolylthreonylisoleucylprolylisoleucylglycylleucylleucylmethionyltyrosylalanylasparaginylleucylvalylphenylalanylasparaginyllysylglycylisoleucylaspartylglutamylphenylalanyltyrosylalanylglutaminylcysteinylglutamyllysylvalylglycylvalylaspartylserylvalylleucylvalylalanylaspartylvalylprolylvalylglutaminylglutamylserylalanylprolylphenylalanylarginylglutaminylalanylalanylleucylarginylhistidylasparaginylvalylalanylprolylisoleucylphenylalanylisoleucylcysteinylprolylprolylaspartylalanylaspartylaspartylaspartylleucylleucylarginylglutaminylisoleucylalanylseryltyrosylglycylarginylglycyltyrosylthreonyltyrosylleucylleucylserylarginylalanylglycylvalylthreonylglycylalanylglutamylasparaginylarginylalanylalanylleucylprolylleucylasparaginylhistidylleucylvalylalanyllysylleucyllysylglutamyltyrosylasparaginylalanylalanylprolylprolylleucylglutaminylglycylphenylalanylglycylisoleucylserylalanylprolylaspartylglutaminylvalyllysylalanylalanylisoleucylaspartylalanylglycylalanylalanylglycylalanylisoleucylserylglycylserylalanylisoleucylvalyllysylisoleucylisoleucylglutamylglutaminylhistidylasparaginylisoleucylglutamylprolylglutamyllysylmethionylleucylalanylalanylleucyllysylvalylphenylalanylvalylglutaminylprolylmethionyllysylalanylalanylthreonylarginylserine

Tryptophan-Synthetase
Das kommt heraus, wenn man den vollständigen Namen der Verbindung ausschreibt, die als Tryptophan-Synthetase bekannt ist.

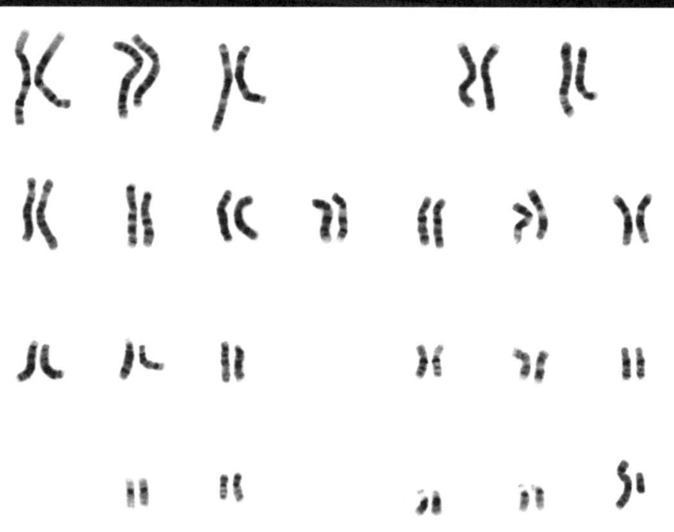

Die 23 menschlichen Chromosomenpaare. Jedes Chromosom entspricht einem einzelnen DNA-Molekül, das um einen Spindel gewickelt ist.

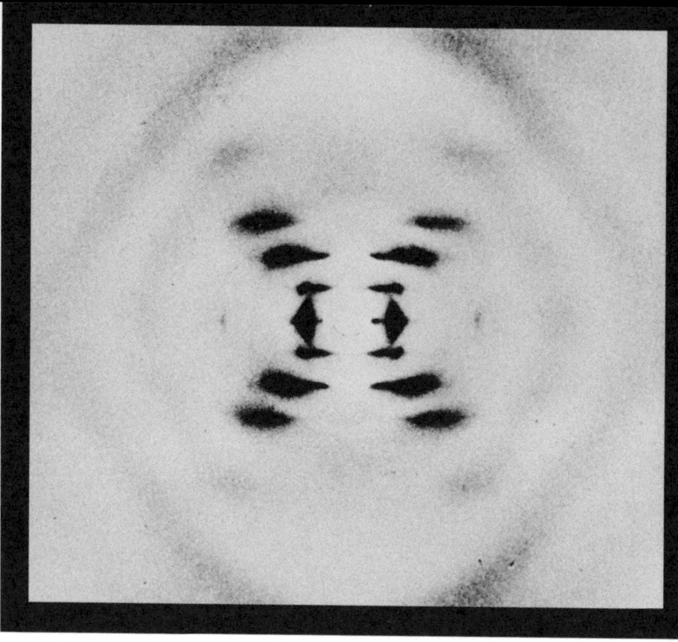

Röntgendiffraktionsbild der DNA, aufgenommen von Rosalind Franklin. Das Ergebnis ist keine Abbildung der DNA, sondern zeigt den Effekt, den die Struktur der DNA auf die Ablenkung von Röntgenstrahlen hat.

DAS ENTSCHEIDENDE MUSTER

Im Jahr 1953 verkündeten Francis Crick und James Watson, die am Cavendish Laboratory in Cambridge arbeiteten, sie hätten die Struktur der DNA entdeckt. Ihre Entdeckung basierte auf Daten, die von Rosalind Franklin, Maurice Wilkins und Raymond Gosling geliefert worden waren, die am King's College in London arbeiteten und ein Verfahren eingesetzt hatten, das als Röntgendiffraktion oder Röntgenbeugung bekannt war. Dieses Verfahren erinnert ein wenig an ein Ratespiel, bei dem man versucht herauszufinden, was sich in einem Sack befindet, ohne hineinzuschauen. Bei der Röntgenbeugung feuert man Röntgenstrahlen auf ein Molekül ab und zieht aus der Art und Weise, wie die Röntgenstrahlen gebeugt werden, Rückschlüsse auf das Aussehen des Moleküls, das für diese Beugung verantwortlich ist.

Die Aufklärung der DNA-Struktur wird oft mit der Entdeckung der DNA selbst verwechselt. Diese Verbindung war jedoch bereits seit 1869 bekannt, und Jahrzehnte lang war überlegt worden, ob sie nicht auf noch unbekannte Weise als biologischer Informationsspeicher dienen könnte. Entscheidend an dieser Stelle war die Entdeckung des Musters – jener Struktur, die der DNA ermöglicht, diese essenzielle Rolle zu spielen.

PHOSPHATGRUPPEN: Diese bilden einen Teil eines Moleküls, das aus einem Phosphoratom besteht, welches mit vier Sauerstoffatomen verbunden ist. In einem organischen Molekül wie der DNA stehen zwei der Sauerstoffatome der Phosphatgruppen mit Molekülen auf Kohlenstoffbasis in Verbindung.

Die wohlbekannte Doppelhelix-Struktur der DNA ist wichtig, aber letztlich bilden diese langen, eleganten Atomketten nur eine Art äußeres Gerüst. Die Helix wird von Zuckermolekülen gebildet, die jeweils durch Phosphatgruppen miteinander verbunden sind. Diese Moleküle geben der ganzen Verbindung ihren Namen, denn der Zucker wird als Desoxyribose bezeichnet. Wenn wir «Zucker» hören, denken wir natürlich an die süße Substanz, die wir so gerne essen. Die bekanntesten Zucker sind Glucose (Traubenzucker), Fructose (Fruchtzucker) und Saccharose (Rohrzucker); Ribose ist eine andere Variante, und Desoxyribose weist eine Hydroxylgruppe weniger auf als die Standardform Ribose.

Die Helix-Struktur ist wesentlich, um die DNA zusammenzuhalten, doch wenn man einen Abschnitt der DNA als Wendeltreppe ansieht, befinden sich die funktionellen Teile in den Sprossen der Leiter. Diese Sprossen werden von einer Reihe chemischer Verbindungen gebildet, die man als Basenpaare bezeichnet und die die beiden Stränge der Helix miteinander verknüpfen: Hier verbirgt sich das entscheidende Muster der Information. Jedes Basenpaar besteht aus zwei von vier möglichen Verbindungen, die als Basen bezeichnet werden: Cytosin, Guanin, Adenin und Thymin. Entscheidend ist, dass die Basen stets dieselben «Paarungen» eingehen: Cytosin paart sich immer mit Guanin, Adenin mit Thymin.

Das Äquivalent zu den Bits in einem Computer lässt sich finden, wenn man die Basen, die an einem Strang der Helix sitzen, von oben nach unten abliest. Bei jeder dieser Basen kann es sich um C, G, A oder T handeln (wie diese Basen üblicherweise abgekürzt werden), was zu dem vierbuchstabigen quartären Code führt. Sobald wir über diese Werte verfügen, wissen wir, dass die Basen, die an dem anderen (komplementären) Strang der Helix hängen, G, C, T und A sein müssen. Das mag redundant erscheinen, und natürliche, von der Evolution entwickelte Systeme weisen tatsächlich oft eine unnötige Redundanz auf, doch in diesem Fall gibt es einen wichtigen Grund für das Auftreten des sich wiederholenden Musters.

DNA findet sich in den meisten Zellen eines Organismus (Einigen spezialisierten Zellen fehlt sie, zum Beispiel den Roten Blutkörperchen der Säugetiere). Vielzellige Lebewesen wachsen und entwickeln sich dadurch, dass sich Zellen teilen, sodass aus einer Zelle zwei Tochterzellen entstehen. Selbst einzellige Organismen müssen sich teilen, um sich zu vermehren. Jede der beim Teilungsprozess entstandenen Zellen benötigt einen vollständigen Satz DNA. Um das zu gewährleisten, muss die DNA zunächst, falls nötig, «abgewickelt» werden (in den komplexen Zellen, wie man sie bei Tieren und Pflanzen findet, ist die DNA die meiste Zeit um molekulare Spindeln, sogenannte Histone, gewickelt) und wird dann längst der Mittellinie wie ein Reißverschluss aufgezogen. Ist das geschehen, liegen zwei komplementäre Stränge der ursprünglichen DNA vor. Kleinere molekulare Maschinen, winzige funktionale Strukturen, aufgebaut aus chemischen Bausteinen, stellen dann die jeweils andere (komplementäre) Hälfte des DNA-Moleküls her. Da die Paarung C mit G und A mit T stets dieselbe ist, führt dies zu zwei identischen Kopien der ursprünglichen Daten. Im Prinzip ist dieser Prozess perfekt, doch in der Praxis kommt es während des Kopierprozesses gelegentlich zu Fehlern, und das ist *eine* der Möglichkeiten, wie Mutationen entstehen.

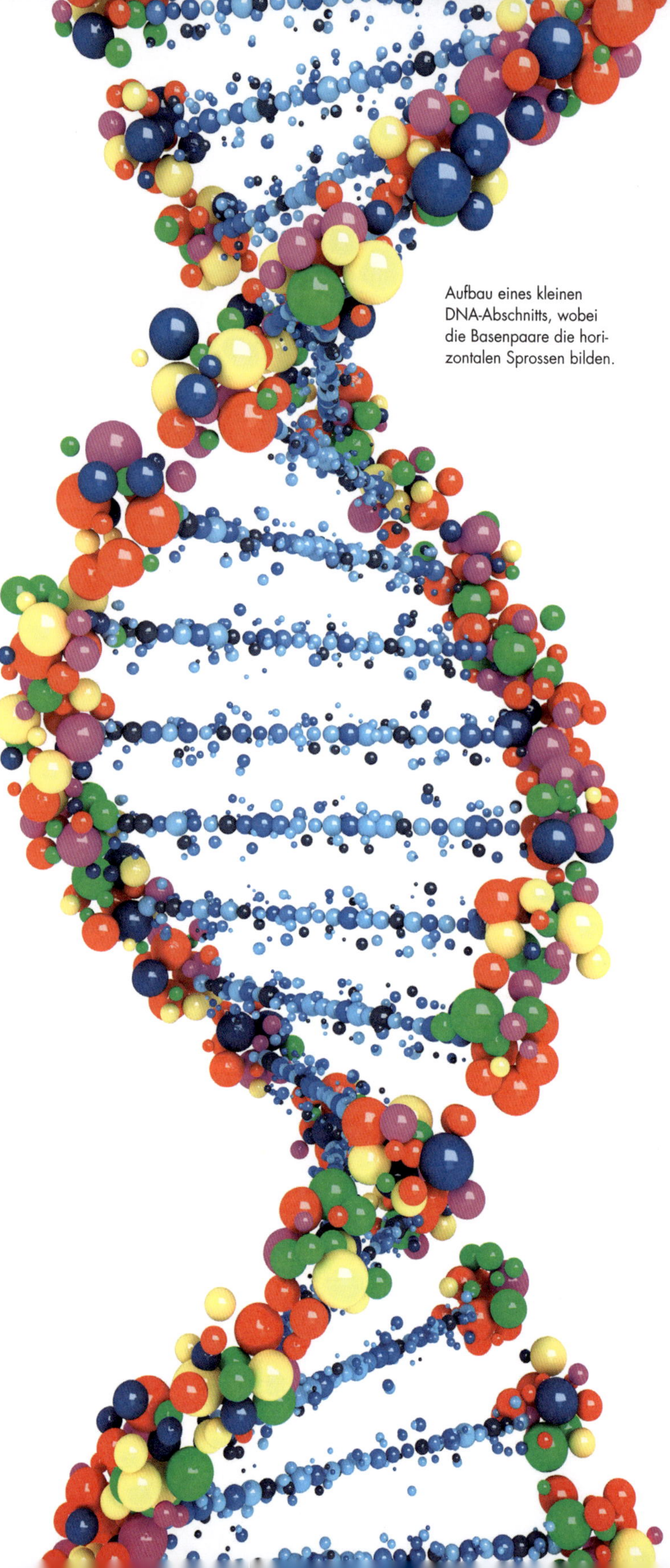

Aufbau eines kleinen DNA-Abschnitts, wobei die Basenpaare die horizontalen Sprossen bilden.

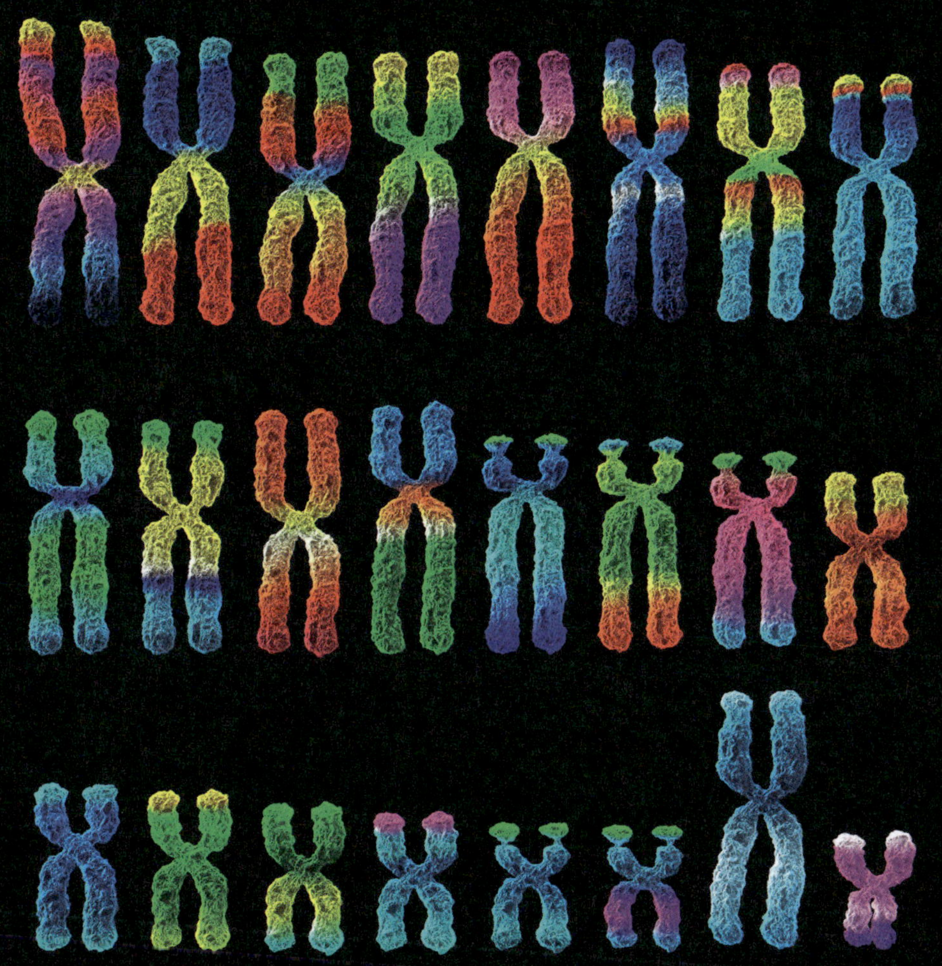

Karyogramm des Chromosomensatzes eines Mannes (künstlich angefärbt), der den beträchtlichen Größenunterschied zwischen den beiden letzten Chromosomen, den Geschlechtschromosomen X und Y, verdeutlicht.

DER CHROMOSOMEN-DATENSPEICHER

Die meisten Zellen im menschlichen Körper enthalten einen doppelten Chromosomensatz, also 46 Chromosomen, jedes ein einzelnes DNA-Molekül. Diese Moleküle sind so lang, dass die Chromosomen einer einzelnen menschlichen Zelle, wenn man sie auseinandergezogen aneinanderreihen würde, eine Länge von 2 bis 3 Metern erreichen würden. Im menschlichen Körper gibt es so viele Zellen, dass deren gesamte DNA rund das Tausendfache des Durchmessers des gesamten Sonnensystems erreichen würde. Die ersten 44 dieser DNA-Stücke in einer Zelle bilden zueinander passende Paare, doch von Chromosom 23, dem sogenannten Geschlechtschromosom, gibt es zwei Varianten. Im weiblichen Geschlecht bilden zwei weitgehend identische Chromosomen, sogenannte X-Chromosomen, ein Paar, während im männlichen Geschlecht ein X-Chromosom von einem deutlich kleineren Y-Chromosom begleitet wird.

Auch wenn wir (fast) jedes Chromosom in zweifacher Ausfertigung besitzen (ausgenommen Chromosom 23 bei Männern), sind diese beiden Chromosomen eines Paares nicht vollständig identisch. Ein Chromosom stammt vom väterlichen, das andere vom mütterlichen Elternteil eines Individuums. Die grundlegende Struktur ist dieselbe, doch das Muster der Information auf der DNA enthält viele kleine Unterschiede (viele ererbt, andere durch Mutationen hervorgerufen), die für weitere Variation sorgen und evolutionäre Veränderungen erlauben. Das sorgt für eine größere Variabilität: Statt dass nur das Chromosom eines einzelnen Elternteils als Kopie dient, ist jedes Chromosomenpaar eine Kombination beider Chromosomen der Eltern.

Ein überraschend großer Anteil der chromosomalen Gene ist allen Arten gemeinsam. Wir teilen etwa 96 Prozent unserer Gene mit Schimpansen und immerhin noch 60 Prozent mit Bananenpflanzen. Anzahl und Größe von Chromosomen variieren zwischen verschiedenen Arten hingegen beträchtlich. Prokaryoten, einfachere, einzellige Organismen, die keinen Zellkern haben, wie Bakterien, besitzen in der Regel nur ein einziges, ringförmiges Chromosom. Eukaryoten, Organismen mit einem echten Zellkern und einem komplexeren Zellaufbau, ob Einzeller oder Vielzeller, besitzen eine Reihe linearer Chromosomen unterschiedlicher Größe.

Was Chromosomenzahl und -größe angeht, so liegen Menschen mehr oder minder im Mittelfeld, und es gibt keine Beziehung zwischen der offenbaren Komplexität des Organismus und diesen Werten. So weisen einige Ameisen beispielsweise nur zwei Chromosomen im Vergleich zu unseren 46 auf, während Katzen über 38 Chromosomen verfügen. Schnecken haben hingegen 54, Hunde 78, Igel 90 und Eisvögel 132 Chromosomen. Selbst diese Zahlen werden von manchen Pflanzen in den Schatten gestellt; es gibt beispielsweise Farne mit mehr als 1000 Chro-

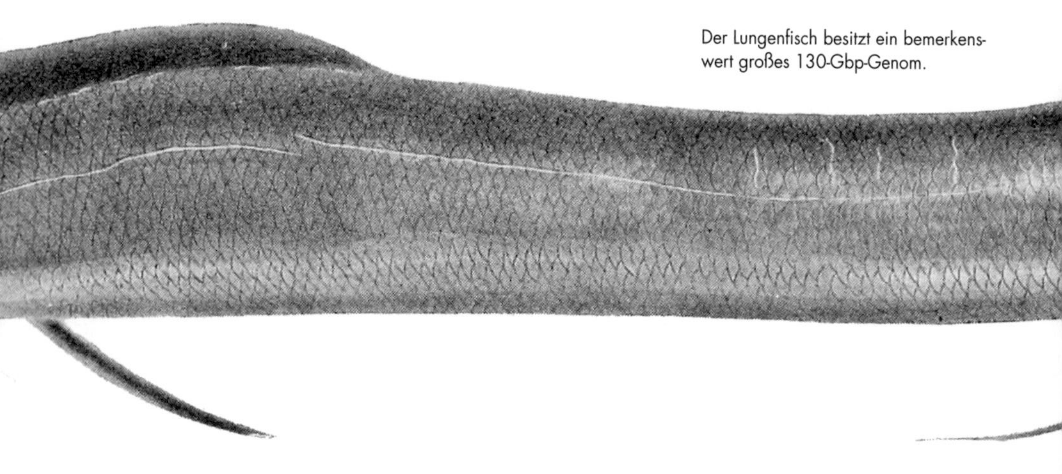

Der Lungenfisch besitzt ein bemerkenswert großes 130-Gbp-Genom.

Mit 132 Chromosomen weist der Eisvogel fast dreimal so viele Chromosomen wie der Mensch mit seinen 46 Chromosomen auf.

mosomen, wobei es oft vorkommt, dass Pflanzen mehrere Varianten ein und desselben Chromosoms aufweisen.

Ebenso spiegelt die Gesamtmenge an Information in den Chromosomen nicht die Komplexität des Organismus wider, zu dem sie gehört. Bei einem Computer gibt man die Größe des Speichers in Megabytes oder Gigabytes an (wobei ein Byte acht Bits entspricht). Die Größe von Chromosomen wird anhand der Anzahl der Basenpaare bemessen und gewöhnlich in Tausenden (Kbp), Millionen (Mbp) oder Milliarden (Gbp) Basenpaaren angegeben. Abgesehen von Viren, die nur sehr wenig genetisches Material aufweisen, reicht die Spannbreite von Bakterien, die alles von 100 Kbp bis 10 Mbp aufweisen können, bis zu Insekten und vielen Pflanzen im Bereich von 100 Mbp bis 500 Mbp. Tiere liegen oft in einem Mittelfeld von 1 Gbp bis 4 Gbp; beim Menschen sind es rund 3 Gbp. Bei Pflanzen geht die Kurve jedoch weiter nach oben, bis zu einer Einbeere, *Paris japonica*, mit etwa 150 Gbp.

«DIE ANFÄNGE DES LEBENS SIND ENG VERBUNDEN MIT DEN WECHSELWIRKUNGEN ZWISCHEN PROTEINEN UND NUKLEINSÄUREN.»
FLORENCE BELL

DEN CODE KNACKEN

Es ist eine Sache, den Aufbau der DNA und die Größe dieses bemerkenswerten Moleküls zu kennen, doch eine andere ist es, den Code zu dechiffrieren und zu verstehen, was das Muster bedeutet. Wenn Sie sich den Code von Einsen und Nullen im Speicher Ihres Computers oder Mobiltelefons anschauen würden, könnten Sie vermutlich nichts damit anfangen. Man muss wissen, was das Muster bedeutet. Nehmen wir zum Beispiel die Abfolge

01000010 01010010 01001001 01000001 01001110

Ohne zu wissen, was diese binäre Abfolge besagt, lässt sich kaum ableiten, was sich hinter dieser Zahlenfolge verbirgt. Wenn wir jedoch wissen, dass es sich um einen ASCII-Code (American Standard Code for Information Interchange) handelt, wie er verwendet wird, um Zeichen in einem Computer darzustellen (siehe unten), könnte man das Muster lesen und feststellen, dass es den Namen BRIAN darstellt.

> ASCII-CODE: Ein Code zur Darstellung von Buchstaben und anderen Zeichen mit binären Zahlen (nur basierend auf 1 und 0), der in Computern verwendet wird. Der elementare ASCII-Code verwendet sieben Bits für jedes Zeichen.

Der bekannteste Teil der Information, der in der DNA codiert ist, liegt in den Genen. Gene sind Teilabschnitte des Codes, der dazu dient, die Struktur anderer Moleküle zu beschreiben. In den meisten Fällen handelt es sich dabei um ein Molekül aus einer breiten Palette von Bausteinen des Lebens, die als Eiweiße oder Proteine bezeichnet werden. Damit spielen Gene eine wichtige Rolle bei der Spezifizierung vieler Anweisungen für den Aufbau eines Organismus. Einige Gene arbeiten in komplexen Sequenzen zusammen, andere unabhängig oder in kleinen Gruppen, um einfache Aspekte eines Organismus, wie Haar- oder Augenfarbe festzulegen. Varianten von Genen, oft das Ergebnis zufälliger Veränderungen, sogenannte Mutationen, erzeugen Unterschiede zwischen Individuen. Jeder von uns trägt eine Fülle derartiger Varianten – wir alle sind Mutanten –, und im Lauf der Zeit führt die Anhäufung solcher Veränderungen zur Entwicklung neuer Arten, wie wir im vergangenen Kapitel gesehen haben.

Proteine sind selbst komplexe Moleküle, die aus bestimmten Bausteinen, den Aminosäuren, aufgebaut sind. Und an dieser Stelle kommt der genetische Code ins Spiel. Es gibt zwanzig natürlich vorkommende Aminosäuren, daher reicht ein einzelnes Basenpaar nicht aus, um festzulegen, welche Aminosäure an einer bestimmten Stelle in ein Protein eingebaut werden soll. Und wiederum gibt es so etwas wie eine Parallele zum Computer. Die 0- und 1-Werte in einem Bit reichen offensichtlich nicht aus, um einen bestimmten Buchstaben des Alphabets festzulegen. Anfangs wurden diese Buchstaben durch ein 8-Bit-Wort spezifiziert, was 128 Zeichen im ASCII-Code gestattet (aus technischen Gründen wird nur eine 7-Bit-Zeichencodierung benutzt). Das funktionierte bei einem einzigen Alphabet – wie beim obigen Code für BRIAN – sehr gut, doch Computer verwenden heute zahlreiche Alphabete sowie spezielle Symbole und benutzen dazu eine Erweiterung von ASCII, die als Unicode bezeichnet wird und bei der jedes Zeichen durch einen erweiterbaren Satz von mindestens 16 Bit dargestellt wird.

Was den genetischen Code angeht, so legt ein Triplett von Basenpaaren, das sogenannte Codon, fest, welche Aminosäure gemeint ist. Da jedes Basenpaar einen von vier Werten annehmen kann, ergibt dies insgesamt 64 Werte – mehr als genug für 20 natürliche Aminosäuren. In der Praxis benötigt man einen zusätzlichen Wert, denn ein Protein setzt sich aus zahlreichen Aminosäuren zusammen, die miteinander verknüpft sind. Wenn die molekulare Maschinerie, die ein Protein zusammenbaut, eine Reihe von Codons ausliest, braucht es eine Anweisung, wann das Molekül komplett ist; daher gibt es auch ein Codon für den «Stopp»-Befehl.

AMINOSÄUREN: Organische Verbindungen, die, in Ketten aneinandergereiht, Proteine bilden. Sie enthalten eine Stickstoff/Wasserstoff-Gruppe (NH_2) und eine Säuregruppe in Form von COOH.

Wenn der DNA-Code so wie der ASCII-Code bewusst entworfen worden wäre, statt sich im Lauf der Evolution entwickelt zu haben, wäre es sinnvoll gewesen, einen Code für jede Aminosäure oder jedes Kontrollkommando zu haben, sodass 40 Codes für mögliche andere Zwecke frei bleiben. Wie wir jedoch gesehen haben, ist die Natur nicht nach einem Designerplan entworfen, daher gibt es für jede Aminosaure und jedes Stopp-Kommando mehrere Codons, die alle zum selben Ergebnis führen. Jede mögliche Kombination der 64 Varianten wird eingesetzt.

«FAST ALLE ASPEKTE DES LEBENS SIND AUF MOLEKULARER STUFE ORGANISIERT; WENN WIR ALSO DIE MOLEKÜLE NICHT VERSTEHEN, KÖNNEN WIR ÜBER DAS LEBEN SELBST NUR SEHR OBERFLÄCHLICH BESCHEID WISSEN.» FRANCIS CRICK

JENSEITS DER PROTEINE

Wenn es die einzige Aufgabe der DNA wäre, als Konstruktionsanweisung für Proteine zu fungieren, müsste sie nicht größer sein als der Satz Gene für die jeweilige Spezies. Die Anzahl von Genen, über die ein Organismus verfügt, variiert stark; beim Menschen geht man von 21 000 protein- und 9000 RNA-codierenden (s. u.) Genen aus, beim Reis hingegen gibt es mehr als 45 000 solcher Gene. In der Praxis handelt es sich dabei nur um einen Bruchteil der verfügbaren DNA auf den Chromosomen. Ein relativ kleiner Teil des zusätzlichen Platzes wird von einer Reihe Gene eingenommen, die nicht dazu dienen, die Struktur von Proteinen festzulegen, sondern vielmehr die der RNA. RNA lässt sich als eine Art reduzierter DNA beschreiben, die nur einen Einzelstrang statt eines Doppelstrangs aufweist; zudem verwendet sie statt der Base Thymin die Base Uracil, und ihr Zucker Ribose verfügt über ein Sauerstoffatom mehr. Die RNA spielt ganz verschiedene Rollen. Bei einigen Viren, beispielsweise, ist sie die einzige Quelle genetischen Materials. Eine ihre Hauptfunktionen bei der großen Mehrheit von Organismen besteht darin, Information von der DNA abzulesen und sie in eine Schablone für den Aufbau eines Proteins zu verwandeln. Im Lauf dieses Ablesevorgangs wird der DNA-Reißverschluss teilweise geöffnet und ein komplementäres RNA-Molekül vom entsprechenden Genabschnitt kopiert. Ein einfaches Kopieren der Vorlage reicht jedoch nicht aus, um die Aufgabe zu erledigen, denn ein Gen besteht aus mehr Codons als nötig, um ein Protein in einer ordentlichen, ununterbrochenen Folge herzustellen.

RNA: Die Ribonukleinsäure ist, wie die DNA, ein Informationsspeicher; sie weist aber nur einen einzigen Strang auf und verwendet eine andere Base – Uracil – anstelle von Thymin.

RNA-Editing

Bei der Produktion von messenger-RNA (mRNA) werden die Introns (grau in der prä-mRNA) herausgeschnitten, um einen kontinuierlichen proteincodierenden Codeabschnitt zu erzeugen.

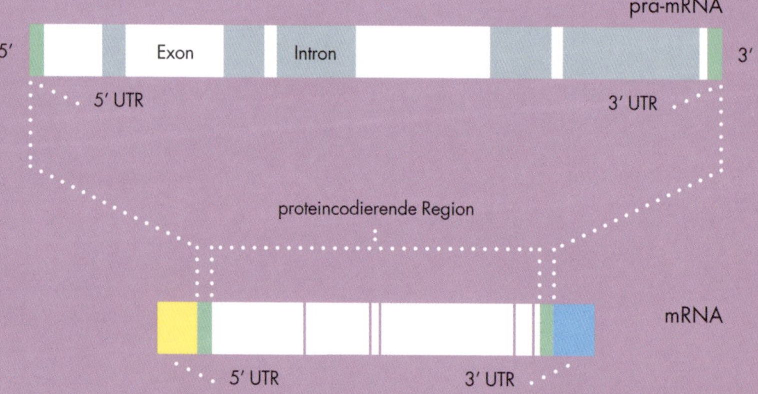

Die Reispflanze verfügt über mehr Gene als der Mensch, auch wenn Reis ein bedeutend weniger komplexes Lebewesen ist.

Die Information in der DNA wurde nicht in strukturierter, gezielter Weise zusammengestellt, sondern durch den zufälligen Lauf der Evolution. Infolgedessen liegen zwischen den proteincodierenden Bereichen DNA-Abschnitte, die als Introns bezeichnet werden. Nach der Herstellung der primären DNA-Kopie mit Exons und Introns müssen die Introns herausgeschnitten werden, sodass eine korrekte Folge von Codons zum Zusammenbau des Proteins entsteht.

Neben die messenger-RNA – im Deutschen manchmal auch als «Boten-RNA» bezeichnet –, die von der DNA «abgeschrieben» wird (Transkription), gibt es andere Varianten dieses vielseitigen Moleküls, die zusätzlich zu Proteinen als Enzyme eingesetzt werden. Es gibt auch kurze RNA-Abschnitte, die dazu dienen, messenger-RNA mit Aminosäuren zu verknüpfen; diese tRNAs werden von eigenen Genen codiert.

All dies macht nur einen geringen Prozentsatz der DNA aus, die in den Chromosomen codiert ist. Der Rest wird traditionellerweise als «Junk-DNA» bezeichnet und spiegelt die Art und Weise wider, wie die Evolution verschiedene Strukturen anhäuft, ohne dabei «aufzuräumen». Ein Teil der zusätzlichen DNA sind Wiederholungen, die auf Kopierfehler zurückgehen. Andere Teile stammen möglicherweise von anderen artfremden Organismen, wie Viren, die in der Lage sind, die DNA-Struktur zu modifizieren. In jüngerer Zeit ist jedoch erkannt worden, dass andere DNA-Abschnitte sehr wichtige Funktionen haben.

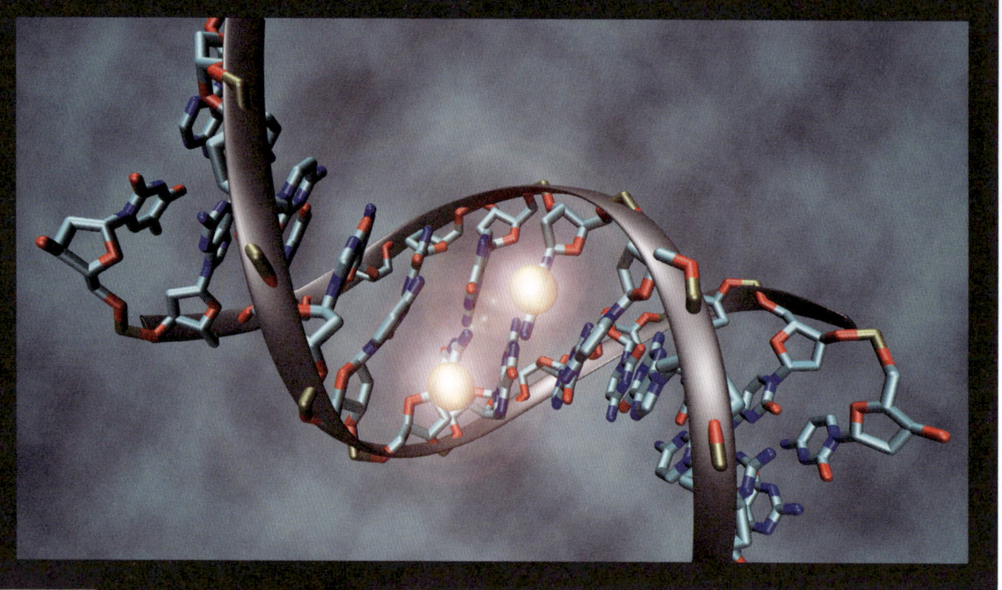

Darstellung einer Methylierung: Wo die beiden hellen Flecken die Lage von Methylgruppen anzeigen, wird das Ablesen von Basen in der Transkription verhindert.

DER EPIGENETISCHE CODE

Zusätzlich kann DNA epigenetisch aktiv sein – sie wirkt dabei über die Gene hinaus. Es handelt sich noch immer um Material, das vererbt wird, doch wenn wir an unsere Computeranalogie denken, bei der der genetische Code Daten entspricht, ähnelt der epigenetische Code eher einem Teil des Computerprogramms. Er liefert beispielsweise Mechanismen zum An- und Abschalten von Genen, sodass sie zu bestimmten Zeiten im Leben eines Organismus aktiviert werden können, zu anderen Zeiten jedoch stumm bleiben.

Einer der häufigsten epigenetischen Mechanismen ist die DNA-Methylierung. Chemisch ist eine Methylgruppe eine einfache Verbindung aus einem Kohlenstoffatom, an dem drei Wasserstoffatome hängen. Damit verfügt das Kohlenstoffatom über eine weitere freie Bindung, mit der es sich mit einem weiteren Atom verbinden kann. Wenn eine bestimmte Base auf dem DNA-Strang methyliert wird, heißt das, dass sie eine Verbindung mit dem freien «Arm» einer Methylgruppe eingeht. Obwohl die Basensequenz unverändert bleibt, verhindert die Methylgruppe ein weiteres Ablesen des Gens. Diese Funktion kann auch von sogenannten «Repressorproteinen», kurz Repressoren, übernommen werden.

Ein faszinierender Aspekt der Epigenetik ist, dass sie nicht nur durch die Umgebung eines Organismus beeinflusst wird, sondern das epigenetische Muster auch an die Nachkommen des betreffenden Organismus weitergegeben werden kann. Das bringt einen Aspekt in der Geschichte der Evolutionsbiologie wieder ins Gespräch, der als wissenschaftlicher Irrtum abgetan wurde. Bei dem Versuch zu erklären, wie Merkmale von Generation zu Generation weitergegeben werden, stellte der französische Biologe Jean-Baptiste Lamarck die These auf, Lebewesen würden durch ihre Wechselbeziehung mit ihrer Umwelt Merkmale erwerben und diese Merkmale an ihre Nachkommen weitergeben.

So vermutete Lamarck zum Beispiel, dass die Vorfahren der Giraffe bei ihrem Versuch, die Blätter in den Baumwipfeln abzuweiden, ihren Hals immer stärker streckten und ihn so ein wenig verlängerten. Ihre Nachkommen würden diese von ihren Eltern erworbenen Merkmale erben und daher einen etwas längeren Hals haben, so Lamarck. Sie selber würden dann ihren Hals noch ein wenig stärker strecken und dieses Merkmal ihrerseits weitergeben, und so fort, und auf diese Weise die Evolution vorantreiben. Diese Vorstellung wurde mit der These ins Extrem geführt, dass die Erfahrungen einer Schwangeren die Entwicklung des Kindes in ihrem Uterus beeinflussen können. Beispielsweise wies der berühmte Viktorianer Joseph Merrick, der als «Elefantenmensch» bekannt wurde, eine Störung auf, die zu schweren Skelettdeformationen führte. Angeblich wurde Merricks Mutter, während sie mit ihm schwanger war, von einem Elefanten erschreckt, was zu dieser Störung geführt haben sollte.

Als das Konzept der genetischen Vererbung als Mechanismus hinter der Evolution durch natürliche Selektion allgemeine Akzeptanz fand, wurden Lamarcks Ideen abgetan und schließlich sogar als naiv verspottet. Wie die Epigenetik jedoch gezeigt hat, ist es möglich, dass Umwelteinflüsse über epigenetische Faktoren in der DNA eines Elternteils an die nächste Generation weitergegeben werden, was in begrenztem Sinne zu einer Art Lamarckistischer Vererbung führt.

Lamarck nahm an, Giraffen hätten ihren Hals stark gestreckt, um an Blätter in den Baumwipfeln zu gelangen, und hätten diese im Lauf ihres Lebens erworbene Veränderung an ihre Nachkommen weitergegeben, was im Lauf von Generationen zu immer längeren Hälsen geführt habe.

MEHR ALS EINE BLAUPAUSE

Epigenetik ist die Lösung für das Rätsel, dass die Zahl der verfügbaren Gene nicht genug Daten für eine vollständige «Blaupause» zur Konstruktion, sagen wir, eines Menschen liefert. Die epigenetischen Daten sind ein zusätzlicher Teil des Musters und geben an, wie, wann und wo genetische Information abgerufen werden muss. Wenn wir uns die Konstruktion eines Organismus wie den Output einer automatisierten Fabrik vorstellen, dann entsprechen die Gene der verfügbaren Maschinerie zur Herstellung des Produkts, doch die Epigenetik liefert das Kontrollprogramm, um verschiedene Teile an- und abzuschalten und Material in der Fabrik von einem Ort zum anderen zu lotsen.

Alle eukaryotischen Organismen – wie Tiere und Pflanzen – beginnen als einzelne Zelle, die sich wiederholt teilt und ihre Komplexität jedes Mal verdoppelt. Wenn Zellen aber nichts weiter könnten, als sich zu teilen, wäre das Ergebnis nicht mehr als ein undifferenzierter Zellklumpen. Doch das wird durch einen Prozess verhindert, den man als Zelldifferenzierung bezeichnet. Die zunächst undifferenzierten Zellen spezialisieren sich und übernehmen unterschiedliche Funktionen; es entwickeln sich höchst unterschiedliche Zelltypen, von langgestreckten Nervenzellen bis zu kompakten Muskelzellen. Dass solche Differenzierungen stattfinden, ist eine Folge der Epigenetik.

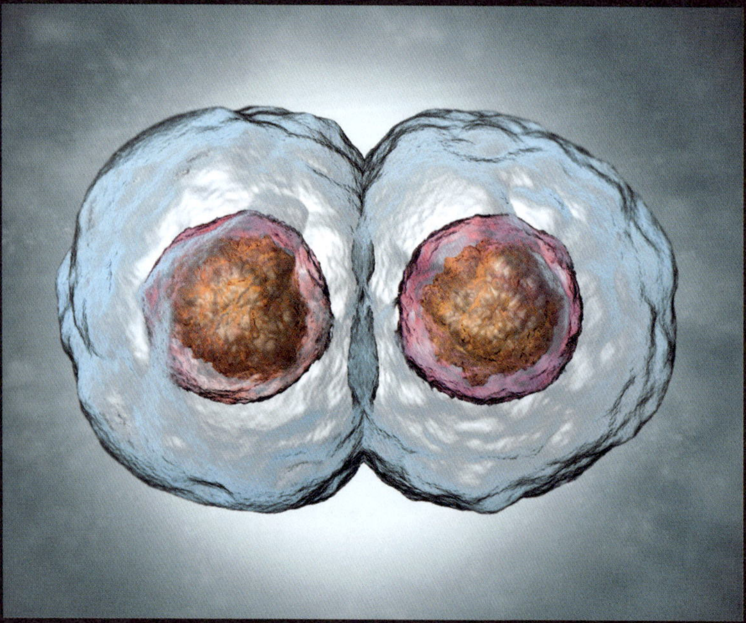

Eine Eukaryotenzelle bei der Teilung (Mitose): der Prozess, bei dem der Zellkern verdoppelt wird, wenn sich die ursprüngliche Zelle teilt und zwei Tochterzellen bildet.

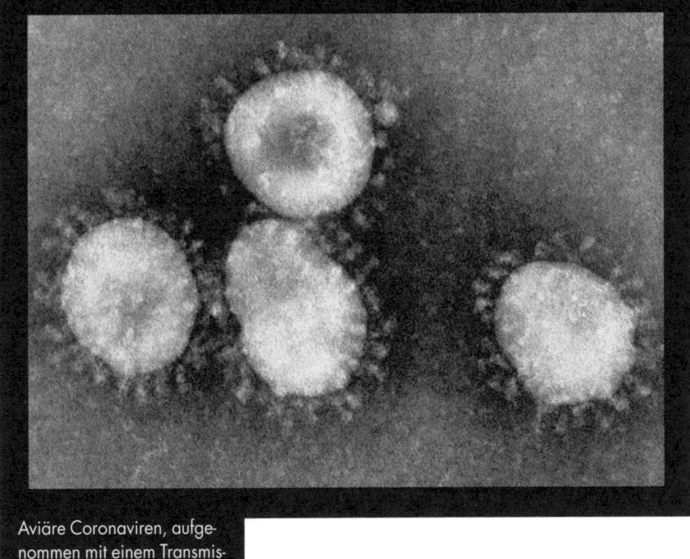

Aviäre Coronaviren, aufgenommen mit einem Transmissionselektronenmikroskop.

Ein sich entwickelnder Organismus muss nicht nur verschiedene Zelltypen herstellen, sondern zugleich aus einer Ansammlung von Zellen die physischen Strukturen bilden, die ihn ausmachen, beispielsweise Organe. Im Lauf dieses Prozesses produzieren einige Gene chemische Verbindungen, die als Morphogene bezeichnet werden; Morphogene dienen als eine Art dreidimensionale Blaupause und schalten Gene an. Auch wenn Morphogene von Genen erzeugt werden, gehen sie tatsächlich über einfache genetische Strukturen hinaus und liefern einen epigenetischen Bauplan, der die Bildung des endgültigen Organismus ermöglicht.

All dem liegt das Leitmuster der DNA zugrunde, das für die Existenz fast aller uns bekannten Lebewesen verantwortlich ist, von Bakterien bis zu Pflanzen und Tieren. Auch wenn einige Organismen allein mit RNA zurechtkommen, ist DNA ansonsten universell verbreitet. Die in der DNA gespeicherten Daten sind in jedem Organismus anders, doch der zugrunde liegende Mechanismus und die Art der Codierung sind identisch, was ein starker Beleg dafür ist, dass sämtliche Lebewesen, die heute existieren, einen gemeinsamen Vorfahren haben. Wie es aussieht, hat alles Leben auf der Erde einen einzigen, gemeinsamen Ursprung.

Wir wissen bislang nicht, ob es im Universum außerirdisches Leben gibt – anderes Leben als das, was wir auf der Erde finden. Auch wenn die Science-Fiction gern Aliens porträtiert, gibt es bislang keine wissenschaftlichen Belege für die Existenz außerirdischen Lebens. Falls es so etwas jedoch tatsächlich gibt, wäre es unwahrscheinlich, dass es genauso funktioniert wie bei uns, doch es bräuchte irgendein Äquivalent zur DNA – einen vielseitigen chemischen Informationsspeicher, der von einer Generation zur nächsten weitergegeben werden kann (es sei denn, die Aliens bildeten eine einzige Einheit ohne Nachkommen). Die DNA spielt eine entscheidende Rolle dabei, Leben in einer sich verändernden Umwelt aufrechtzuerhalten, doch unser letztes Muster ist sogar noch grundlegender. Man kann wohl sagen, dass Symmetrie das Muster ist, das der Wirklichkeit selbst zugrunde liegt.

10
SYMMETRIEN

Emmy **Noether**
1882–1935

GRUNDMUSTER SYMMETRIE

Den Begriff «Symmetrie» verbindet man gemeinhin mit Kunst und Architektur – und dort spielt er auch eine wichtige Rolle –, aber die symmetrischen Muster, die durch Reflexion, Rotation, Translation und andere Bewegungen entstehen, sind von zentraler Bedeutung für viele Aspekte in der Natur, angefangen bei den Körpersymmetrien von Tieren, bis hin zu den grundlegenden Symmetrien der Physik, die für die Anzahl der Elementarteilchen verantwortlich sind und sogar hinter fundamentalen Naturgesetzen wie dem Energieerhaltungssatz stecken. Wissenschaftler glauben, dass Symmetrie zu den Grundmustern des Universums gehört und großen Anteil daran hat, wie Naturgesetze letztlich verankert sind. Die deutsche Mathematikerin Emmy Noether konnte in einer bahnbrechenden Arbeit mathematisch beweisen, dass die Erhaltungssätze – Naturgesetze, die für einen Großteil des Verhaltens der Natur um uns herum verantwortlich sind – das Ergebnis von Symmetrien in der Natur sind. Symmetrie ist viel mehr als eine visuell ansprechende Gestaltung. Sie ist ein Grundmuster, das den Kern der Realität formt.

SPIEGLEIN, SPIEGLEIN AN DER WAND

Symmetrie (was wörtlich so viel bedeutet wie «auf ähnliche Weise gemessen») ist einer der Begriffe, die wir häufig verwenden, ohne groß über seine Bedeutung nachzudenken. Im Allgemeinen wird er am häufigsten in Zusammenhang mit «Spiegelsymmetrie» verwendet. Damit ist nicht das eigene Spiegelbild gemeint, sondern Formen oder Objekte, die gespiegelt genauso aussehen wie das Original. Solche Symmetrien kann man herstellen, indem man ein Bild teilt und die eine Hälfte durch das Spiegelbild der anderen ersetzt. Spiegelsymmetrie liegt also vor, wenn die eine Hälfte eines Objekts die gespiegelte Version der anderen Hälfte ist.

CHIRALITÄT: Objekte wie Handschuhe, die eine «Händigkeit» haben, werden wissenschaftlich als «chiral» bezeichnet. Chirale Moleküle sind solche, die zwar durch dieselbe chemische Formel beschrieben werden, aber eine andere Anordnung der Atome haben und die chemisch anders reagieren.

Zum Verständnis dieser Beschreibung ist die häufig falsche Vorstellung von dem, was in einem Spiegel passiert, wenig hilfreich. Schauen Sie sich selbst im Spiegel an! Das Bild, das Sie vor sich sehen, ist nicht dasselbe, das jemand sieht, der Sie direkt anschaut. Wenn Sie Ihre linke Hand heben, scheint ihr Spiegelbild seine rechte zu heben. Es ist, als würde der Spiegel links und rechts vertauschen. Doch wenn das wirklich der Fall wäre, woher weiß der Spiegel dann, dass er zwar links und rechts vertauschen soll, nicht aber oben und unten? Es hat auch nichts mit der Orientierung des Spiegels zu tun: Drehen Sie ihn um 90 Grad, und er scheint immer noch links mit rechts zu vertauschen.

Man versteht besser, was passiert, wenn man ein Buch (oder eine Zeitschrift) mit der Vorderseite in den Spiegel hält. Ihr Spiegelbild hält die Zeitschrift mit der Rückseite zu Ihnen gewandt, obwohl diese Rückseite eine gespiegelte Version der Vorderseite Ihres Buches zeigt. Das

«SYMMETRIE IST, WAS WIR AUF DEN ERSTEN BLICK SEHEN; DENN ES GIBT KEINEN GRUND FÜR IRGENDEINEN UNTERSCHIED.»

BLAISE PASCAL

In der Kunst wird Symmetrie häufig wegen ihrer gefälligen Wirkung eingesetzt, wie an diesem spiegelsymmetrischen Bild zu sehen ist.

heißt, der Spiegel dreht eigentlich das Bild von innen nach außen wie eine umgestülpte Badekappe. Wenn Sie Ihre linke Hand heben, glauben Sie, Ihr Spiegelbild halte Ihre rechte Hand hoch; doch in Wirklichkeit handelt es sich um dieselbe Hand, nur mit verkehrter Vorder- und Rückseite.

Damit wird klar, was Spiegelsymmetrie (sie steht ja für «Ähnliches messen») bedeutet: Man nimmt den Abstand eines Punktes in einer Bildhälfte zu einem vorgestellten Spiegel und trägt ihn in die andere Richtung ab. Jeder Punkt der einen Bildhälfte eines spiegelsymmetrischen Bildes hat denselben Abstand von der Achse, an der die Spiegelung stattfindet, wie der äquivalente Punkt in der anderen Bildhälfte.

Das Tarnkleid des Tigers ist längs der Wirbelsäule nahezu symmetrisch und trägt zu seinem ästhetischen Erscheinungsbild bei.

TIGER! TIGER!

Spiegelsymmetrie empfinden wir als attraktiv. Viele der vor dem 20. Jahrhundert üblichen Baustile, zum Beispiel, neigen dazu, Spiegelsymmetrie einzusetzen. Diese Anziehung hat ihren Ursprung im menschlichen Körper. Wir finden Menschen attraktiv, die symmetrische Gesichter und Körper haben. Quer durch die Zeiten und Kulturen gab es immer wieder ganz unterschiedliche Schönheitsideale. Zum Beispiel galten Frauen als attraktiv, wenn sie schlank oder korpulent waren, hellhäutig oder tätowiert, blass oder gebräunt, mit kleinen Nasen oder großen Nasen und so weiter, eine endlose und verwirrende Reihe von Widersprüchen. Nur die Symmetrie des Gesichts ist ein unveränderlicher Maßstab dafür, ob ein Mensch einen anderen Menschen als schön empfindet.

Bei dieser Präferenz ist die natürliche Selektion am Werk. Die äußeren Anzeichen vieler Krankheiten erzeugen ein gewisses Maß an Asymmetrie – wenn wir ein Gesicht in perfektem Gleichgewicht ansehen, gehen wir davon aus, dass es Gesundheit widerspiegelt. Die Begeisterung für Symmetrie wurde mit Fotografien von Gesichtern getestet, deren eine Gesichtshälfte die gespiegelte andere Gesichtshälfte war: Nahezu immer wurde die manipulierte Version als attraktiver eingeschätzt als das ursprüngliche Gesicht, allerdings als nicht so interessant. Rein biologisch betrachtet, suchen Menschen bei der Partnerwahl dauerhafte Gesundheit und die Fähigkeit, gesunde Nachkommen zu zeugen. Symmetrie, attraktiv bei beiden Geschlechtern, hat sich historisch als Signal für Gesundheit etabliert.

BILATERALE SYMMETRIE: Ein großer Teil aller Tiere haben eine bilaterale Symmetrie; das heißt, ihre Körper sind ungefähr spiegelsymmetrisch zu einer längs verlaufenden Achse. Im Körper selbst ist diese Symmetrie meist gebrochen. Beispiel: die Lage des menschlichen Herzens.

Die gleiche Präferenz für Symmetrie hat man bei Hühnern festgestellt, die ebenfalls symmetrisch gebaute Artgenossen des jeweils anderen Geschlechts bevorzugen, und im Übrigen spielt das auch bei unserer Wertschätzung des Aussehens anderer Spezies eine Rolle. Nicht von ungefähr schrieb William Blake 1794 in seinem Gedicht «The Tyger»:

«Tiger! Tiger! Brand entfacht
In den Wäldern tiefer Nacht;
Welch unsterblich Aug' und Hand
Hat dich in dein Maß gebannt?»

So wirksam Spiegelsymmetrie für das Auge auch ist, sie stellt nur einen kleinen Ausschnitt des großen Spektrums an möglichen Symmetrien dar.

«[ICH WÜRDE BEHAUPTEN DASS…] SYMMETRIE STELLT ORDNUNG DAR, UND WIR SEHNEN UNS NACH ORDNUNG IN DIESEM SELTSAMEN UNIVERSUM, IN DEM WIR UNS BEFINDEN.»

ALAN LIGHTMAN

Der achteckige Innenhof eines Berliner Gebäudes, das oktagonale Symmetrie illustriert.

DEN SPIEGEL DREHEN

Symmetrie zeigt sich – nach der Achsensymmetrie – am klarsten als Drehsymmetrie. Man spricht bei einem Objekt von Drehsymmetrie, wenn es nach Rotation um einen bestimmten Betrag nicht von dem ursprünglichen Zustand zu unterscheiden ist. Denken Sie, zum Beispiel, an ein simples Quadrat. Drehen Sie es um 90 Grad um eine Achse, die senkrecht durch das Zentrum des Quadrats verläuft – oder irgendein Vielfaches von 90 Grad – und es wird unverändert aussehen. Ein Quadrat ist eine vierfach drehsymmetrische Figur. Das heißt, es ist symmetrisch, wenn man es um ein Viertel der vollen Drehung von 360 Grad dreht.

Zum Vergleich nehme man ein nicht quadratisches Rechteck. Dreht man das um 90 Grad, ergibt sich ein anderes Bild. Um durch Drehung eine Figur zu erzielen, die nicht vom Original zu unterscheiden ist, muss man das Rechteck um 180 Grad drehen – also eine halbe Drehung –, somit hat es eine zweizählige Drehsymmetrie. Gleichseitige Dreiecke (sowie auch die antike Triskele, die man auf Gravuren der Bronzezeit findet, und das dreiarmige Symbol, das man in der Heraldik kennt) haben eine dreizählige Drehsymmetrie. Man kann sich über Vielecke mit vielen Seiten bis zu einem besonderen Fall der Rotationssymmetrie vorarbeiten, der keinem anderen gleicht: dem Kreis.

Ein Kreis hat die ultimative Drehsymmetrie; ganz gleich, um welchen Betrag man ihn dreht, er sieht immer gleich aus. Man könnte das eine unendlichfache Symmetrie nennen. Dies ist nicht nur von abstraktem mathematischem Interesse. Der Kreis liefert einen ersten Hinweis darauf, warum Symmetrie nicht nur visuell interessant ist, sondern auch in der Alltagswelt bedeutsam sein kann. Es liegt an der Symmetrie des Kreises, dass die besten Räder rund sind. Wegen der unendlichfachen Symmetrie hat das sich drehende Rad jederzeit Kontakt mit dem ebenen Boden.

Dies mag offensichtlich erscheinen, aber die Beziehung zwischen Symmetrie und Rad ist tiefgründiger, als es auf den ersten Blick erscheint. Die Symmetrie kreisförmiger Räder ist nicht in allen Geländen ideal. Man könnte sich ein realistisches, unebenes Gelände vorstellen, in dem ein Rad mit einer Reihe von Ecken effektiver wäre. Allerdings ist die Chance, die genau passende Radform für das aktuelle Gelände zu finden, gering, weswegen das kreisförmige Rad normalerweise doch die beste Option ist, insbesondere bei den heutigen, relativ ebenen Straßenoberflächen.

Mit dieser zweiten Art Symmetrie erkennt man nun, dass die Regeln von Spiegelsymmetrie und Rotationssymmetrie sich zwar überlappen, aber nicht identisch sind. Ein Quadrat und ein Rechteck sind beide spiegelsymmetrisch bezüglich jeder Achse, die durch die Mitte der Form und parallel zu zwei der Seiten verläuft. Ein gleichseitiges Dreieck besitzt Spiegelsymmetrie bezüglich dreier Linien, von denen jede durch einen Eckpunkt und den Mittelpunkt der gegenüberliegenden Seite verläuft. Und ein Kreis ist spiegelsymmetrisch bezüglich jeder Achse in der Kreisebene, die durch den Mittelpunkt geht. Andere rotationssymmetrische Formen, wie zum Beispiel die Triskele, haben keine Spiegelsymmetrie.

Die dreifache Rotationssymmetrie der Triskele kommt in Gravuren aus der Bronzezeit und auch in Gestalt dreier Beine in der Heraldik vor.

Diese Beispiele beziehen sich alle auf Symmetrien in zweidimensionalen Formen, aber die gleichen Konzepte kann man auch auf dreidimensionale Objekte anwenden. So wie Spiegelsymmetrie in einem dreidimensionalen Gebäude anzutreffen ist, können wir uns auch Rotationssymmetrie in geeigneten dreidimensionalen Objekten vorstellen, vom trivialen Fall einer Kugel über Würfel bis hin zu komplexeren Strukturen.

BEIM VERSCHIEBEN VERLOREN

Das vielleicht am wenigsten offensichtliche Beispiel für räumliche Symmetrie (es gibt auch andere Arten, wie zeitliche Symmetrien) ist die Translationssymmetrie. Dabei handelt es sich um eine Verschiebungssymmetrie – wie etwas aussieht, wenn es verschoben wurde (im Gegensatz zum Gedrehtwerden), im Vergleich zu seinem Aussehen vor der Verschiebung oder Translation.

Trivialerweise ist jedes Objekt, unabhängig von seiner Form, translationssymmetrisch zu sich selbst, wenn man es längs einer geraden Linie an einen anderen Ort verschiebt. Interessanter (und dann auch nützlich) werden die Dinge erst, wenn wir die Translationssymmetrie eines sich wiederholenden Musters anschauen. Denken Sie zum Beispiel an eine ordentlich gemauerte Ziegelwand. Man kann die Wand um die Länge eines Backsteins verschieben und das Bild der verschobenen Wand wird sich von der ursprünglichen nicht unterscheiden. Es sieht also so aus, als läge eine Translationssymmetrie hinsichtlich dieser Verschiebung um eine Ziegellänge in Ziegelrichtung vor. Aber stimmt das wirklich?

Wenn wir uns ein Paar wirklich identischer Backsteinmauern vorstellen, die voreinander stehen, und wir würden die vordere Wand um eine Ziegellänge verschieben, wären die meisten Ziegel wieder in Reihe, aber ein Stück jeder Mauer würde überstehen, bei der vorderen rechts, der hinteren links. Dort wäre die Symmetrie gebrochen, sie wäre nicht vollständig. Streng genommen kann man von Translationssymmetrie nur sprechen, wenn das Muster sich in Richtung der Verschiebung und in Gegenrichtung ins Unendliche erstreckt.

In der realen Welt sind keine unendlichen materiellen Objekte bekannt. Wie schon bei der Zahlengeraden erwähnt, ist Unendlichkeit ein leistungsfähiges mathematisches Werkzeug, das sich jedoch normalerweise nicht direkt auf reale Objekte anwenden lässt. Was also die Translationssymmetrie in der Realität angeht, sehen wir von den Randbereichen ab und betrachten lediglich den verbleibenden Rest. Solange das Konzept dort funktioniert, können wir es weiterhin als sinnvoll ansehen.

PHYSISCHE UNENDLICHKEIT: Unendlichkeit ist ein starkes mathematisches Konzept, aber man weiß nicht, ob irgendetwas Physisches unendlich ist. Der sichtbare Teil des Universums misst etwa 90 Milliarden Lichtjahre im Durchmesser, aber ob es sich ins Unendliche erstreckt, ist nicht bekannt.

Wir werden uns damit zwar nicht genauer beschäftigen, aber es ist schon wichtig festzustellen, dass es weitere Arten räumlicher Symmetrie gibt, die durch Kombination verschiedener anderer Symmetrien entstehen. Zum Beispiel gibt es die Spiralsymmetrie, die Rotation und Translation kombiniert, oder auch die Gleitreflexion, die durch Kombinieren von Spiegelung und Translation entsteht.

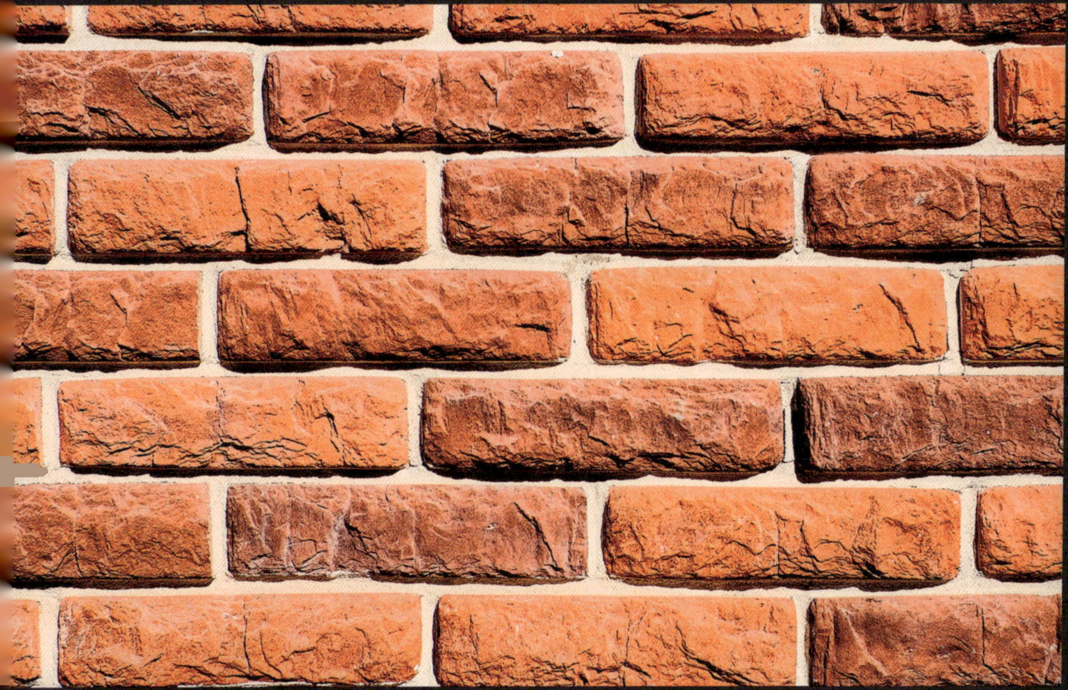

Eine ordentlich gemauerte Backsteinwand hat Translationssymmetrie, denn wenn man die ganze Wand um eine Ziegellänge verschiebt, ergibt sich dasselbe Ziegelmuster.

«FÜR EINEN PHYSIKER BEDEUTET SCHÖNHEIT SYMMETRIE UND EINFACHHEIT.»
MICHIO KAKU

TAPETEN UND PARKETT

In der Kunst und ganz generell, wenn es um flache Oberflächen geht, lassen sich viele der Symmetrieanwendungen auf die Symmetrie von Tapeten und Fliesen zurückführen. Die Muster einer Tapete sind normalerweise auf zweierlei Art symmetrisch: entlang der Tapetenrolle, wo sich das Muster schließlich wiederholt, und eine Symmetrie, die sich seitwärts längs der Wand erstreckt. Die Symmetrie entlang der Rolle ist eine einfache Translationssymmetrie. Wenn wir irgendeinen Punkt auf der Rolle nehmen, können wir einen dazu entsprechenden Punkt finden, indem wir uns einfach längs einer geraden Linie senkrecht abwärts bewegen. Um zum selben Punkt auf der daneben verklebten Rolle zu kommen, muss man sich Stück für Stück seitwärts bewegen, aber möglicherweise auch nach oben oder unten, da die benachbarte Rolle vielleicht vertikal verschoben wurde. Diese beiden Translationen lassen sich zu einer einzigen diagonalen Bewegung zusammenfassen.

Ein islamisches Kachelmuster mit einer komplexen Mischung von Symmetrien.

Abhängig von den Symmetrien der Elemente im Tapetenmuster und ihrer Lage können die Symmetrien einer Tapete auch Drehungen und Spiegelungen beinhalten. Es gibt insgesamt 17 verschiedene Symmetrietypen für Tapetenmuster bzw. ganz allgemein für ebene Gitter. Sobald man von realen Tapeten abstrahiert, muss man sich auch nicht mehr auf zwei Dimensionen beschränken; die Symmetrieoptionen werden bei dreidimensionalen Anwendungen noch reichhaltiger und eignen sich besonders, wenn man die Symmetrie von Kristallen untersucht (siehe Seiten 212–213).

Beim Fliesen geht man etwas anders an Symmetrien heran. Als angenehm empfundene Fliesenmuster können alle Arten von Symmetrie zeigen. Oft weist eine Kachelung wie beim Tapetenmuster eine Wiederholung bestimmter Symmetriemuster auf, die sich über die gesamte Fläche erstrecken. Es kann bei Fliesen jedoch auch lokale Symmetrien geben, die sich nicht über die ganze Wand oder den Boden erstrecken. Zum Beispiel finden bei Mosaiken und Kachelungen in der islamischen Architektur viele komplexe Designs Verwendung, die lokal symmetrisch sind, nicht aber über die gesamte gekachelte Fläche hinweg, weil sich die Muster verschieben oder ineinandergreifen.

Man könnte meinen, dass sich beim Fliesen mit einer kleinen Anzahl von Formen unvermeidlich ein sich wiederholendes Muster einstellt. Der englische Mathematiker Roger Penrose hat jedoch nachgewiesen, dass man auch mit nur wenigen Elementen eine Oberfläche so kacheln kann, dass es nie zu einer vollständigen Wiederholung kommt. In seinen Zwanzigern hatte Roger Penrose zusammen mit seinem Vater Lionel, der Psychiater war, faszinierende visuelle Aspekte von Symmetrien untersucht. Zusammen entwickelten sie zwei klassische, höchst verwirrende Muster: das Penrose-Dreieck und die Penrose-Treppe. Allerdings verfolgte Penrose das Thema Fliesen (mathematisch auch Parkettierung genannt) noch weiter. Dabei stellte sich heraus, dass zwei Grundformen ausreichen, ein Muster zu erstellen, das sich ins Unendliche erstreckt, ohne sich zu wiederholen. Wie bei den islamischen Fliesen kann auch die Penrose-Parkettierung (zum Beispiel auf den Seiten 198–199) lokale Symmetrien aufweisen, doch im weiteren Verlauf wird die Symmetrie immer wieder gebrochen, sodass es nie zu einer durchgehenden Wiederholung kommt.

DIE WELT DER KRISTALLE

Die offensichtlichste Verbindung zwischen visuellen Mustern und der Physik der realen Umwelt zeigt sich in der Struktur von Kristallen. Der Begriff «Kristall» bezieht sich nicht nur auf einen transparenten Edelstein, er bezeichnet jede Substanz, die sich durch einen regelmäßigen, sich räumlich wiederholenden Aufbau mit Atomen auszeichnet. Die Symmetrieüberlegungen, die wir bereits bei Tapeten und Fliesen angestellt haben, gelten auch für kristalline Schichtstrukturen, die häufig verschiedene Arten von Symmetrie aufweisen. Das Vorhandensein dieser Symmetrien kann auf die chemischen und physikalischen Eigenschaften eines Stoffes erhebliche Auswirkungen haben. So verdankt zum Beispiel Graphen, ein bemerkenswertes Material, das aus einatomigen Kohlenstoffschichten mit der kristallinen Struktur von Graphit besteht, seine große Festigkeit und elektrische Leitfähigkeit seiner Symmetrie.

Ein weiteres, wahrscheinlich besser bekanntes Beispiel für die Stärke kristalliner Symmetrie ist die Schneeflocke. Diese bemerkenswerte sechsseitige (in der Kristallografie spricht man von «sechszählig») Struktur hat der schwedische Geistliche Olaus Magnus 1555 entdeckt, während sich die wundervolle Vielfalt der Formen erst mit der Einführung von Mikroskopen im frühen 17. Jahrhundert zeigte. Doch die volle Schönheit von Schneeflocken wurde weithin erst geschätzt, als der amerikanische Meteorologe Wilson Bentley in der Frühzeit der neuen Fotografietechnik 1885 begann, Aufnahmen von Schneeflocken zu machen.

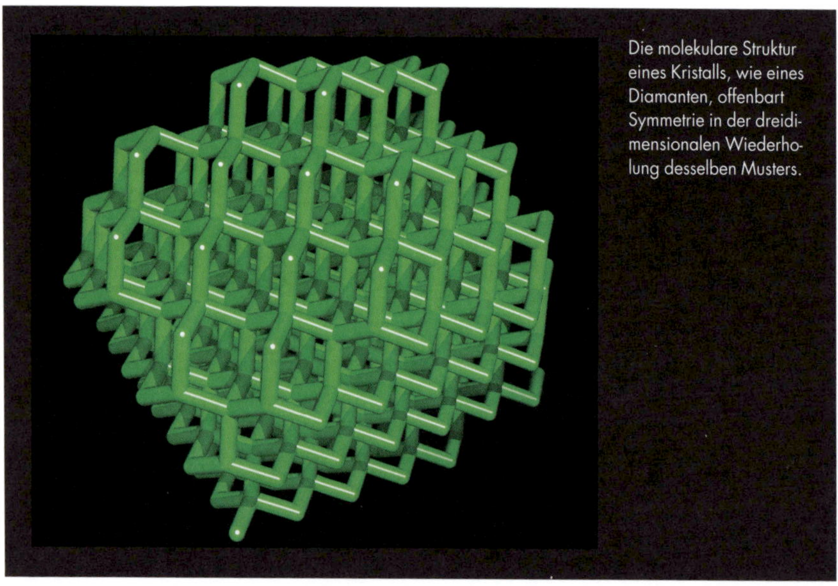

Die molekulare Struktur eines Kristalls, wie eines Diamanten, offenbart Symmetrie in der dreidimensionalen Wiederholung desselben Musters.

Sechszählige Symmetrie in einigen der vielen, verschiedenartigen Schneeflockenfotografien aus Wilson Bentleys *Snow Crystals*.

Bentley haben Schneekristalle Zeit seines Lebens fasziniert, und gegen Ende seines Lebens im Jahr 1931 brachte er ein Buch mit seinen Mikroskopfotografien von Schneekristallen heraus. Die *Snow Crystals*, so der Titel des Buchs, enthielt 2000 bemerkenswerte Fotografien. Von Bentley stammt auch die oft zitierte Beobachtung, die auf seiner lebenslangen Arbeit beruht, dass «keine zwei Schneeflocken gleich sind». Wissenschaftlich lässt sich nicht begründen, dass jede Schneeflocke ein einzigartiges Muster hat, und es ist nicht schwierig, unter den einfacheren Formen identische Flocken zu finden. Andererseits trifft es sicherlich zu, dass es eine riesige Vielzahl unterschiedlicher Schneeflockenformen gibt.

Die traditionelle, zarte Schneeflocke mit ihren sechs Armen, wie wir sie von Weihnachtsdekorationen kennen (als «dendritisch» oder baumartig bezeichnet), wächst bei besonders niedrigen Temperaturen. Aber wenn es wärmer ist, die Luft näher am Gefrierpunkt liegt, bilden Schneeflocken sich eher als einfachere sechsseitige plättchenförmige Kristalle aus. Die offenbar einzigartige Natur der Formenvielfalt von Schneekristallen liegt darin begründet, dass ihr Wachstum durch Chaos gesteuert wird, das mathematische Konzept, dem wir im Kapitel über das Wetter begegnet sind, bei dem sehr kleine Änderungen der Anfangsbedingungen zu sehr großen Unterschieden im Ergebnis führen können.

In der sechszähligen Rotationssymmetrie (und der damit verbundenen Spiegelsymmetrie) von Schneeflocken spiegelt sich die Form von Wassermolekülen wider, die aus einem Sauerstoffatom und zwei Wasserstoffatomen bestehen; deren Bindungen an das Sauerstoffatom bilden einen Winkel von etwa 104,5 Grad. Diese Molekülform führt zusammen mit der Bindung zwischen den Molekülen dazu, dass Wasser auf natürliche Weise Kristalle mit sechszähliger Symmetrie bildet. Mit dem Wachstum dieser molekularen Kristalle bildet sich die vertraute sechsarmige Form der Schneeflockenkristalle heraus.

SYMMETRIE, MATHEMATISCH GEDACHT

Weil unsere Vorstellung von Symmetrie so stark visuell geprägt ist, sollte man den Blick weiten, denn die volle Leistungsfähigkeit dieses Konzepts offenbart sich erst in einer mathematischen Formulierung. Dann wird Symmetrie zu Algebra – konkret geht es darum, ein Zahlenmuster in ein anderes zu übertragen. Symmetrie ist vorhanden, wenn dabei einige Werte unverändert bleiben. Diese Auffassung von Symmetrie liegt einem erstaunlich großen Teil der Physik zugrunde.

Ganz mathematisch gesprochen, hat Symmetrie mit Matrizen zu tun; das sind Zahlen in Tabellenform mit ihren eigenen Regeln für Multiplikation und Addition. Matrizen sind für die Beschreibung vieler Aspekte der Physik wichtig, und die Transformation einer Matrix in eine andere spielt häufig bei Symmetrieüberlegungen eine Rolle. Das kommt besonders stark bei der Verwendung von Symmetriegruppen zum Ausdruck.

MATRIZENRECHNUNG: Eine der bedeutungsvollsten Merkmale beim Rechnen mit Matrizen ist, dass sie, anders als bei gewöhnlichen Zahlen, beim Multiplizieren nicht vertauschbar sind. Das heißt, A x B unterscheidet sich im Allgemeinen von B x A.

Gruppentheorie ist ein Zweig der Mathematik, der die Mengenlehre, der wir im Kapitel über die Zahlengeraden begegnet sind, erweitert. Eine Gruppe ist eine Menge, in der man je zwei Elemente so kombinieren kann, dass ein drittes Element der Menge entsteht (ein paar technische Bedingungen müssen dabei beachtet werden). Ein einfaches Beispiel ist die Menge der natürlichen Zahlen. Die Addition zweier ganzer Zahlen erzeugt immer eine dritte ganze Zahl und macht die ganzen Zahlen zu einer Gruppe.

Gruppen sind der natürliche Ausdruck mathematischer Symmetrie; wann immer ein Objekt irgendeine Symmetrie besitzt, gibt es eine zugehörige Gruppe namens Symmetriegruppe. Dargestellt wird sie durch eine Menge von Matrizen, die angeben, wie man das Objekt bewegen kann, ohne eines seiner Merkmale zu verändern. Symmetriegruppen haben ihre eigene Art der Bezeichnung mit Buchstaben und Zahlen. Betrachtet man zum Beispiel die unterschiedlichen Arten, auf die man eine Kugel rotieren kann, dann heißt die zugehörige Symmetriegruppe SU(3), was für «Spezielle Unitäre Gruppe der Dimension 3» steht.

Eine einfache Anwendung von Symmetriegruppen findet sich bei der Untersuchung eines der bekanntesten dreidimensionalen Puzzles aller Zeiten: des Rubik-Würfels. Wer ein Segment des Würfels dreht, erzeugt damit eine Rotation, und die Anzahl aller möglichen Drehungen des Würfels steckt in der Symmetriegruppe, die zu den möglichen Konfigurationen seiner Oberflächen gehört. Die Gruppe hat 519 024 039 293 878 272 000 Elemente, und das entspricht der Anzahl der verschiedenen Würfelkonfigurationen. Allerdings ist, ausgehend von einer Startkonfiguration, nur ein Zwölftel dieser Zustände erreichbar. Das ist nun keine Mathematik mehr, die auf einen Briefumschlag passt.

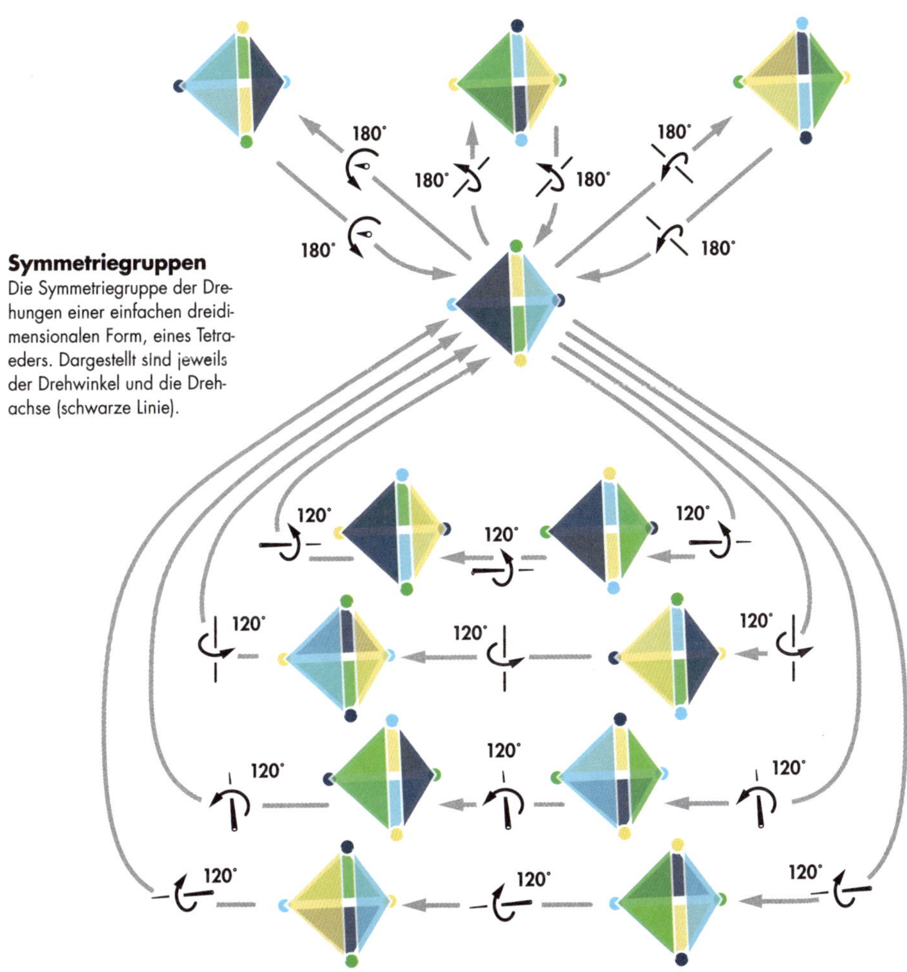

Symmetriegruppen
Die Symmetriegruppe der Drehungen einer einfachen dreidimensionalen Form, eines Tetraeders. Dargestellt sind jeweils der Drehwinkel und die Drehachse (schwarze Linie).

SYMMETRIE ÜBERNIMMT DIE PHYSIK

Die Frau, die am meisten zum Verständnis von Symmetrie beigetragen hat und von der viele Menschen noch nie gehört haben, war die deutsche Mathematikerin Emmy Noether. Sie wies 1915 nach, dass Symmetrien nicht nur zum Verständnis von Kristallen und anderen physikalischen Objekten taugen, sondern hinter den Erhaltungssätzen der Physik stecken. Diese Gesetze besagen, dass gewisse physikalische Größen, wie zum Beispiel die Energie eines Systems, weder vernichtet noch vermehrt werden können – sie bleiben erhalten oder konstant, wenn auch vielleicht in anderer Form.

Als Frau in einer Männerwelt hatte Emmy Noether es nicht leicht. Sie war erst die zweite Frau, die in Deutschland den Doktortitel in Mathematik erwarb, und zunächst durfte sie trotz ihres offensichtlichen Talents nicht habilitieren, die Vorbedingung für eine Professur. Erst nach zwei Petitionen an die Regierung bekam sie die Erlaubnis, und selbst dann erhielt sie noch keine Professorenstelle. Noether hatte jüdische Vorfahren und sympathisierte zudem mit den Kommunisten, wodurch sie den Nazis ein Dorn im Auge war. 1933 übersiedelte sie nach Amerika und starb zwei Jahre später 53-jährig.

Ihr größter Beitrag war der Beweis, dass jeder Erhaltungssatz, wie der Energieerhaltungssatz oder der Impulserhaltungssatz, unmittelbar mit einer Symmetrie in der Natur zusammenhängt. Lagen diese Symmetrien in einem System nicht vor, galten auch die zugehörigen Erhaltungssätze nicht. Für den mathematischen Nachweis benutzte sie eine Symmetrie, der wir noch nicht begegnet sind – eine Symmetrie der Zeit, genauer die Zeittranslation.

Spontane Symmetriebrechung
Ein auf der Spitze stehender Bleistift ist vollkommen drehsymmetrisch, aber die kleinste Störung bricht die Symmetrie, weil er umfällt und dann in eine bestimmte Richtung weist.

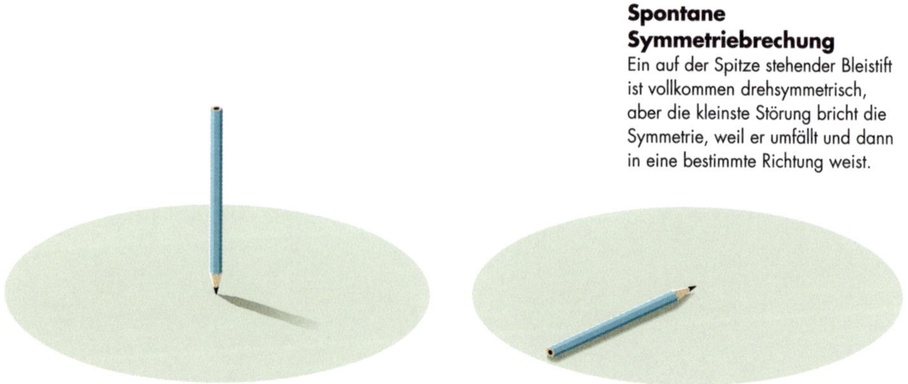

Auch wenn man sich diese Symmetrie nicht räumlich anschaulich vorstellen kann, ist sie doch für die mathematische Behandlung der Fragestellung ausgesprochen geeignet. Etwas, das zeitlich symmetrisch ist, ändert sich nicht, wenn man es in der Zeit verschiebt, ein Fakt, den wir in der Regel von physikalischen Gesetzen annehmen.

Emmy Noether bewies, dass die Energie in einem geschlossenen System erhalten bleibt, wenn die physikalischen Gesetze zeitsymmetrisch sind. (Und umgekehrt müssen die Gesetze zeittranslationsinvariant sein, wenn die Energie erhalten ist.) Translationssymmetrie der Naturgesetze im Raum – sie sind dann an jedem Ort gleich anwendbar – hat die Erhaltung des Impulses zur Folge, während Rotationssymmetrie zur Drehimpulserhaltung führt.

Das war erst der Beginn der großen Ära der Symmetrie in der Physik. Mit dem fortlaufenden Verständnis der physikalischen Grundkräfte fand man mithilfe der Mathematik der Symmetriegruppen heraus, dass zumindest am Beginn des Universums einige dieser Kräfte vereinigt waren und sich frühzeitig verselbstständigten, und zwar durch einen Prozess, den man «spontane Symmetriebrechung» nennt. Häufig wird dieses Konzept an einem Bleistift veranschaulicht, der auf der Spitze steht. Im Prinzip ist das möglich, doch die kleinste Luftbewegung oder Vibration wird den Stift in eine unvorhersagbare Richtung umfallen lassen. Das ist keine perfekte Beschreibung der spontanen Symmetriebrechung, die für das Entstehen der Grundkräfte vorgeschlagen wird, weil das Umfallen des Stifts nicht wirklich spontan geschieht – dazu braucht es einen, wenn auch noch so kleinen, Anstoß – aber es illustriert das Prinzip ganz gut. Im frühen Universum sollen Quantenfluktuationen – so nimmt man an – vorherrschend gewesen sein; damit kam es zu zufälligen Störungen und dies könnte zu solchen quasi-spontanen Symmetriebrechungen geführt haben.

Mithilfe von Symmetriebetrachtungen konnten Physiker auch verstehen, wie die Elementarteilchen, aus denen Materie besteht, aufgebaut sind. Dieser Prozess begann mit der Beobachtung der Ähnlichkeit der beiden Grundbausteine des Atomkerns – des Protons und des Neutrons. Der deutsche Physiker Werner Heisenberg schlug vor, es könnte eine Art Symmetrie zwischen diesen beiden Teilchen bestehen, die er Isospin nannte (eine etwas verwirrende Namensgebung, weil der Isospin nichts mit Umdrehungen zu tun hat).

Auch wenn wir verstehen, wie sich ein Regenbogen bildet, können wir dennoch weiter seine Schönheit bewundern. Ganz ähnlich hilft uns das Verständnis der grundlegenden Muster in der Natur, diese noch mehr zu schätzen.

TEILCHEN UND SYMMETRIE

Andere Physiker, insbesondere der Amerikaner Murray Gell-Mann und der Schweizer George Zweig, untersuchten ebenfalls die Art der Symmetrie bei diesen Teilchen. Sie fanden eine zugrunde liegende mathematische Struktur, indem sie die bestehende Symmetrie um eine weitere Dimension namens «strangeness» erweiterten; daraus ergab sich ein Muster von acht Zuständen, das für die Symmetriegruppe SU(3) typisch ist. Das führte zum Konzept der Quarks, der elementaren Bausteine, aus denen Protonen und Neutronen bestehen, und der «Farbladung» von Quarks und Gluonen, die die Quarks zusammenhalten. Damit ergab sich die achtzählige Symmetrie.

Symmetrieüberlegungen steckten auch hinter der Suche nach dem Higgs-Boson, das im Kapitel über die Teilchenspuren erwähnt wurde (siehe Seite 71). Allerdings hat sich Symmetrie nicht als universelles Allheilmittel für die Physik erwiesen. Einige Physiker treiben das Konzept jenseits jedweder physikalischen Beobachtung weiter zur sogenannten Supersymmetrie, die voraussagt, dass jedes Teilchen noch einen supersymmetrischen Partner hat. Solche Partnerteilchen sind jedoch noch nie beobachtet worden. Andererseits sind uns die Wertschätzung von Symmetrie – und Symmetriebrechung – quer durch die natürlichen Phänomene eine große Verständnishilfe.

Wie bei eigentlich allen Mustern, die wir in diesem Buch untersucht haben, ist Symmetrie sowohl für das Auge als auch den Verstand von Interesse. Zusammengenommen führen uns diese Muster zu mehr Verstehen und auch Freude darüber. Der Dichter John Keats hat einmal Isaac Newton beschuldigt, er habe «den Regenbogen entzaubert», weil für ihn Newtons Wissenschaft die Schönheit des Regenbogens auf Mathematik reduzierte. Doch lassen uns die Regelmäßigkeiten in der Realität der Natur ihre Schönheit ebenso genießen wie ihre Mechanismen besser verstehen. Sie sind somit von doppeltem Wert, denn so können wir unter die Oberfläche zu einem tieferen Verständnis vordringen.

«DIE THEORIE DER ELEMENTARTEILCHEN UND IHRER WECHSELWIRKUNGEN LÄSST SICH LETZTLICH AUF ABSTRAKTE SYMMETRIEN ZURÜCKFÜHREN.»

K. V. LAURIKAINEN

REGISTER

A

B

C

D

E

H

L

M

N

R

S

T

W

Z

DANKSAGUNG

Dieses Buch ist Gillian, Rebecca und Chelsea sowie meinem verstorbenen Vater Leonard Clegg gewidmet, der als Chemiker mein Interesse an naturwissenschaftlichen Mustern und der Art und Weise geweckt hat, wie sie uns helfen, die Welt um uns herum zu verstehen.

Dank auch für all die Unterstützung bei der Zusammenstellung der Themen, die den Aufbau dieses Buches ausmachen; das gilt vor allem für die Lektorinnen Kate Duffy und Kate Shanahan.

Brian Clegg

Der Verlag möchte Wayne Blades für das elegante Design und Richard Palmer für seine Illustrationen danken.

BILDNACHWEIS

Der Verlag möchte den folgenden Quellen dafür danken, dass sie Bilder für dieses Buch zur Verfügung gestellt haben:

Alamy Stock Photos: 10–11, 21, 24, 25, 67, 184 Science History Images; 46 The History Collection; 55 NG Images; 60 Mark Garlick/Science Photo Library; 102, 212 Phil Degginger; 103 Encyclopedia Britannica/Universal Images Group North America LLC; 129 Ryan McGinnis; 140 Emanuel Lattes; 168 Sabena Jane Blackbird; 187 Axel Kock; 196 Axeley Kotelnikov; 200 Ian Dagnall Computing; 209 Andrey Mihaylov; 213 History and Art Collection.

Getty Images: 96 SSPL.

iStock: 161 Sarah Hamilton; 164–5 cynoclub; 178–9 tampatra; 186 SilverV; 195 tracielouise; 206 boule13.

NASA: 19; 115 Nilfanion; 38 ESA, J. Hester and A. Loll (Arizona State University).

Science Photo Library: 13 NASA; 54 David Parker; 130–1 NASA/Jesse Allen, Earth Observatory/Modis Land Group; 159 Peter Chadwick; 181 Will & Deni McIntyre.

Shutterstock: 4–5, 198–9 Elfinadesign; 17 Suriya KK; 52–3 arleksey; 62: Swen Stroop; 68 danm12; 70 sakkmesterke; 72–3 D-VISIONS; 73 Master Andrii; 80 Africa Studio; 87 Lamyai; 97 Jason Winter; 108 Gilmanshin; 112–13 briddy; 117 Vladi333; 118, 120 Rainer Lesniewski; 121 Mathias Berlin;122 jasminlovesTheOcean; 122 elRoce; 132 jon sullivan; 134–5 KMNPhoto; 137 Min C. Chiu; 144 Laborant; 156 Everett Collection; 158 Alex Smyntnya; 162 Ryan M. Bolton; 170 GUDKOV ANDREY; 201 tr3gin; 203 Bruno Ismael Silva Alves; 204 FX; 207 Zsschreiner; 210 pedrosala.

8–9 Courtesy of @michael75/Unsplash. 12 Courtesy of Bell Labs/Nokia. Reused with permission of Nokia Corporation and AT&T Archives. 78 Courtesy of the Archives, California Institute of Technology. 93 Courtesy of Jacob Bourjaily. 154–5 Courtesy of www.onezoom.org.

Wikimedia Commons Images
28–9 Adam Evans (CC by 2.0); 32 [PD-US-Expired]; 34 Lucien Chavan. Cropped from original at the The Albert Einstein Archives, The Hebrew University of Jerusalem; 65 Anderson, Carl D. (1933). «The Positive Electron». *Physical Review* 43 (6): 491–4. DOI:10.1103/PhysRev.43.491 (Public Domain); 76 California Institute of Technology. Professor Richard Feynman, 1986. Source The Big T (yearbook of the California Institute of Technology) (Public Domain); 111 Rezmason (CC BY-SA 4.0); 114 Vilhelm Bjerknes (CC BY-SA 4.0); 136 Georg Cantor; 146 Cayley Q8 quaternion_multiplication graph.svg; 157 PLOS Biology (CC BY); 160 Darwin's finches by Gould 1; 166 Nick Hobgood (CC BY-SA 3.0); 173 Charles Darwin's 1837 sketch; 174 [PD-US-expired] (Public Domain); 175 Haeckel's original (1866) conception of the three kingdoms of life, including the new kingdom Protista; 177 Ivica Letunic: Iletunic. Retraced by Mariana Ruiz Villarreal: LadyofHats; 180 Marjorie McCarty (CC BY 2.5); 183 (bottom) National Human Genome Research Institute; 188 MM. P. J. Smit & J. Green/[PD-US-expired] (Public Domain); 189 JJ Harrison www.jjharrison.com.au (CC BY 3.0); 193 Augustus Binu (CC BY-SA 3.0); 194 Christoph Bock (CC BY-SA 3.0); 197 Centers for Disease Control and Prevention's Public Health Image Library/Dr. Fred Murphy; 215 Debivort. Tetrahedral group 2.svg; 218 Captain76 (CC BY-SA 3.0).

Illustrations by Richard Palmer: 14–15, 22, 26, 37, 48–9, 82,127, 146 (after Cayley), 215 (after Debivort), 216.